高等院校应用型本专科通用规划教材

MCS-51单片机应用实验教程

主编 沈放 何尚平 万彬

重庆大学出版社

内容提要

本书从单片机实验教学和工程实际应用角度出发，主要讲解实验实践相关教学内容，包括单片机编程开发工具——Keil集成开发环境、单片机Proteus ISIS仿真、单片机基础实验、单片机应用系统综合实例等，涵盖了单片机“理论学习—基础实验—应用系统设计与开发—软硬仿真—硬件制作—整体调试”整套开发过程，形式新颖，内容齐全，覆盖面广，实用性强，既可作为应用型本科、专科院校的单片机实验及实践类课程教材，也可作为单片机应用初学者以及单片机开发人员的实用参考书。

图书在版编目(CIP)数据

MCS-51单片机应用实验教程 / 沈放，何尚平，万彬主编. -- 重庆 : 重庆大学出版社，2019.1

高等院校应用型本专科通用规划教材

ISBN 978-7-5689-1417-8

Ⅰ. ①M… Ⅱ. ①沈… ②何… ③万… Ⅲ. ①单片微型计算机—高等学校—教材 Ⅳ. ①TP368.1

中国版本图书馆CIP数据核字(2018)第277708号

MCS-51单片机应用实验教程

主 编 沈 放 何尚平 万 彬

策划编辑:曾令维

责任编辑:曾令维　　版式设计:曾令维

责任校对:刘志刚　　责任印制:张 策

*

重庆大学出版社出版发行

出版人:易树平

社址:重庆市沙坪坝区大学城西路21号

邮编:401331

电话:(023) 88617190 88617185(中小学)

传真:(023) 88617186 88617166

网址:http://www.cqup.com.cn

邮箱:fxk@cqup.com.cn(营销中心)

全国新华书店经销

重庆俊蒲印务有限公司印刷

*

开本:787mm×1092mm 1/16 印张:15.25 字数:382千

2019年1月第1版 2019年1月第1次印刷

印数:1—3 000

ISBN 978-7-5689-1417-8 定价:38.00元

前　言

单片机具有功能强、使用灵活、性价比高、体积小、面向控制等特点，广泛应用于工业控制、智能仪器仪表、现代传感器、数据采集与处理、机电一体化、消费电子、家用电器、通信、办公自动化、医疗器械、计算机控制等领域，自20世纪70年代问世以来，已经对人类社会做出了巨大贡献。

单片机作为典型的具有代表性的嵌入式系统，并随着计算机技术、微电子技术的高速发展，目前各类院校很多专业已经普遍开设了单片机原理及其相关课程，并作为学习各种微处理器、控制器的基础。

单片机原理作为一门实践性、技术性很强的课程，在学好基础知识、基本技能的同时，最终在于掌握实际应用，本书即是在以习近平新时代中国特色社会主义思想指导下，落实“新工科”建设新要求，从单片机实验教学和工程实际应用角度出发，主要讲解实验实践相关教学内容，包括单片机编程开发工具——Keil集成开发环境、单片机Proteus ISIS仿真、单片机基础实验、单片机应用系统综合实例等，涵盖了单片机“理论学习—基础实验—应用系统设计与开发—软硬仿真—硬件制作—整体调试”整套学习开发过程，形式新颖，内容齐全，覆盖面广，实用性强，既可作为应用型本科院校（自动化、电气工程及其自动化、电子信息工程、应用电子技术、通信工程、测控技术与仪器、机电一体化、车辆工程等专业）、专科院校（机制、机电一体化、数控、模具等专业）的单片机实验及实践类课程教材，也可作为单片机应用初学者以及单片机开发人员的实用参考书。

本书主编由南昌大学科学技术学院沈放、何尚平和南昌职业学院万彬老师担任。全书共分3章，其中万彬编写了第1章，沈放编写了第2章，何尚平编写了第3章，全书由沈放负责统稿。

南昌大学科学技术学院吴静进对本书进行了认真审阅，许仙明、朱淑云、陈艳、吴敏（排名不分先后）等提出了许多宝贵的意见，特此致谢！

由于编者水平有限，书中错漏和不妥之处在所难免，恳请专家、同行老师和读者批评指正。

编　者

2018年9月

目　　录

第 1 章　Keil 集成开发环境及 Proteus ISIS 仿真

随着计算机技术、微电子技术的高速发展,单片机在工业控制、智能仪器仪表、现代传感器、数据采集与处理、机电一体化、消费电子、家用电器、通信、办公自动化、医疗器械、计算机控制等领域应用越来越广泛。单片机作为典型、具有代表性的嵌入式系统,其应用系统设计包括硬件电路设计和软件电路设计两个方面,学习和应用过程中必须软件、硬件结合。单片机系统调试通常分为软件调试、硬件测试和整机联调三个部分。

单片机自身不具备开发功能,必须借助于开发工具。目前,国内外推出了许多基于个人计算机的单片机软或硬开发平台。硬件开发平台方面诸如开发板、实验箱、仿真器、编程器、示波器、逻辑分析仪等,但其价格不菲,开发过程烦琐。在软件支持的前提下,应用最普遍的是软件仿真开发平台,其具有方便、快捷、节约的优点。

单片机应用系统软件仿真开发平台有两个常用的工具软件:Keil 和 Proteus ISIS。Keil 主要用于单片机源程序的编辑、编译、链接以及调试;Proteus ISIS 主要用于单片机硬件电路原理图的设计以及单片机应用系统的软、硬件联合仿真调试。

本章将以 Keil μVision2、Proteus ISIS Professional Vision7.7 SP2 版本为例详细介绍其在单片机开发中的应用方法,并通过一个实例详细介绍 Keil 与 Proteus ISIS 的联调使用方法。

1.1 Keil 集成开发环境

一般情况下单片机常用的程序设计语言有两种:汇编语言和 C 语言。

汇编语言具有执行速度快、占存储空间少、对硬件可直接编程等特点,因而特别适合对实时性要求比较高的情况使用。使用汇编语言编程要求程序设计人员必须熟悉单片机内部结构和工作原理,编写程序麻烦一些。

与汇编语言相比,C 语言在功能、结构性、可读性、可维护性、可移植性上都有明显优势,C 语言大多数代码被翻译成目标代码后,其效率和准确性方面和汇编语言相当。特别是 C 语言的内嵌汇编功能,使 C 语言对硬件操作更加方便,并且 C 语言作为自然高级语言,易学易用,尤其是在开发大型软件时更能体现其优势,因此在单片机程序设计中得到广泛应用。

Keil μVision2 是德国 Keil Software 公司推出的微处理器开发平台,可以开发多种 8051 兼容单片机程序。它可以被用于工程创建、管理、编辑、编译 C 源码、汇编源程序、链接、重定位目标文件和库文件、生成 HEX 文件、调试目标程序等完整的开发流程,具有丰富的库函数和功能强大的集成开发工具,全 Windows 操作界面,所以备受用户青睐。

1.1.1 Keil μVision2 工作环境

正确安装后,用鼠标左键双击计算机桌面上 KEIL μVISION2 运行图标,或用鼠标左键分别单击计算机桌面上“开始”—“所有程序”—“ KEIL μVISION2”,即可启动 Keil μVision2,启动界面如图 1-1 所示,进入 Keil μVision2 集成开发环境后,其界面如图 1-2 所示。

图 1-1 Keil μVision2 启动界面

从图 1-2 可以看出,Keil μVision2 集成开发环境与其他常用的 Windows 窗口软件类似,设置有菜单栏、可以快速选择命令的按钮工具栏、工程窗口、源代码文件窗口、对话窗口、信息显示窗口。Keil μVision2 允许同时打开浏览多个源程序文件。

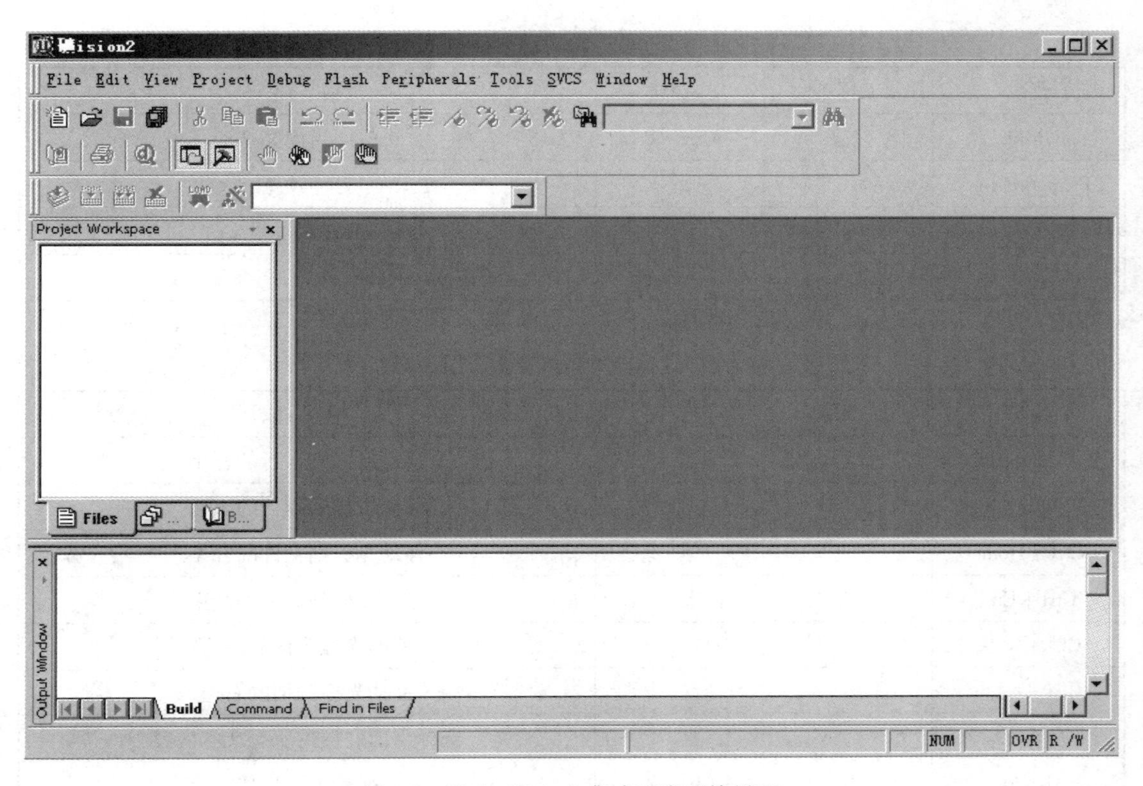

图 1-2　Keil μVision2 集成开发环境界面

Keil μVision2 IDE 提供了多种命令执行方式：①菜单栏提供了诸如文件（File）操作、编辑（Edit）操作、视图（View）操作、项目/工程（Project）操作、程序调试（Debug）、闪存（Flash）操作、片上外设寄存器设置和观察（Peripherals）、开发工具选项（Tools）、软件版本控制系统菜单（SVCS）、窗口选择和处理（Window）、在线帮助（Help）共 11 种操作菜单；②使用工具栏按钮可以快速地执行 μVision2 命令；③使用键盘快捷键也可以执行 μVision2 命令，键盘快捷键根据使用习惯等还可以重新设置。表 1-1 ~ 表 1-10 列出了 μVision2 菜单项命令、工具条图标、默认的快捷键以及对它们的描述。

表 1-1　文件菜单和命令（File）

菜单	工具条	快捷键	描　述
New		Ctrl + N	创建一个新的源程序文件
Open		Ctrl + O	打开已经存在的文件
Close			关闭当前文件
Save		Ctrl + S	保存当前文件（新建保存时需命名）
Save as			另外取名保存当前文件
Save all			保存所有文件
Device Database			维护器件库
Print Setup			设置打印机

续表

菜单	工具条	快捷键	描　述
Print		Ctrl + P	打印当前文件
Print Preview			打印预览
1-9			打开最近用过的文件
Exit			退出 μVision2 提示是否保存文件

表 1-2　编辑菜单和编辑器命令(Edit)

菜单	工具条	快捷键	描　述
Home			移动光标到本行的开始
End			移动光标到本行的末尾
Ctrl + Home			移动光标到文件的开始
Ctrl + End			移动光标到文件的结束
Ctrl + < -			移动光标到词的左边
Ctrl + - >			移动光标到词的右边
Ctrl + A			选择当前文件的所有文本内容
Undo		Ctrl + Z	撤销上次操作
Redo		Ctrl + Shift + Z	重复上次撤销的操作
Cut		Ctrl + X	剪切所选文本
		Ctrl + Y	剪切当前行的所有文本
Copy		Ctrl + C	复制所选文本
Paste		Ctrl + V	粘贴所剪切或复制的文本
Indent Selected Text			将所选文本右移一个制表键的距离
Unindent Selected Text			将所选文本左移一个制表键的距离
Toggle Bookmark		Ctrl + F2	设置/取消当前行的标签
Goto Next Bookmark		F2	移动光标到下一个标签处
Goto Previous Bookmark		Shift + F2	移动光标到上一个标签处
Clear All Bookmarks			取消当前文件的所有标签

续表

菜单	工具条	快捷键	描　述
Find		Ctrl + F	在当前文件中查找文本
		F3	向前重复查找
		Shift + F3	向后重复查找
		Ctrl + F3	查找光标处的单词
		Ctrl +]	寻找匹配的大括号、圆括号或方括号（用此命令将光标放到大括号、圆括号或方括号的前面）
Replace		Ctrl + H	替换特定的字符
Find in Files			在多个文件中查找

表 1-3　视图命令(View)

菜单	工具条	快捷键	描　述
Status Bar			显示/隐藏状态条
File Toolbar			显示/隐藏文件工具栏
Build Toolbar			显示/隐藏编译菜单条
Debug Toolbar			显示/隐藏调试工具栏
Project Window			显示/隐藏项目/工程窗口
Output Window			显示/隐藏输出窗口
Source Browser			显示/隐藏资源浏览器窗口
Disassembly Window			显示/隐藏反汇编窗口
Watch & Call Stack Window			显示/隐藏观察和访问堆栈窗口
Memory Window			显示/隐藏存储器窗口
Code Coverage Window			显示/隐藏代码报告窗口
Performance Analyzer Window			显示/隐藏性能分析窗口
Symbol Window			显示/隐藏字符变量窗口
Serial Window #1			显示/隐藏串口 1 的观察窗口
Serial Window #2			显示/隐藏串口 2 的观察窗口
Toolbox			显示/隐藏自定义工具箱
Periodic Window Update			在程序运行时周期刷新调试窗口

续表

菜单	工具条	快捷键	描　述
Workbook Mode			显示/隐藏工作簿模式
Include Dependencies			显示/隐藏头文件
Options			设置颜色、字体、快捷键和编辑器的选项

表 1-4　项目菜单和项目命令(Project)

菜单	工具条	快捷键	描　述
New Project			创建新工程
Import Vision1 Project			转化 μ Vision1 的工程
Open Project			打开一个已经存在的工程
Close Project			关闭当前的工程
Target Environment			定义工具、包含文件和库文件的路径
Targets, Groups, Files			维护一个项目的对象文件组和文件
Select Device for Target			从设备数据库存中选择对象的 CPU
Remove			从工程中移走一个组或文件
Options		Alt + F7	设置对象、组或文件的工具选项
File Extensions			选择不同文件类型的扩展名
Build Target		F7	编译链接修改过的文件并生成应用
Rebuild Target			重新编译链接所有的文件并生成应用
Translate		Ctrl + F7	编译当前文件
Stop Build			停止生成应用的过程
1-9			打开最近打开过的工程

表 1-5　调试菜单和调试命令(Debug)

菜单	工具条	快捷键	描　述
Start/Stop Debugging		Ctrl + F5	开始/停止调试模式
Go		F5	运行程序,直到遇到一个断点
Step		F11	单步执行程序,遇到子程序则进入

续表

菜单	工具条	快捷键	描 述
Step over		F10	单步执行程序,跳过子程序
Step out of Current function		Ctrl + F11	执行到当前函数的结束
Run to Cursor line		Ctrl + F10	从程序指针处运行到光标处
Stop Running		Esc	程序停止运行
Breakpoints			打开断点对话框
Insert/Remove Breakpoint			插入/清除当前行的断点
Enable/Disable Breakpoint			使能/禁止当前行的断点
Disable All Breakpoints			禁止所有的断点
Kill All Breakpoints			取消所有的断点
Show Next Statement			显示下一条指令/语句
Enable/Disable Trace Recording			使能/禁止程序运行轨迹的记录
View Trace Records			显示执行过的指令
Memory Map			打开存储器空间配置对话框
Performance Analyzer			打开设置性能分析器的对话框
Inline Assembly			对某一个行重新汇编,并可以修改汇编代码
Function Editor			编辑调试函数和调试配置文件

表 1-6 外围器件菜单(Peripherals)

菜单	工具条	快捷键	描 述
Reset CPU			复位 CPU
Interrupt			中断
I/O-Ports			I/O 口,Port 0 ~ Port 3
Serial			串行口
Timer			Timer 0 ~ Timer 2 定时器

表 1-7　工具菜单(Tool)

菜单	工具条	快捷键	描　述
Customize Tools Menu			添加用户程序到工具菜单中

表 1-8　软件版本控制系统菜单(SVCS)

菜单	工具条	快捷键	描　述
Configure Version Control			配置软件版本控制系统的命令

表 1-9　视窗菜单(Window)

菜单	工具条	快捷键	描　述
Cascade			以互相重叠的形式排列文件窗口
Tile Horizontally			以不互相重叠的形式水平排列文件窗口
Tile Vertically			以不互相重叠的形式垂直排列文件窗口
Arrange Icons			排列主框架底部的图标
Split			把当前的文件窗口分割为几个
1-9			激活指定的窗口对象

表 1-10　帮助菜单(Help)

菜单	工具条	快捷键	描　述
Help topics			打开在线帮助
About Vision			显示版本信息和许可证信息

1.1.2　Keil 工程的创建

使用 Keil μVision2 IDE 的项目/工程开发流程和其他软件开发项目的流程极其相似,具体步骤如下:

(1)新建一个工程,从设备器件库中选择目标器件(CPU),配置工具设置;

(2)用 C51 语言或汇编语言编辑源程序;

(3)用工程管理器添加源程序;

(4)编译、链接源程序,并修改源程序中的错误;

(5)生成可执行代码,调试运行应用。

为了介绍方便,下面以一个简单实例——单片机流水灯来介绍 Keil 工程的创建过程。

1. 源程序文件的建立

执行菜单命令File→new或者单击工具栏的新建文件按钮，即可在项目窗口的右侧打开一个默认名为Text1的空白文本编辑窗口，录入、编辑程序代码，在该窗口中输入以下C语言代码：

```
/*定义头文件及变量初始化*/
#include  <reg51.h>
#include  <intrins.h>
#define  uchar  unsigned  char
#define  uint  unsigned  int
uchar  temp=0xFE;                //temp中先装入LED1亮、LED2~LED8灭的数据
                                 //(二进制的11111110)
uchar  count=0x64;               //定义计数变量初值为100,计数100个10ms,即1 s

/*T0中断服务子程序*/
void  timer0(void)  interrupt  1  using  1
{
TH0= -5000/256;                  //重装初值
TL0= -5000%256;
count--;                         //1 s时间未到,继续计数
if(count==0)
    {
    count=0x64;                  //1 s时间到,重置count计数初值为100
    temp=_crol_(temp,1);         //将点亮的LED循环左移一位
    }
}

/*主程序*/
void  main(void)
{
P1=0xff;                         //初始状态,所有LED熄灭
TMOD=0x01;                       //设置T0工作方式1
TH0= -5000/256;                  //设置10 ms计数初值
TL0= -5000%256;
EA=1;                            //开放总中断
ET0=1;                           //开放T0中断
TR0=1;                           //启动T0
while(1)                         //死循环
    {
    P1=temp;                     //把temp数据送P1口
```

```
    }
}
```

上述程序的汇编代码如下：

```
        ORG     0000H           ;单片机上电后程序入口地址
        SJMP    START           ;跳转到主程序存放地址处
        ORG     000BH           ;定时器 T0 入口地址
        SJMP    T0SVR           ;跳转到定时器 T0 中断服务程序存放地址处
        ORG     0030H           ;设置主程序开始地址
START:  MOV     SP,#60H         ;设置堆栈起始地址为 60H
        MOV     P1,#0FFH        ;初始状态,所有 LED 熄灭
        MOV     A,#0FEH         ;ACC 中先装入 LED1 亮、LED2 ~ LED8 灭的数据
                                ;(二进制的 11111110)
        MOV     R0,#64H         ;计数 100 个 10ms,即 1 s
        MOV     TMOD,#01H       ;设置 T0 工作方式 1
        MOV     TH0,#0ECH       ;设置 10ms 计数初值
        MOV     TL0,#78H
        SETB    EA              ;开放总中断
        SETB    ET0             ;开放 T0 中断
        SETB    TR0             ;启动 T0
DISP:   MOV     P1,A            ;把 ACC 数据送 P1 口
        SJMP    DISP

/* T0 中断服务子程序 */
T0SVR:  MOV     TL0,#78H        ;重装初值
        MOV     TH0,#0ECH
        DJNZ    R0,LOOP         ;1 s 时间未到,继续计数
        MOV     R0,#64H         ;1 s 时间到,重置 R0 计数初值为 100
        RL      A               ;将点亮的 LED 循环左移
LOOP:   RETI                    ;子程序返回
        END                     ;程序结束
```

μVision2 与其他文本编辑器类似，同样具有录入、删除、选择、复制、粘贴等基本的文本编辑功能。需要说明的是，源文件就是一般的文本文件，不一定使用 Keil 软件编写，可以使用任意文本编辑器编写，需要注意的是，Keil 的编辑器对汉字的支持不好，建议使用记事本之类的编辑软件进行源程序的输入，然后按要求保存，以便添加到工程中。

在编辑源程序文件过程中，为防止断电丢失，须时刻保存源文件，第一次执行菜单命令 File→Save 或者单击工具栏的保存文件按钮，将打开如图 1-3 所示的对话框，在"文件名"对话框中输入源文件的命名。注意必须加上后缀名(汇编语言源程序一般用. ASM 或. A51 为后缀名，C51 语言文件用. c 为后缀名)，这里将源程序文件保存为 Example. c。

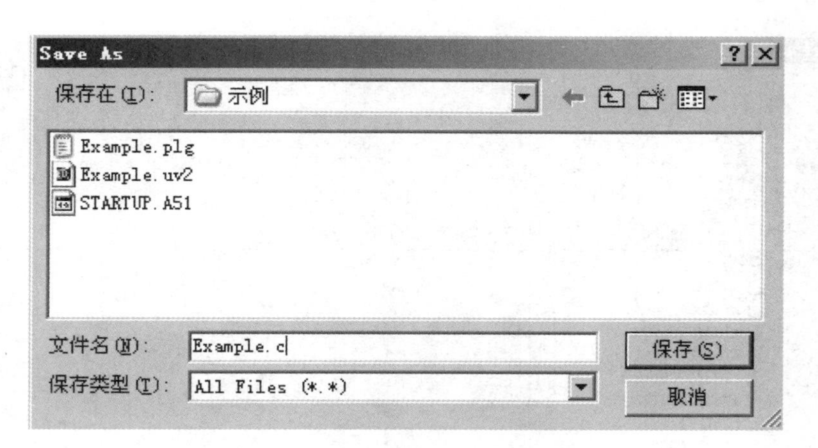

图 1-3　命名并保存新建源程序文件

2. 建立工程文件

Keil 支持数百种 CPU，而这些 CPU 的特性并不完全相同，在工程开发中，并不是仅有一个源程序文件就行了，还必须为工程选择 CPU，以确定编译、汇编、链接的参数，指定调试的方式，有一些项目还会有多个文件组成等。因此，为管理和使用方便，Keil 使用工程（project）这一概念，即将源程序（C51 或汇编）、头文件、说明性的技术文档等都放置在一个工程里，只能对工程而不能对单一的源文件进行编译（汇编）和链接等操作。

启动 Keil μ Vision2 IDE 后，μ Vision2 总是打开用户上一次处理的工程，要关闭它可以执行菜单命令 Project→Close Project。建立新工程可以通过执行菜单命令 Project→New Project，此时将出现如图 1-4 所示的 Create New Project 对话框，要求给将要建立的工程在“文件名”对话框中输入名字，这里假定将工程文件命名为 Example，并选择保存目录，不需要扩展名。

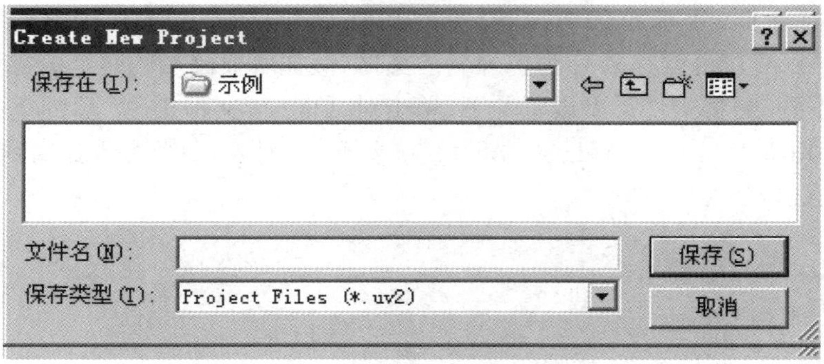

图 1-4　建立新工程

单击“保存”按钮，打开如图 1-5 所示的 Select Device for Target‘Target 1’的第二个对话框，此对话框要求选择目标 CPU（即所用芯片的型号），列表框中列出了 μVision2 支持的以生产厂家分组的所有型号的 CPU。Keil 支持的 CPU 很多，这里选择的是 Atmel 公司生产的 AT89S51 单片机，然后再单击“确定”按钮，回到主界面。

另外，如果在选择完目标 CPU 后想重新改变目标 CPU，可以执行菜单命令 Project→Select Device for...，在随后出现的目标设备选择对话框中重新加以选择。由于不同厂家许多型号的 CPU 性能相同或相近，因此，如果所需的目标 CPU 型号在 μ Vision2 中找不到，可以选择其他公司生产的相近型号。

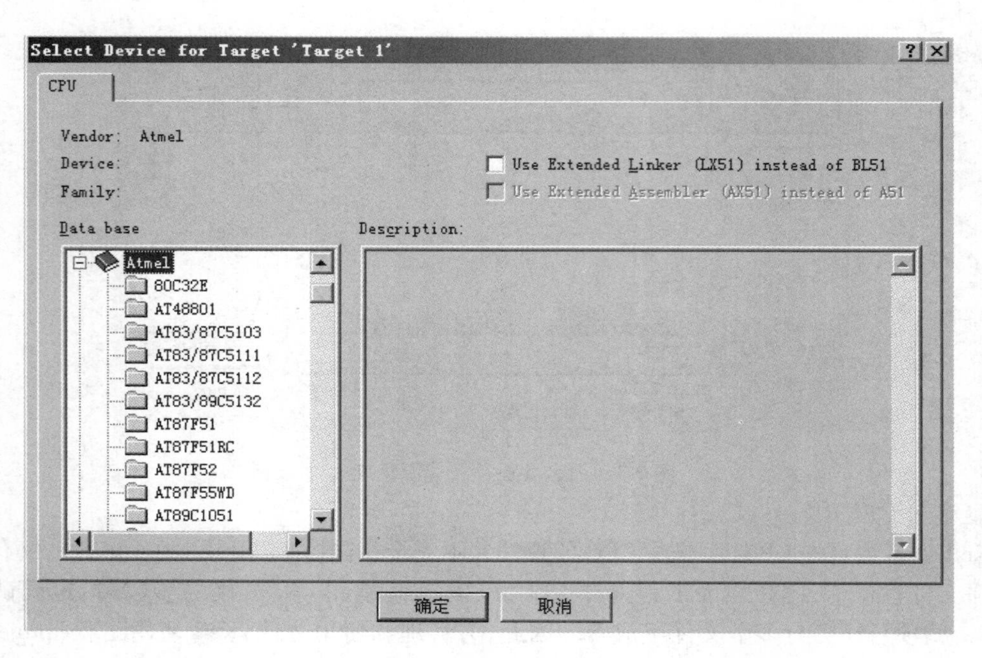

图 1-5 选择目标 CPU

3. 添加源程序文件到工程中

选择完目标 CPU 后，在工程窗口中，出现了“Target 1”，前面有“ + ”号，点击“ + ”号展开，可以看到下一层的“Source Group 1”，这时的工程还是一个空的工程，没有任何源程序文件，前面录入编辑好的源程序文件需手工添加，鼠标左键单击“Source Group 1”使其反白显示，然后，单击鼠标右键，出现一个下拉菜单，如图 1-6 所示，选中其中的“Add file to Group‘Source Group 1’”，弹出一个对话框，要求添加源文件。注意，在该对话框下面的“文件类型”默认为 C SOURCE FILE(∗ . C)，也就是以 C 为扩展名的文件，假如所要添加的是汇编源程序文件，则在列表框中将找不到，需将文件类型设置一下，单击对话框中“文件类型”后的下拉列表，找到并选中“ASM SOURCE FILE(∗ . A51，∗ . ASM)”，这样，在列表框中就可以找到汇编源程序文件了。

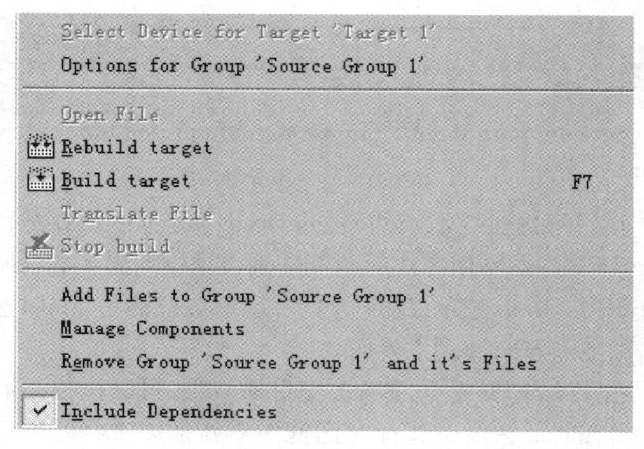

图 1-6 加入文件

双击 Example. c 文件，将文件加入工程，添加源程序文件后的工程如图 1-7 所示，注意，在文件加入项目后,该对话框并不消失,等待继续加入其他文件,但初学时常会误认为操作没有成功而再次双击同一文件,这时会出现如图 1-8 所示的对话框,提示你所选文件已在列表中,此时应单击"确定",返回前一对话框,然后单击"close"即可返回主界面,返回后,单击"Source Group 1"前的加号,会发现 Example. c 文件已在其中。双击文件名,即打开该源程序。

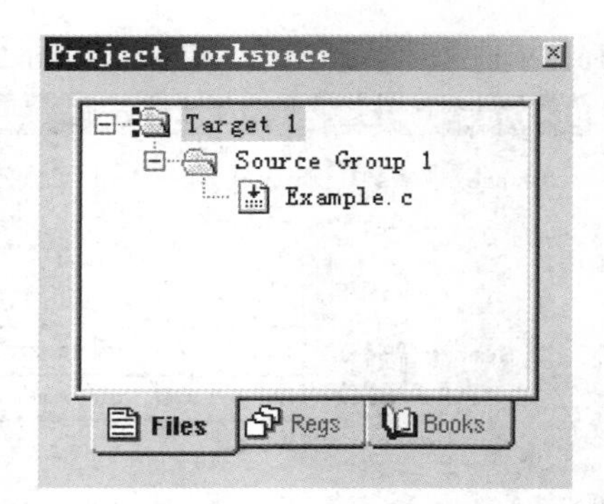

图 1-7　添加源程序文件后的工程

如果想删除已经加入的源程序文件,可以在如图 1-7 所示的对话框中,右击源程序文件,在弹出的快捷菜单中选择 Remove File'Example. c',即可将文件从工程中删除。值得注意的是,这种删除属于逻辑删除,被删除的文件仍旧保留在磁盘上的原目录下,如需要的话,还可以再将其添加到工程中。

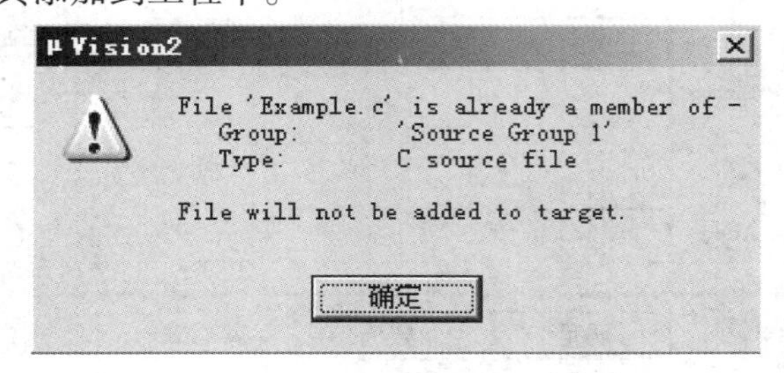

图 1-8　重复加入源程序文件错误警告

4. 工程的设置

在工程建立好之后,还须对工程进行设置,以满足要求。打开工程设置对话框,方法有二:其一,右击工程管理器(Project Workspace)窗口中的工程名 Target 1,弹出如图 1-9 所示的快捷菜单,选择快捷菜单上的 Options for Target 'Target 1'选项,即可打开工程设置对话框;其二,在 Project 菜单项选择 Options for Target 'Target 1'命令,也可打开工程设置对话框。从对话框可以看出,工程的设置分成 10 个部分,每个部分又包含若干项目。在这里主要介绍以下几个部分。

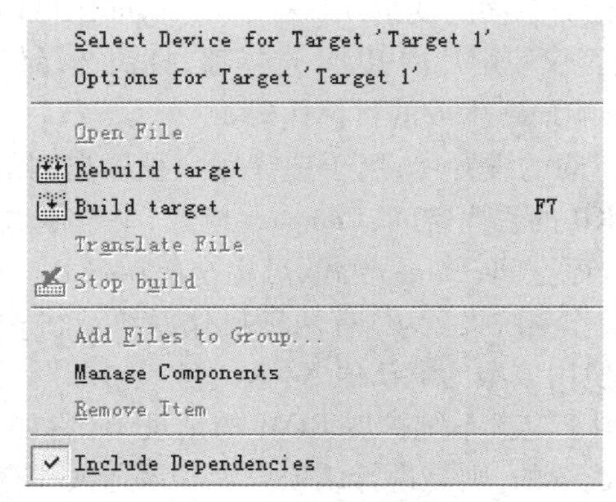

图 1-9　工程设置快捷菜单

1) Target 设置

主要用于用户最终系统的工作模式设置,决定用户系统的最终框架。打开对话框中的

Target 选项卡，Target 设置界面如图 1-10 所示。

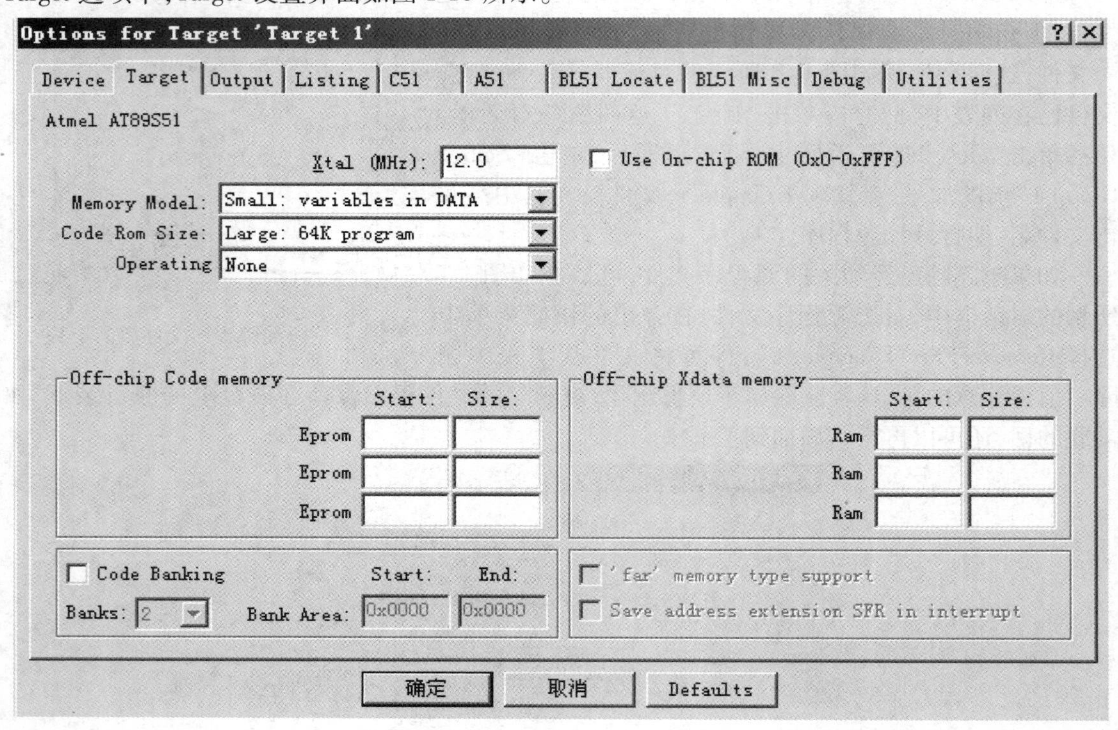

图 1-10　Target 设置界面

Xtal(MHz)是晶振频率值设置项，默认值是所选目标 CPU 的最高可正常工作的频率值，对示例所选的 AT89S51 而言是 24 MHz，本示例设定为 12 MHz。设置的晶振频率值主要是在软件仿真时起作用，而与最终产生的目标代码无关，在软件仿真时，μ Vision2 将根据用户设置的频率来决定软件仿真时系统运行的时间和时序。

Memory Model 是存储器模式设置项，有 3 个选项可供选择：Small 模式，没有指定存储空间的变量默认存放在 data 区域内；Compact 模式，没有指定存储空间的变量默认存放在 pdata 区域内；Large 模式，没有指定存储空间的变量默认存放在 xdata 区域内。

Use On-chip ROM 为是否仅使用片内 ROM 选择项，打钩选择仅使用片内 ROM，不打钩则反之。但选择该项并不会影响最终生成的目标代码量。

Code Rom Size 是程序空间的设置项，用于选择用户程序空间的大小，同样也有三个选择项：Small 模式，只用低于 2 KB 的程序空间；Compact 模式，单个函数的代码量不能超过 2 KB，整个程序可以使用 64 KB 程序空间；Large 模式，可用全部 64 KB 空间。

Operating 为是否选用操作系统设置项，有两种操作系统可供选择：Rtx tiny 和 Rtx full，通常不使用任何操作系统，即使用该项的默认值 None。

Off-chip Code memory 用于定义系统扩展 ROM 的地址范围：如果用户使用了外部程序空间，但在物理空间上又不是连续的，则需进行该项设置。该选项共有 3 组起始地址(Start)和地址大小(Size)的输入，μVision2 在链接定位时将把程序代码安排在有效的程序空间内。该选项一般只用于外部扩展的程序，因为单片机内部的程序空间多数都是连续的。

Off-chip Xdata memory 用于定义系统扩展 RAM 的地址范围：主要应用于单片机外部非连

续数据空间的定义，设置方法与"Off-chip Code memory"项类似。Off-chip Code memory、Off-chip Xdata memory 两个设置项必须根据所用硬件来确定，由于本示例是单片应用，未进行任何扩展，所以均按默认值设置。

Code Banking 为是否选用程序分段设置项，该功能较少用到。

2) Output 设置

用于工程输出文件的设置。打开对话框中的 Output 选项卡，Output 设置界面如图 1-11 所示。

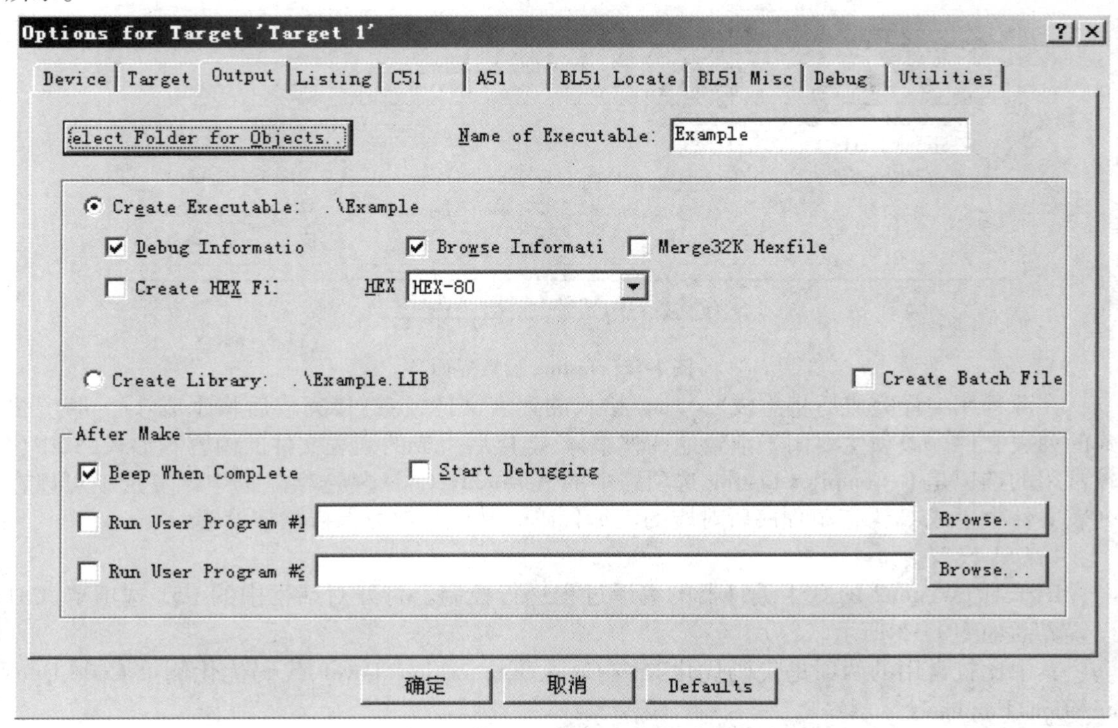

图 1-11　Output 设置界面

Select Folder for Objects... 用于设置输出文件存放的目录，一般选用当前工程所保存的根目录；Name of Executable 用于设置输出目标文件的名称，默认为当前工程的名称。根据用户需要，可以进行修改；Debug Information 用于设置是否产生调试信息，如果需要对程序进行调式，该项必须被选中；Browse Information 用于设置是否产生浏览信息，产生的浏览信息可以用菜单 View - > Browse 来查看，一般取默认值；Create HEX File 用于设置是否生成可执行代码文件，可执行代码文件是最终写入单片机的运行文件，格式为 Intel HEX，扩展名为. hex。默认情况下该项未被选中，在调试状态下，目标文件不会自动转换为 HEX 文件，如果要实现程序、电路联合软件仿真或程序在硬件上运行，该项必须被选中，选中后在调试状态下，目标文件则会自动转换为可在单片机上执行的 HEX 文件。其他选项一般保持默认设置。

3) Listing 设置

用于设置列表文件的输出格式。打开对话框中的 Listing 选项卡，Listing 设置界面如图 1-12所示。

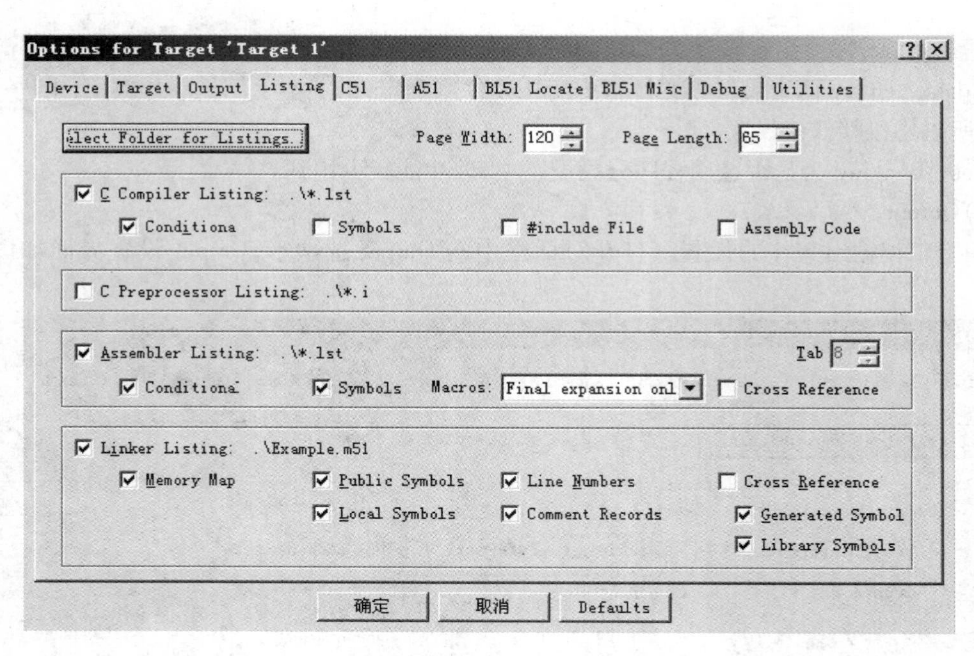

图 1-12　Listing 设置界面

在源程序编译完成后将生成“ *. lst”格式的列表文件,在链接完成后将生成“ *. m51”格式的列表文件。该项主要用于细致地调整编译、链接后生成的列表文件的内容和形式,其中比较常用的选项是 C Compiler Listing 选项区中的 Assembly Code 复选项。选中该复选项可以在列表文件中生成 C 语言源程序所对应的汇编代码。其他选项可保持默认设置。

4) C51 设置

用于对 μVision2 的 C51 编译器的编译过程进行控制。打开对话框中的 C51 选项卡,C51 设置界面如图 1-13 所示。

其中比较常用的两项是代码优化等级 Code Optimization | Level、代码优化侧重 Code Optimization | Emphasis。

Code Optimization | Level 是优化等级设置项,C51 编译器在对源程序进行编译时,可以对代码多至 9 级优化,提供 0 ~ 9 共 10 种选择,以便减少编译后的代码量或提高运行速度。优化等级一般默认使用第 8 级,但如果在编译中出现了一些错误,可以降低优化等级试试。本示例默认选择优化等级 8(Reuse Common Entry Code)。在程序调试成功后再提高优化级别改善程序代码。

Code Optimization | Emphasis 是优化侧重设置项,有 3 种选项可供选择:选择 Favor speed,在优化时侧重优化速度;选择 Favor size,在优化时侧重优化代码大小;选中 Default,为缺省值,默认的是侧重优化速度,可以根据需要更改。

5) Debug 设置

用于选择仿真工作模式。打开对话框中的 Debug 选项卡,Debug 设置界面如图 1-14 所示。

右边主要针对仿真器,用于硬件仿真时使用,称为硬件设置,设置此种工作模式,用户可把 Cx51 嵌入系统中,直接在目标硬件系统上调试程序;左边主要用于程序的编译、链接及软件仿真调试,称为软件设置,该模式在没有实际目标硬件系统的情况下可以模拟 8051 的许多功能,这非常便于应用程序的前期调试。软件仿真和硬件仿真的设置基本一样,只是硬件仿真设置增加了仿真器参数设置。由于本示例未涉及硬件仿真器,在此只需选中软件仿真 Use Simulator 单选项。

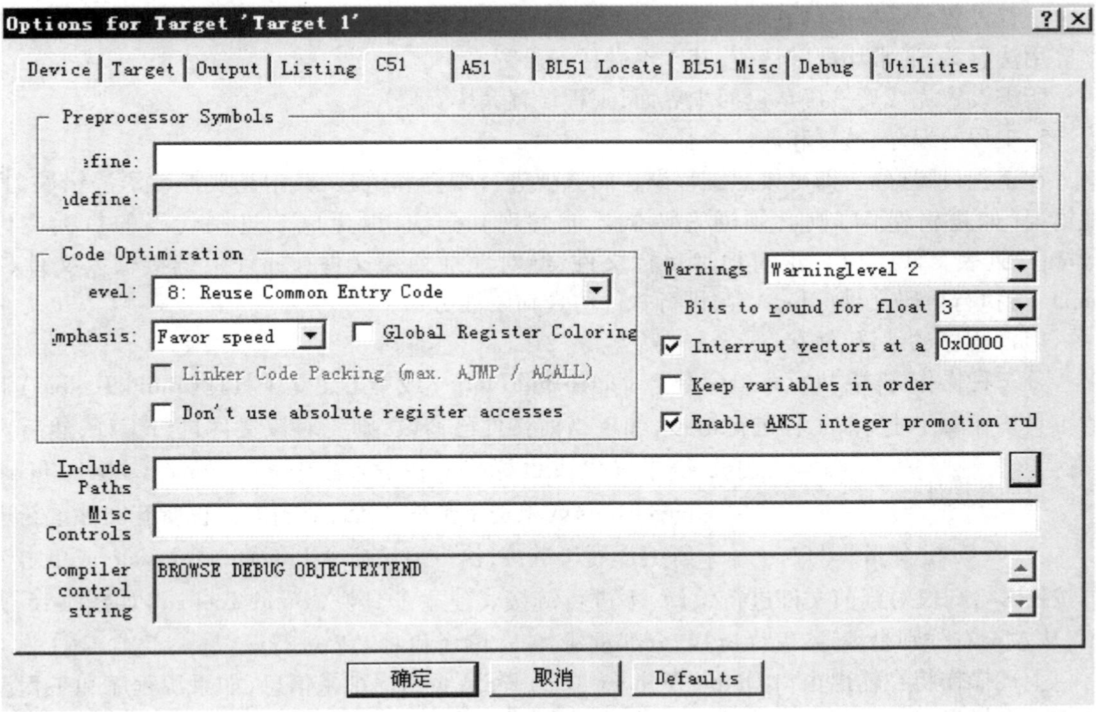

图 1-13　C51 设置界面

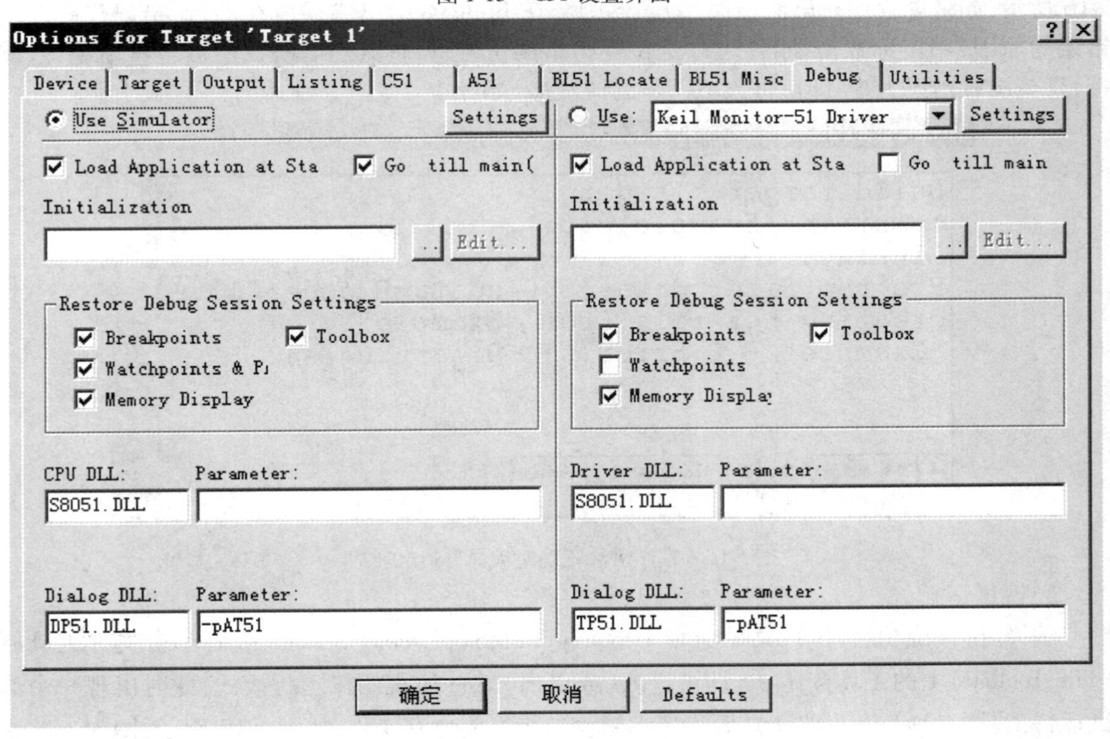

图 1-14　Debug 设置界面

工程设置对话框中的其他选项卡与 C51 编译选项、A51 编译选项、BL51 链接器的链接选项等用法有关，通常均取默认值，基本不做任何设置。

所需设置完成后按确认返回主界面，工程设置完毕。

5. 工程的编译、链接和调试、运行

在工程设置好后，即可按照工程设置的选项进行编译和链接，其中还要修改语法错误，其他错误（如逻辑错误）则必须通过调试才能发现和解决，以生成二进制代码的目标文件（. obj）、列表文件（. lst）、绝对地址目标文件、绝对地址列表文件（. m51）、链接输入文件（. imp）、可执行代码文件（. hex）等，进行软件仿真和硬件仿真。

1）源程序的编译、链接

分三种操作方式：执行菜单命令 Project→Build target 或单击建立工具栏（Build Toolbar）上的工具按钮，对当前工程进行链接，如果当前文件已修改，则先对该文件进行编译，然后再链接以生成目标代码；执行菜单命令 Project→Rebuild all target files 或单击工具按钮，对当前工程所有文件重新进行编译后再链接；执行菜单命令 Project→Translate 或单击工具按钮，则仅对当前文件进行编译，不进行链接。建立工具栏（Build Toolbar）如图 1-15 所示，从左至右分别是编译、编译链接、全部重建、停止编译和对工程进行设置。

图 1-15　建立工具栏

上述操作将在输出窗口 Output Window 中的 Build 页给出结果信息，如果源程序和工程设置都没有错误，编译、链接就能顺利通过，生成得到名为 Example. hex 的可执行代码文件，如图 1-16 所示，如果源程序有语法错误，编译器则会在 Build 页给出错误所在的行、错误代码以及错误的原因，用鼠标双击该行，可以定位到出错的位置进行修改和完善，然后再重新编译、链接，直至没有错误为止，即可进入下一步的调试运行工作。

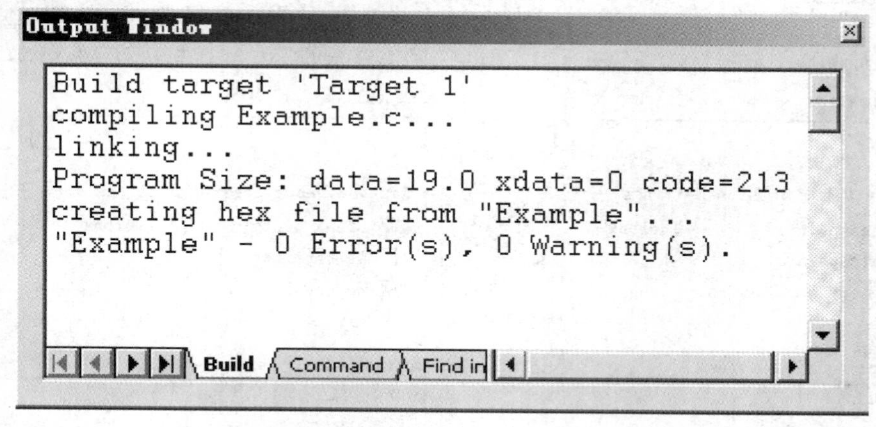

图 1-16　程序语法正确时编译、链接的结果

2）调试运行

编译、链接成功后，执行菜单命令 Debug→Start/Stop Debug Session 或者单击文件工具栏（File Toolbar）上的工具按钮，即可进入（或退出）软件仿真调试运行模式，此时出现一个调试运行工具条（Debug Toolbar），源程序编辑窗口与之前也有变化，如图 1-17 所示，图中上部为调试运行工具条，从左至右分别是复位、全速运行、暂停、单步跟踪、单步运行、跳出函数、运行到光标处、下一状态、打开跟踪、观察跟踪、反汇编窗口、观察窗口、代码作用范围分析、1#串行

窗口、内存窗口、性能分析、工具按键等命令；图中下部为调试窗口，黄色箭头为程序运行光标，指向当前等待运行的程序行。

在 μVision2 中，有 5 种程序运行方式：单步跟踪（Step Into），单步运行（Step Over），跳出函数（Step Out）、运行到光标处（Run to Cursor line），全速运行（Go）。首先搞清楚两个重要的概念，即单步执行与全速运行。使用 F5 快捷键，或执行菜单命令 Debug→Go，或单击工具按钮进入全速运行，使用“Esc”快捷键，或执行菜单命令 Debug→Stop Running，或单击工具按钮停止全速运行，全速执行是指一行程序执行完以后紧接着执行下一行程序，中间不停止，因此程序执行的速度很快，但只可以观察到运行完总体程序的最终结果的正确与否，如果中间运行结果有错，则难以确认错误出现在哪些具体程序行。单步执行是每次执行一行程序，执行完该行程序以后即停止，等待命令执行下一行程序，此时可以观察该行程序执行完以后得到的结果，是否与所需结果相同，从而发现并解决问题。

使用“F11”快捷键，或执行菜单命令 Debug→Step Into，或单击工具按钮以单步跟踪形式执行程序，单步跟踪是尽最大的可能跟踪当前程序的最小运行单位，在本示例 C 语言调试环境下最小的运行单位是一条 C 语句，因此单步跟踪每次最少要运行一个 C 语句。如图 1-17 所示，每按一次“F11”快捷键，黄色箭头就会向下移动一行，包括被调用函数内部的程序行。

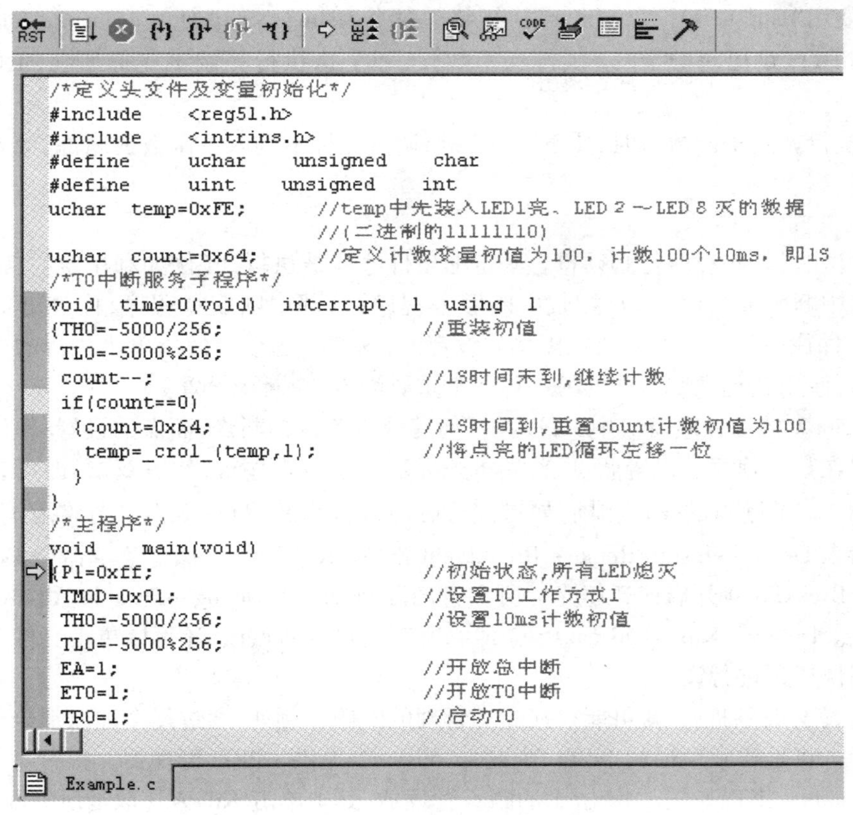

图 1-17　源程序的软件仿真运行

使用“F10”快捷键,或执行菜单命令 Debug→Step Over,或单击工具按钮以单步形式执行程序,单步运行是尽最大的可能执行完当前的程序行。与单步跟踪相同的是单步运行每次至少也要运行一条 C 语句;与单步跟踪不同的是单步运行不会跟踪到被调用函数的内部,而是把被调用函数作为一条 C 语句来执行。如图 1-17 所示,每按一次“F10”快捷键,黄色箭头就会向下移动一行,但不包括被调用函数内部的程序行。

通过单步执行调试程序,效率很低,并不是每一行程序都需要单步执行以观察结果,如本示例中的软件延时程序段若通过单步执行要执行多次才执行完,显然不合适。为此,可以采取以下方法:

第一,使用“Ctrl + F10”快捷键,或执行菜单命令 Debug→Run to Cursor line,或单击工具按钮以运行到光标处。如图 1-17 所示,程序指针现指在程序行

{P1 = 0xff;　　　　//初始状态,所有 LED 熄灭　　　//①

若想让程序一次运行到程序行

TR0 = 1;　　　　//启动 T0　　　　　　　　//②

则可以单击此程序行,当闪烁光标停留在该行后,执行菜单命令 Debug→Run to Cursor line。运行停止后,发现程序运行光标已经停留在程序行②的左侧。

第二,使用“Ctrl + F11”快捷键,或执行菜单命令 Debug→Step Out of current function,或单击工具按钮以跳出函数,单步执行到函数外,即全速执行完调试光标所在的子程序或子函数。

第三,执行调用子函数行时,按下“F10”键,调试光标不进入子函数的内部,而是全速执行完该子程序。

3)断点设置

程序调试时,某些程序行必须符合一定的条件才能被执行到(例如利用定时/计数器对外部事件计数中断服务程序,串行接收中断服务程序,外部中断服务程序,按键键值处理程序等),这些条件往往是异步发生或难以预先设定的,这类问题很难使用单步执行的方法进行调试,此时就要使用到程序调试中的另一种非常重要的方法:断点设置。

在 μVision2 的源程序窗口中,可以在任何有效位置设置断点,断点的设置/取消方法有多种。如果想在某一程序行设置断点,首先将光标定位于该程序行,然后双击,即可设置红色的断点标志。取消断点的操作相同,如果该行已经设置为断点行,双击该行将取消断点,也可执行菜单命令 Debug→Insert/Remove BreakPoint 设置/取消断点。执行菜单命令 Debug→Enable/Disable BreakPoint 开启或暂停光标所在行的断点功能。Debug→Disable All BreakPoint 暂停所有断点。Debug→Kill All BreakPoint 清除所有设置的断点以,还可以单击文件工具条上的按钮或使用快捷键进行设置。

如果设置了很多断点,就可能存在断点管理的问题。例如,通过逐个地取消全部断点来使程序全速运行将是非常烦琐的事情。为此,μ Vision2 提供了断点管理器。执行菜单命令 Debug→Breakpoints,出现如图 1-18 所示的断点管理器,其中单击 Kill All(取消所有断点)按钮可以一次取消所有已经设置的断点。

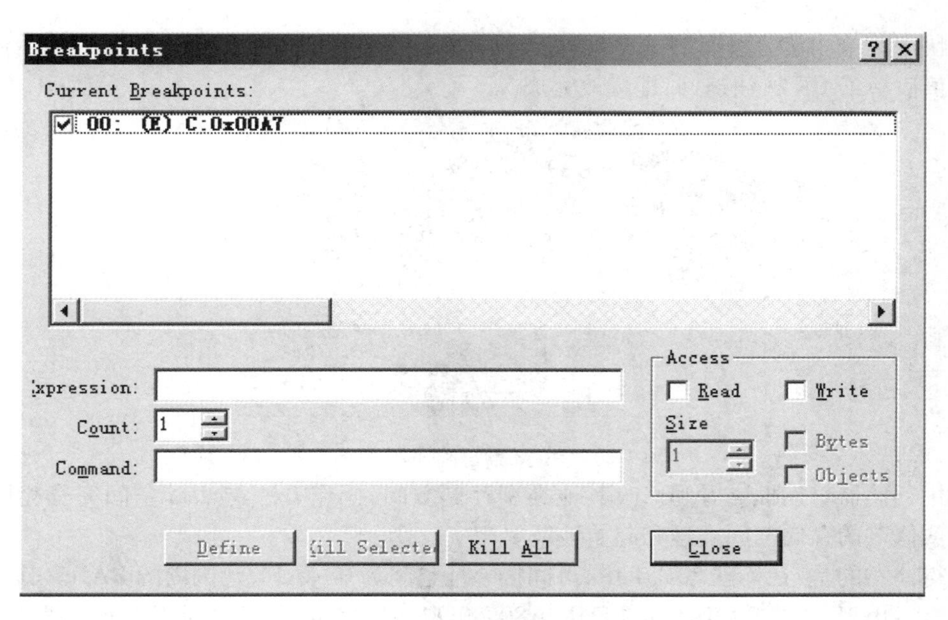

图 1-18　断点管理器

1.1.3　存储空间资源的查看和修改

在 μVision2 的软件仿真环境中，执行菜单命令 View→Memory Windows 可以打开存储器窗口，如图 1-19 所示，如果该窗口已打开，则会关闭该窗口。标准 AT89S51 的所有有效存储空间资源都可以通过此窗口进行查看和修改。

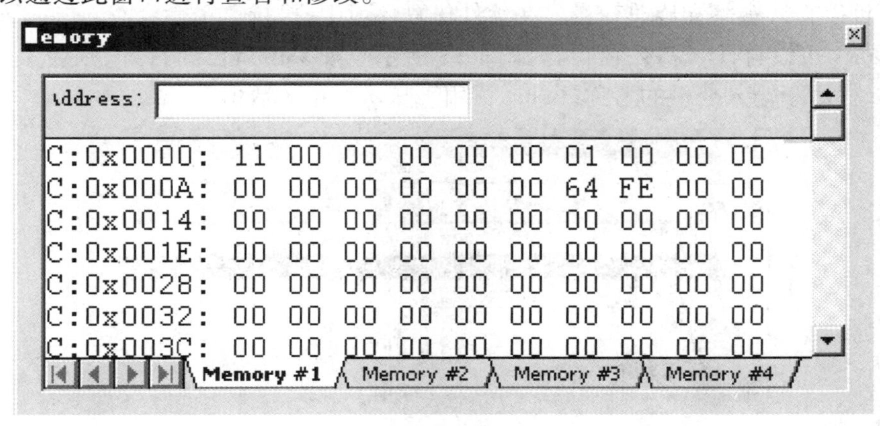

图 1-19　存储器窗口

通过在存储器地址输入栏 Address 后的编辑框内输入"字母:数字"即可显示相应内存值，便于查看和修改，其中字母代表存储空间类型，数字代表起始地址。μVision2 把存储空间资源分成 4 种存储空间类型加以管理：可直接寻址的片内 RAM（类型 data，简称 d）、可间接寻址的片内 RAM（类型 idata，简称 i）、扩展的外部数据空间 XRAM（类型 xdata，简称 x）、程序空间 code（类型 code，简称 c）。例如输入 D:0x08 即可查看到地址 08 开始的片内 RAM 单元值，若要修改 0x08 地址的数据内容，方法很简单，首先右击 0x08 地址的数据显示位置，弹出如图 1-20

所示的快捷菜单。然后选择 Modify Memory at D:0x08 选项，此时系统会出现输入对话框，输入新的数值后单击 OK 按钮返回，即修改完成。

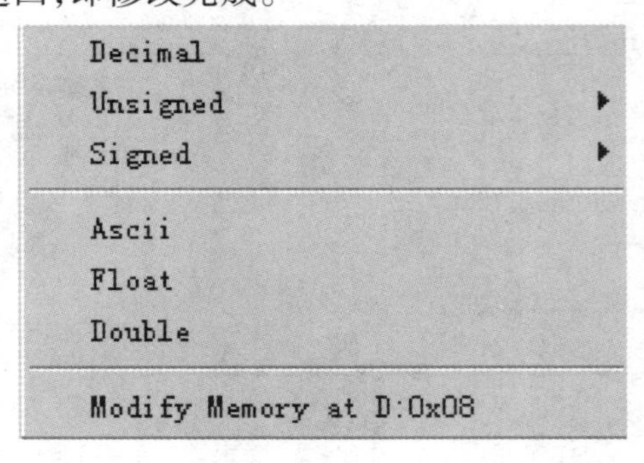

图 1-20　在存储器对话框中修改数据

使用存储器对话框查看和修改其他类型存储空间，操作方法与 data 空间完全相同，只是将查看或修改的存储空间类型和起始地址要相应改变。

值得注意的是：在标准 80C51 中，可间接寻址空间为 0 ~ 0xFF 范围内的 RAM。其中，地址范围 0x00 ~ 0x7F 内的 RAM 和地址范围 0x80 ~ 0xFF 内的 SFR 既可以间接寻址，也可以直接寻址；地址范围 0x80 ~ 0xFF 的 RAM 只能间接寻址。外部可间接寻址 64 KB 地址范围的数据存储器，程序空间有 64 KB 的地址范围。

1.1.4　变量的查看和修改

在用高级语言编写的源程序中，常常会定义一些变量，在 μVision2 中，使用"观察"对话框(Watches)可以直接观察和修改变量。在软件仿真环境中，执行菜单命令 View→Watch & Call Stack Windows 可以打开"观察"窗口，如图 1-21 所示。如果窗口已经打开，则会关闭该窗口。其中，Name 栏用于输入变量的名称，Value 栏用于显示变量的数值。

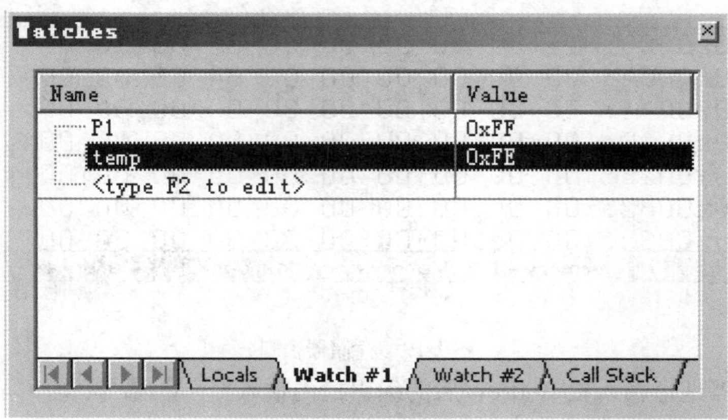

图 1-21　"观察"对话框

在观察窗口底部有 4 个标签：显示局部变量观察窗口 Locals，自动显示当前正在使用的局部变量，不需要用户自己添加；变量观察窗口 Watch #1、Watch #2，可以根据分类把变量添加到 #1 或#2 观察对话框中；堆栈观察窗口 Call Stack。

1. 变量名称的输入

单击Name栏中的<type F2 to edit>,然后按“F2”键,此时可在<type F2 to edit>处输入需查看或修改的变量名称,确认无误后按“Enter”键。输入的变量名称必须是文件中已经定义的。在图1-21中,temp是自定义的,而Pl是头文件reg51.h定义的。

2. 变量数值的显示

在Value栏,除了显示变量的数值外,用户还可以修改变量的数值,方法是:单击该行的Value栏,然后按“F2”键,此时可输入修改的数值,确认正确后按Enter键。

1.1.5　外围设备的查看和修改

在软件仿真环境中,通过Peripherals菜单选择,还可以打开所选CPU的外围设备如示例单片机中的定时/计数器(Timer)、外部中断(Interrupt)、并行输入输出口(I/O-Ports)、串行口(Serial)对话框,以查看或修改这些外围设备的当前使用情况、各寄存器和标志位的状态等。

例如对于示例程序,编译、链接进入软件仿真环境后,可执行菜单命令Peripherals→I/O-Ports→Port 1观察P1口的运行状态,如图1-22所示,全速运行,可以观察到P1口各位的状态在不断地变化。执行菜单命令Peripherals→I/O-Ports→Port 2,如图1-23所示,可以看到,P2口各位的状态一直为0,如果要想置P2.0为1,则可通过单击P2.0对应的方框内打上钩即可。查看和修改其他外围设备的方法类似,除此之外,在Keil μVision2 IDE中,还有很多功能及使用方法,这里不再一一说明,感兴趣的读者可以参阅有关的专业书籍。

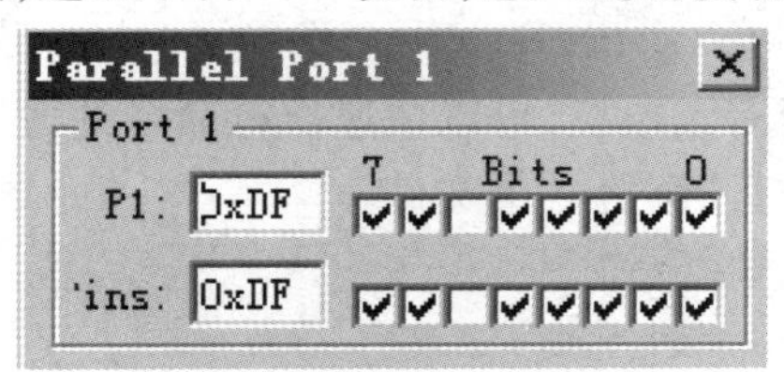

图1-22　外围设备P1端口

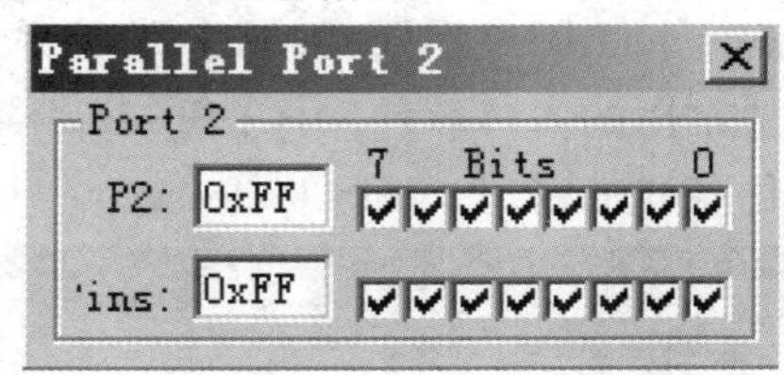

图1-23　外围设备P2端口

1.2 Proteus ISIS 简介

Proteus ISIS 是英国 Lab Center Electronics 公司研发的用于原理图设计、电路分析与仿真、处理程序代码调试和仿真、系统测试以及功能验证的 EDA 软件,运行于 Windows 操作系统之上,具有界面友好、使用方便、占用存储空间小、仿真元件资源丰富、实验周期短、硬件投入少、实验过程损耗小和与实际设计接近等特点。它有模拟电路仿真、数字电路仿真、数模混合电路、单片机等微处理器及其外围电路(如总线驱动器 74LS373、可编程外围定时器 8253、并行接口 8255、实时时钟芯片 DS1302、LCD、RAM、ROM、键盘、马达、LED、AD/DA、SPI、IIC 器件等)组成的系统仿真等功能,配合可供选择的虚拟仪器,可搭建一个完备的电子设计开发环境,同时支持第三方的软件的编辑和调试环境,可与 Keil μVision2 等软件进行联调,达到实时的仿真效果,因此得到广泛使用。

1.2.1 Proteus ISIS 工作环境

正确安装后,用鼠标左键双击桌面上 运行图标,或用鼠标左键分别单击计算机桌面上“开始”→“所有程序”→“Proteus 7 Professional” →“ISIS 7 Professional”,即可进入 Proteus ISIS Professional 用户界面,如图 1-24 所示。从图中可以看出,Proteus ISIS Professional 用户界面与其他常用的窗口软件一样,ISIS Professional 设置有菜单栏、可以快速执行命令的按钮工具栏和各种各样的窗口。ISIS Professional 只允许同时打开浏览一个文件。

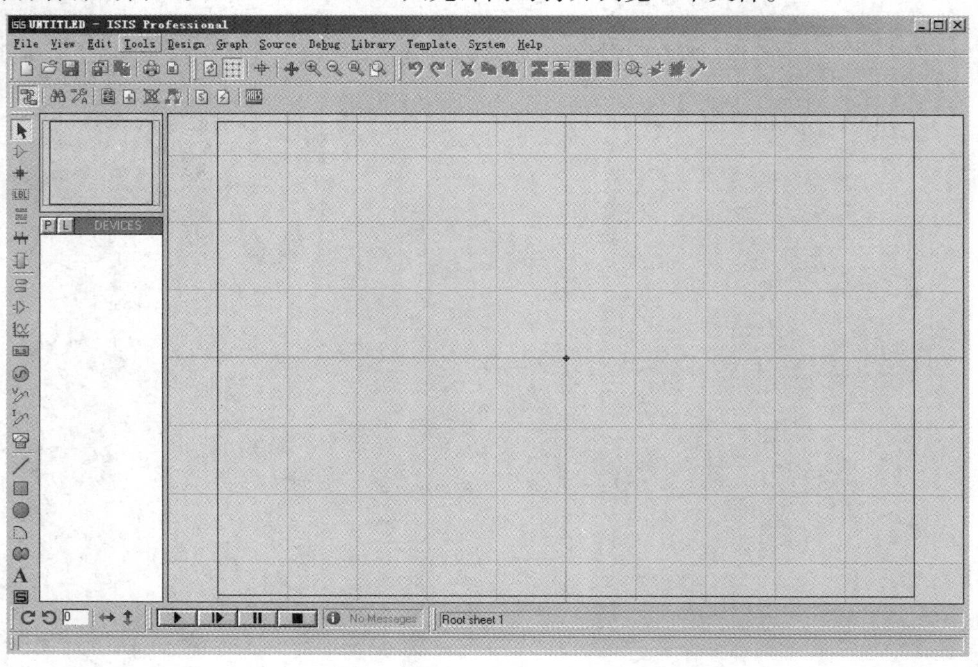

图 1-24 Proteus ISIS Professional 用户界面

ISIS Professional 也提供了多种命令执行方式：①菜单栏提供了诸如文件 File(文件)、View(视图)、Edit(编辑)、Tools(工具)、Design(设计)、Graph(图形)、Source(源)、Debug(调试)、Library(库)、Template(模板)、System(系统)和 Help(帮助)共 12 种操作菜单；②使用工具栏按钮可以快速地执行 ISIS 命令；③使用键盘快捷键也可以执行 ISIS 命令，键盘快捷键根据使用习惯等需要还可以重新设置。表 1-11 ~ 表 1-17 只列出了所涉及的、较常使用的 Proteus ISIS 菜单项命令、工具栏图标、默认的快捷键以及对它们的描述，在此未涉及的将不一一赘述，读者可以参阅有关的专业书籍。

表 1-11　文件菜单和命令(File)

菜单	工具条	快捷键	描　述
New Design...			新建原理图设计
Open Design...		Ctrl + O	打开已经存在的原理图设计
Save Design		Ctrl + S	保存当前的原理图设计 (新建保存时需命名)
Import Section...			导入部分文件
Export Section...			导出部分文件
Print...			打印
Set Area			设置打印区域
Exit			退出 ISIS Professional 并提示是否保存文件

表 1-12　视图菜单和命令(View)

菜单	工具条	快捷键	描　述
Redraw		R	刷新窗口
Grid		G	栅格显示开关
Origin		O	手工设置原点
Pan		F5	重新定位显示中心
Zoom In		F6	放大显示
Zoom Out		F7	缩小显示
Zoom All		F8	按照窗口大小显示全部
Zoom To Area			局部放大选定区域

表 1-13　编辑菜单和编辑命令（Edit）

菜单	工具条	快捷键	描　述
Undo Changes		Ctrl + Z	撤销前一操作
Redo Changes		Ctrl + Y	恢复前一操作
Cut To Clipboard			剪切到剪贴板
Copy To Clipboard			复制到剪贴板
Paste From Clipboard			从剪贴板粘贴
Block Copy			块复制
Block Move			块移动
Block Rotate			块旋转或翻转
Block Delete			块删除
Pick parts from libraries			选取元器件
Make Device			创建库元件
Packaging Tool			编辑器件封装
Decompose			进入元件编辑状态

表 1-14　绘图模型选择工具箱（Mode Selector）

名称	工具条	快捷键	描　述
Selection Mode			选择对象（可以单击任意对象并编辑其属性）
Component Mode			加载元器件
Junction dot Mode			在原理图中添加连接点
Wire label Mode			为连线添加标签（为连线命名）
Text script Mode			添加文本
Buses Mode			总线绘制
Subcircuit Mode			绘制子电路
Terminals Mode			在对象选择窗口列出终端接口（如输入、输出、电源和地等）供选择
Device Pins Mode			在对象选择窗口列出各种引脚（如普通引脚、时钟引脚、反电压引脚和短接引脚等）供选择
Graph Mode			在对象选择窗口列出各种仿真分析所需的图表（如模拟图表、数字图表、噪声图表、混合图表和 A/C 图表等）供选择

续表

名称	工具条	快捷键	描　述
Tape Recorder Mode			录音机，当对设计电路分割仿真时采用此模式
Generator Mode			在对象选择窗口列出各种激励源（如正弦激励源、脉冲激励源、指数激励源和 FILE 激励源等）供选择
Voltage Probe Mode			在原理图中添加电压探针（电路进入仿真模式时，可显示各探针处的电压值）
Current Probe Mode			在原理图中添加电流探针（电路进入仿真模式时，可显示各探针处的电流值）
Virtual Instruments Mode			在对象选择窗口列出各种虚拟仪表（如示波器、逻辑分析仪、定时/计数器和模式发生器等）供选择
2D Graphics Line Mode			用于创建元器件或表示图表时绘制线
2D Graphics Box Mode			用于创建元器件或表示图表时绘制方框
2D Graphics Circle Mode			用于创建元器件或表示图表时绘制圆
2D Graphics Arc Mode			用于创建元器件或表示图表时绘制弧线
2D Graphics Path Mode			用于创建元器件或表示图表时绘制任意形状的图标
2D Graphics Text Mode	A		用于插入各种文字说明
2D Graphics Symbols Mode			用于选择各种元器件符号
2D Graphics Markers Mode			用于产生各种标记图标

表 1-15　方向工具栏（Orientation Toolbar）

名称	工具条	快捷键	描　述
Rotate Clockwise			对所选元器件顺时针旋转 90°
Rotate Anti-Clockwise			对所选元器件逆时针旋转 90°
X-Mirror			对所选元器件以 Y 轴为对称轴水平镜像翻转 180°
Y-Mirror			对所选元器件以 X 轴为对称轴垂直镜像翻转 180°
旋转角度	0		用于显示旋转/镜像的角度

表 1-16　仿真工具栏(Simulate Toolbar)

名称	工具条	快捷键	描　述
Play			运行仿真
Step			单步运行
Pause			暂停仿真
Stop			停止仿真

表 1-17　设计工具栏(Design Toolbar)

名称	工具条	快捷键	描　述
Wire Auto Router			自动连线开关
Search and Tag…			查找并标记对象
Property Assignment Tool…			属性分割工具
Design Explorer			查看详细的元器件列表及网络表
New Sheet			新建图纸
Remove Sheet			移动或删除当前图纸
Zoom to Child			转入子电路
Bill of Materials			生成元器件材料清单
Electrical Rule Check…			生成电气规则检查报告
Netlist to ARES			生成网络表并进入电路板设计

1.2.2　电路原理图的设计与编辑

在 Proteus ISIS 中,电路原理图的设计与编辑非常方便,在这里将通过示例介绍电路原理图的绘制、编辑修改的基本方法,更深层或更复杂的方法,读者可以参阅有关的专业书籍。

示例:用 Proteus ISIS 绘制如图 1-25 所示的电路仿真原理图。该电路的功能是用单片机 AT89S51 的 P1 口控制 8 个发光二极管循环点亮构成流水灯。

1. 新建设计文件

执行菜单命令 File→New Design... 或单击文件工具栏上的新建文件按钮,在打开的 Create New Design 对话框(图 1-26)中选择 DEFAULT 模板(ISIS Professional 提供了 17 个标准模板供选择,用户也可以利用 Template 和 System 菜单命令根据实际需要自定义模板或对标准模板进行修改,一般使用 DEFAULT 模板),单击 OK 按钮后,即进入如图 1-24 所示的 ISIS Professional 用户界面。此时,对象选择窗口、原理图编辑窗口、原理图预览窗口均是空白的。执行菜单命令 File→Save Design 或单击主工具栏中的保存按钮，在打开的 Save ISIS Design File 对话框中，可以指定保存目录，输入新建设计文件的名称，本示例命名为 Example，保存类型采用默认值(.DSN)。完成上述工作后，单击"保存"按钮，开始电路原理图的绘制工作。

2. 对象的选择与放置

对象的选择与放置要根据对象的类别在绘图模型选择工具箱中选择相应的工具，某些对象(如 2D 图形等)可以在选择工具后直接在原理图编辑区左击放置，而对于元器件等对象，则需要先从元器件库将其添加到对象选择窗口中，然后从对象选择窗口中选定，有些对象(如晶体管)由于品种繁多，还需要进一步选择子类别后才能显示出来供选择。

在图 1-25 所示电路原理图中的对象按属性可分为两大类：元器件(Component)和终端(Terminals)。表 1-18 给出了它们的清单。下面简要介绍这两类对象的选择和放置方法。

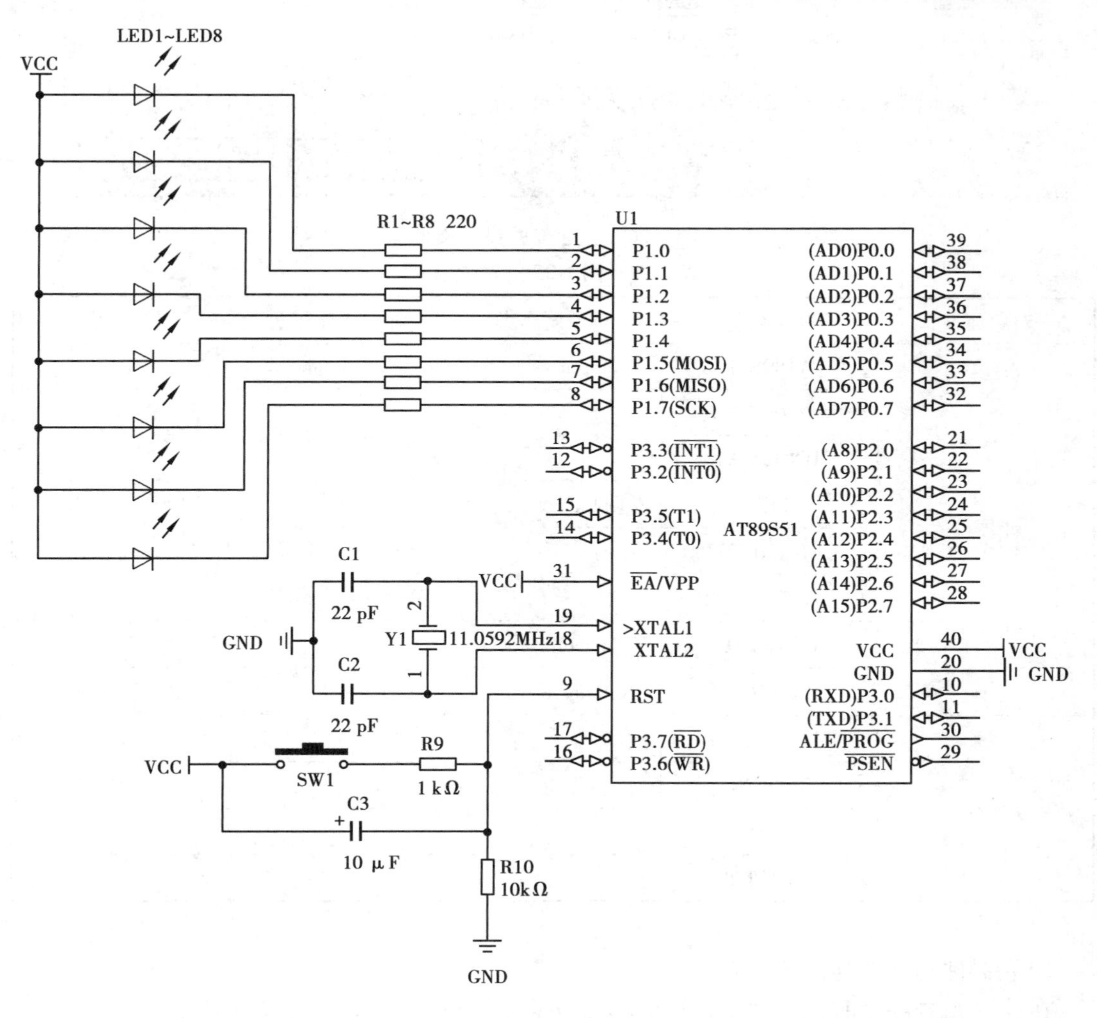

图 1-25 单片机流水灯原理图

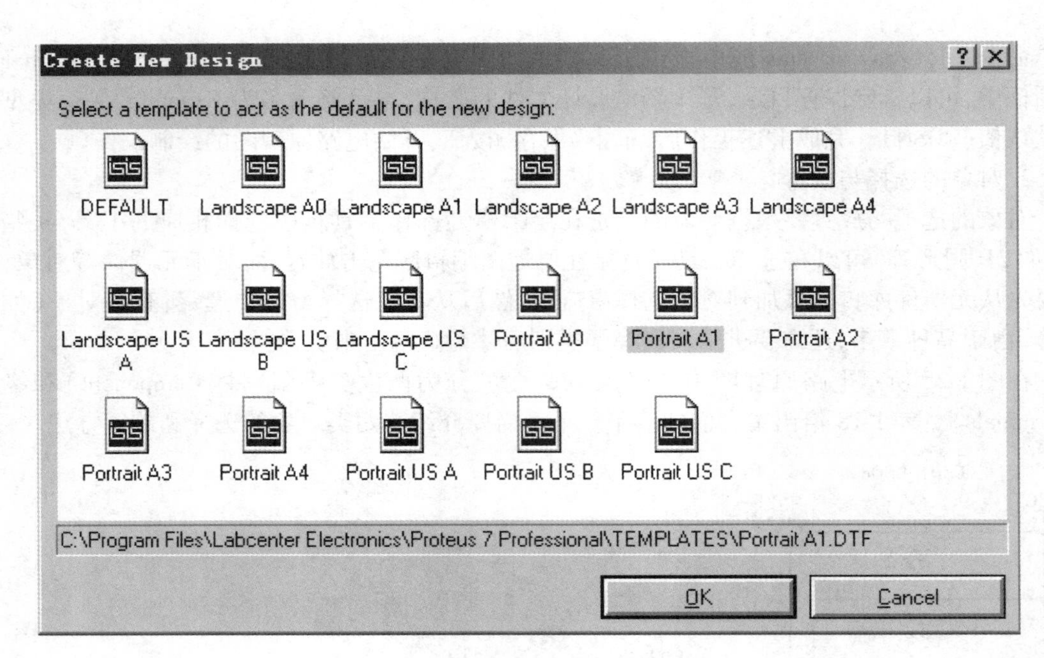

图 1-26　创建新的设计文件

表 1-18　图 1-25 的对象清单

对象属性	对象名称	对象所属类	对象所属子类	图中标识
元器件	AT89S51	Microprocessor ICs	8051 Family	U1
	MINRES220R	Resistors	0.6W Metal Film	R1 ~ R8
	MINRES10K			R8
	LED	Optoelectronics	LEDs	LED1 ~ LED8
	CERAMIC22P	Capacitors	Ceramic Disc	C1,C2
	GENELECT10U16V		Radial Electrolytic	C3
	CRYSTAL	Miscellaneous		Y1
	BUTTON	Switches & Relays	Switches	SW1
终端	POWER			VCC
	GROUND			GND
	INPUT			
	OUTPUT			

1)元器件的选择与放置

在放置元器件之前,首先要通过 Pick Devices 对话框(先左击对象模型工具箱中的加载元器件命令▷,再左击对象选择窗口左上角的按钮 P 或执行菜单命令 Library→Pick Device/Symbol…打开该对话框),从元器件库将所需元器件添加到对象选择窗口中,然后从对象选择窗口中选定放置。

Pick Devices 对话框如图 1-27 所示。从结构上看,该对话框分为 Keywords 文本输入框:在此可以输入待查找的元器件的全称或关键字,其下面的 Match Whole Words 选项表示是否全字匹配,在不知道待查找元器件的所属类时,可以采用此法进行搜索。Category 窗口:在此给出了 Proteus ISIS 中元器件的所属类;Sub-category 窗口:在此给出了 Proteus ISIS 中元器件的所属子类;Manufacturer 窗口:在此给出了元器件的生产厂家分类;Results 窗口:在此给出了符合要求的元器件的名称、所属库以及描述;PCB Preview 窗口:在此给出了所选元器件的电路原理图预览、PCB 预览及其封装类型。

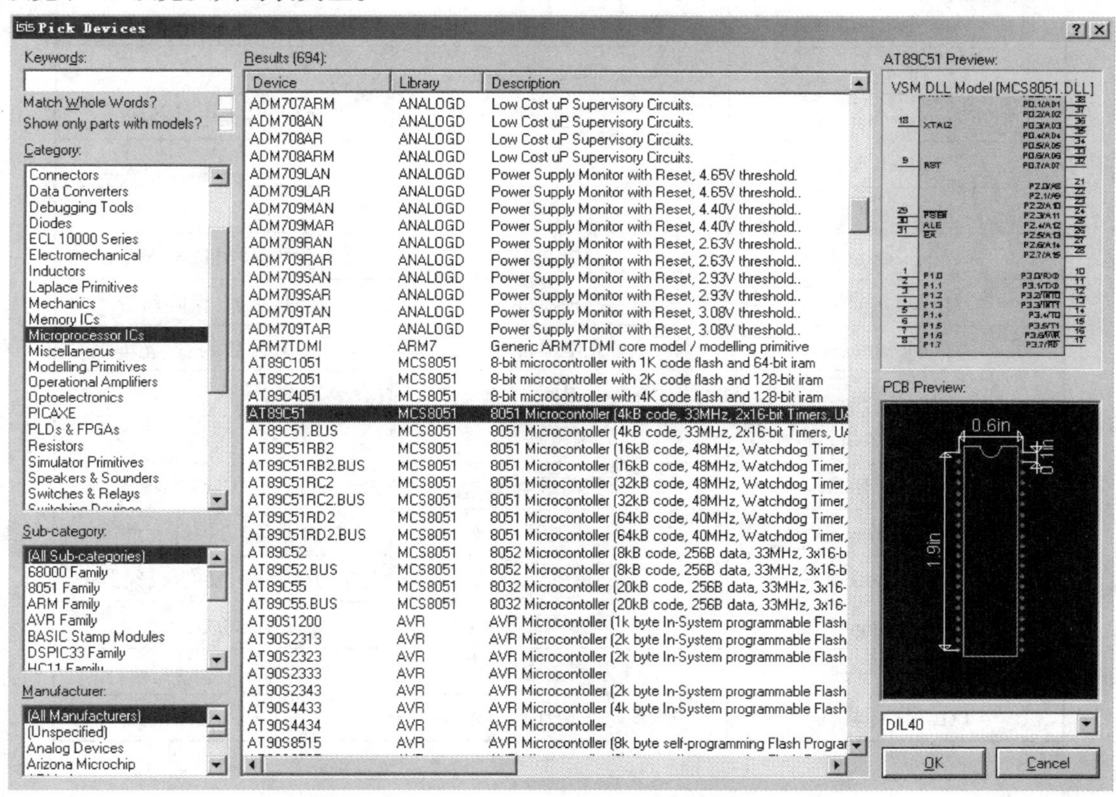

图 1-27 Pick Devices 对话框

需要注意的是:在选择添加之前要明确并打开所需元器件的所属类及所属子类,如果不知道则可利用 Proteus ISIS 提供的搜索功能方便地查找到所需元器件。Proteus ISIS 的元器件库提供了大量元器件的原理图符号,在 Proteus ISIS 中元器件的所属类共有 40 多种,表 1-19 给出了常用元器件的所属类。

对于示例,首先打开 Pick Devices 对话框,按要求选好元器件(如 AT89S51)后,所选元器件的名称就会出现在对象选择窗口中,如图 1-28 所示。在对象选择窗口中单击 AT89S51 后,AT89S51 的电路原理图就会出现在预览窗口中,如图 1-29 所示。此时还可以通过方向工具栏中的旋转、镜像按钮改变原理图的方向。然后将光标指向原理图编辑窗口的合适位置单击,就会看到 AT89S51 的电路原理图被放置到编辑窗口中。同理,可以对其他元器件进行选择和放置。

表 1-19　常用元器件的所属类

所属类名称	对应的中文名字	说　明
Analog Ics	模拟电路集成芯片	电源、定时器、运算放大器等
Capacitors	电容器	
CMOS 4000 series	4000 系列数字电路	
Connectors	排座，排插	
Data Converters	模/数、数/模转换集成电路	
Diodes	二极管	
Electromechanical	机电器件	风扇、各类电动机等
Inductors	电感器	
Memory ICs	存储器	
Microprocessor ICs	微控制器	51 系列单片机、ARM7 等
Miscellaneous	各种器件	电池、晶振、保险丝等
Optoelectronics	光电器件	LED、LCD、数码管、光耦等
Resistors	电阻	
Speakers & Sounders	扬声器	
Switches & Relays	开关与继电器	键盘、开关、继电器等
Switching Devices	晶闸管	单向、双向可控硅元件等
Transducers	传感器	压力传感器、温度传感器等
Transistors	晶体管	三极管、场效应管等
TTL 74 series	74 系列数字电路	
TTL 74LS series	74 系列低功耗数字电路	

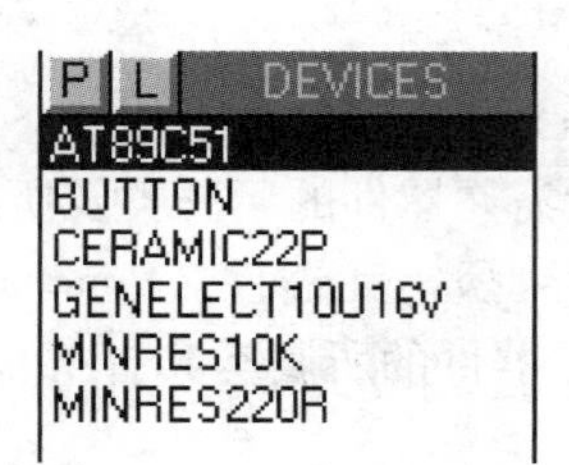

图 1-28　对象选择窗口

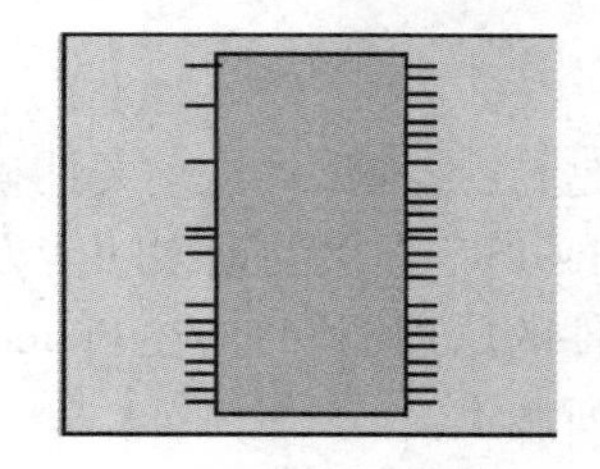

图 1-29　预览窗口

2）终端的选择与放置

单击对象模型工具箱中的终端命令，Proteus ISIS 会在对象选择窗口中给出所有可供选择的终端类型，如图 1-30 所示。终端的预览、放置方法与元器件类似。Mode 工具箱中其他命令的操作方法又与终端命令类似，在此不再赘述。

3. 对象的编辑

在放置好绘制原理图所需的所有对象后，可以编辑对象的位置、角度或属性等。下面以

LED 元器件 D1 为例,简要介绍对象的编辑步骤。

1)选中对象

将光标指向对象 D1,光标由空心箭头变成手形后,左击即可选中对象 D1。此时,对象 D1 高亮显示,鼠标指针为带有十字箭头的手形。

2)移动、编辑、删除对象

选中对象 D1 后,右击,弹出快捷菜单。通过该快捷菜单可以对 D1 进行移动(Drag Object)、编辑(Edit Properties)、删除对象(Delete Object)等。

P TERMINALS
DEFAULT
INPUT
OUTPUT
BIDIR
POWER
GROUND
BUS

图 1-30　终端选择窗口

4. 连线

选择放置好对象之后,接下来可以开始在对象之间布线。按照连接的方式,连线可分为 3 种。

1)普通连接

在两个对象(器件引脚或导线)之间进行连线。不需要选择工具,直接单击第一个对象的连接点后,再单击另一个对象的连接点,则自动连线,或拖动鼠标到另一个对象的连接点处单击,在拖动鼠标的过程中,可以在拐点处单击,也可以右击放弃此次绘线。

按照此方法,分别将 C1、C2、Y1 及 GROUND 连接后的时钟电路如图 1-31 所示。

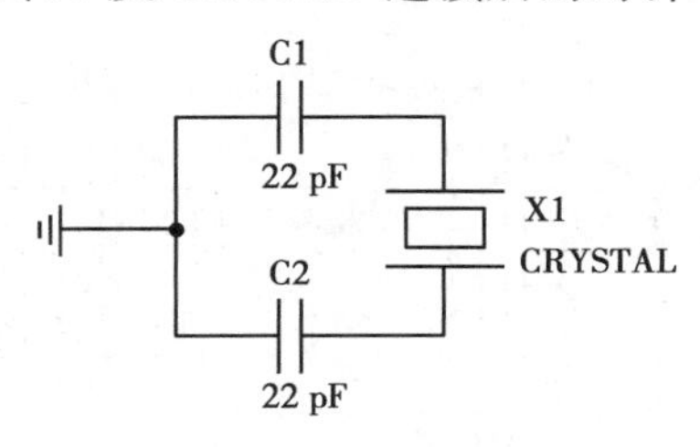

图 1-31　对象之间的普通连接

2)标识连接

为了避免连线太多太长影响原理图纸的美观,使整体布局合理、简洁,可以双击对象的连接点自动地绘制一条短导线,然后在短导线上放置一个标签(Label),凡是标签相同的点都相当于之间建立了电气连接而不必在原理图上绘出连线。

如时钟电路与 AT89S51 之间的连接,按照此方法,将 X1 的两端分别与 AT89S51 的 XTAL1、XTAL2 引脚连接后的电路,如图 1-32 所示。

3)总线连接

总线连接的步骤如下:①绘制总线,单击 Mode 工具箱中的 Bus 按钮,在合适的位置处(一条已存在的总线或空白处)单击,从此位置(总线起始端)开始拖动鼠标到合适的总线终点处单击,即放置一条总线,在拖动鼠标的过程中,可以在拐点处单击,也可以右击放弃此次总线绘制。②绘制总线分支线,由对象连接点引出单线与总线的连接方法与普通连接类似,但为了和一般的导线区分,一般以画斜线来表示分支线,对象连接点与总线建立连接之后,还要在分支线上放置一个标签(Label),凡是标签相同的分支线都相当于之间通过总线建立了电气连接。

如图 1-33 所示,通过总线 P1[0..7]将 AT89S51 的 P1.0 ~ P1.7 引脚分别与 LED1 ~ LED8 的负极连接在一起,与总线 P1[0..7]相连的两条单线的标签均为 P10 ~ P17。

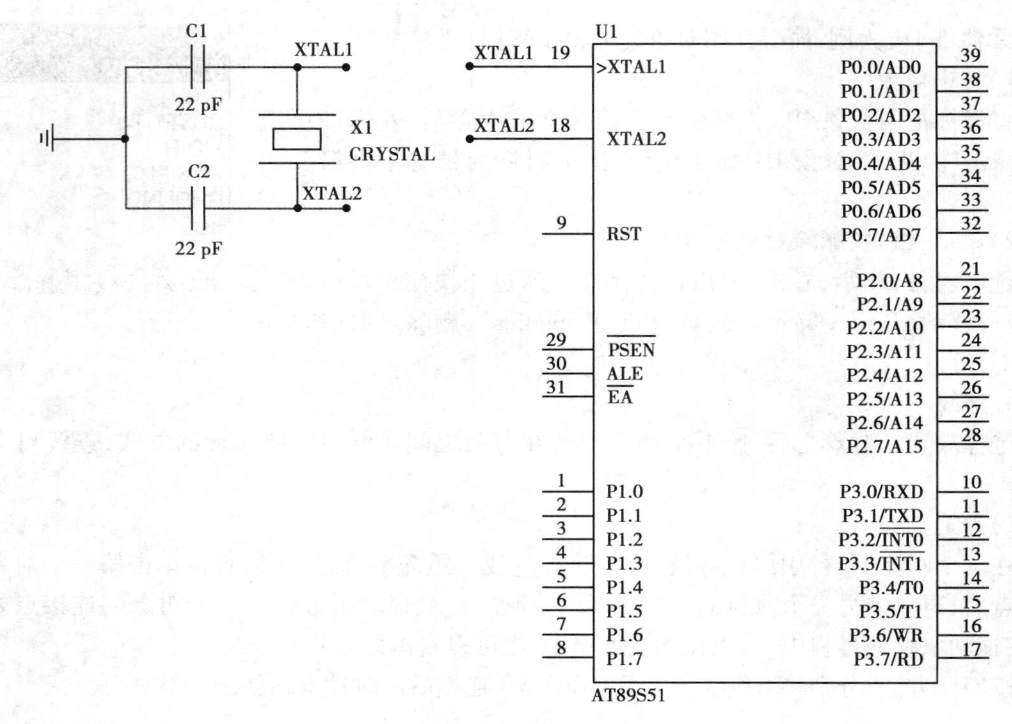

图 1-32　对象之间的标识连接

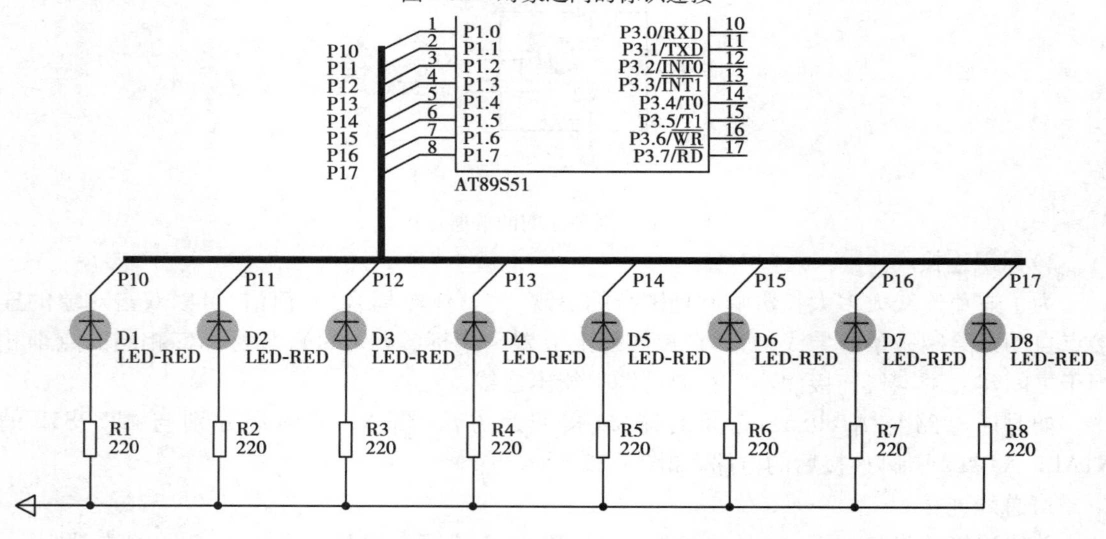

图 1-33　对象之间的总线连接

5. 电气规则检查

原理图绘制完毕后，如图 1-34 所示，还必须进行电气规则检查(ERC)。执行菜单命令 Tools→Electrical Rule Check...，打开如图 1-35 所示的电气规则检查报告单窗口。在该报告单中，系统提示网络表(Netlist)已生成，并且无 ERC 错误，即用户可执行下一步操作。

所谓网络表，是对一个设计中有电气连接的对象引脚的描述。在 Proteus ISIS 中，彼此互连的一组元件引脚称为一个网络(Net)。执行菜单命令 Tools→Netlist Compiler…，可以设置网络表的输出形式、模式、范围、深度及格式等。

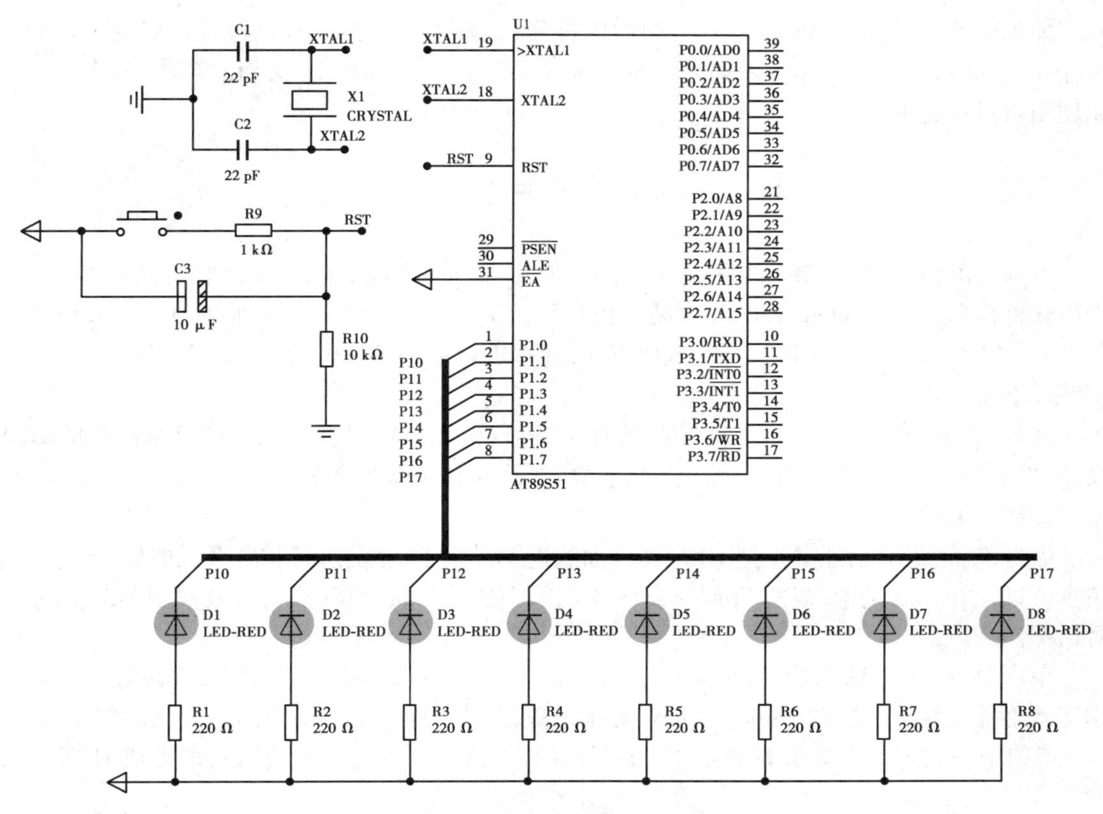

图 1-34　单片机流水灯仿真原理图

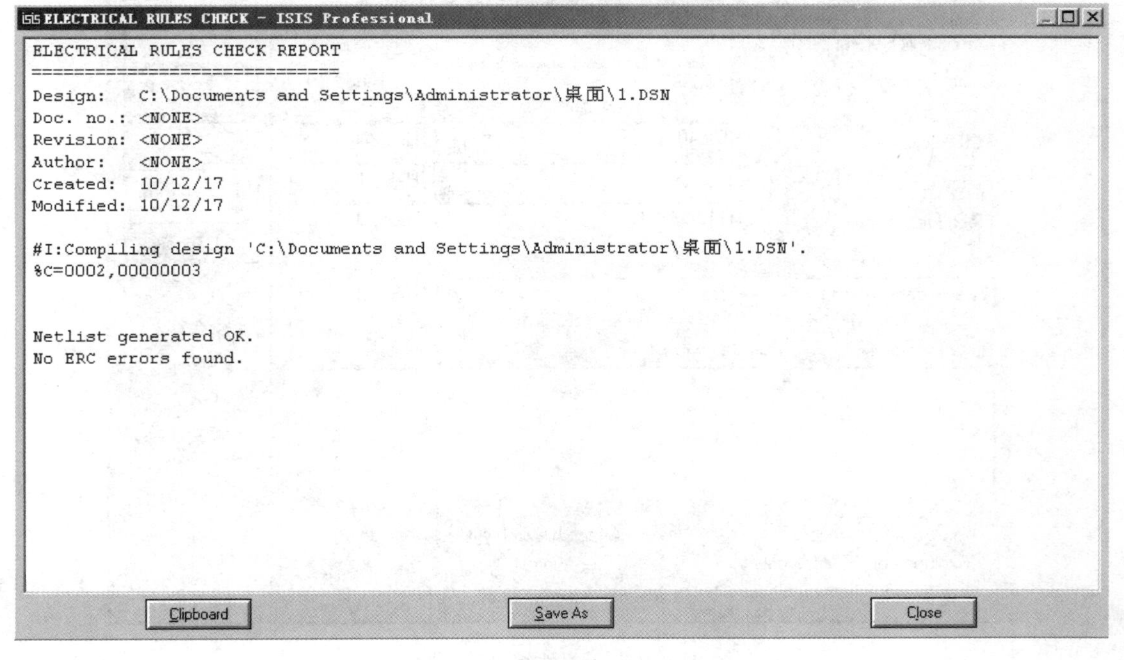

图 1-35　电气规则检查报告单窗口

如果电路设计存在 ERC 错误,必须加以排除,否则不能进行仿真。将设计好的原理图文件存盘。同时,可以使用 Tools→Bill of Materials 菜单命令输出 BOM 文档。至此,一个简单的原理图就设计完成了。

1.2.3 Proteus ISIS 与 Keil C51 的联调

Proteus ISIS 与 Keil C51 的联调可以实现单片机应用系统的软、硬件调试,其中 Keil C51 作为软件调试工具,Proteus ISIS 作为硬件仿真和调试工具。下面介绍如何在 Proteus ISIS 中加载 Keil C51 生成的单片机可执行文件(HEX 文件)进行单片机应用系统的仿真调试。

1. 准备工作

首先,在 Keil C51 中完成 C51 应用程序的编译、链接、调试,并生成单片机可执行的 HEX 文件;然后,在 Proteus ISIS 中绘制电路原理图,并通过电气规则检查。

2. 装入 HEX 文件

做好准备工作后,还必须把 HEX 文件加载进单片机中,才能进行整个系统的软、硬件联合仿真调试。在本示例中,双击 Proteus ISIS 原理图中的单片机 AT89S51,打开如图 1-36 所示的对话框。

单击 Program File 选项中的按钮,在打开的 Select File Name 对话框中,选择好要加载的 HEX 文件后(本示例加载 Example. hex 文件),单击“打开”按钮返回图 1-36,此时在 Program File 选项中的文本框中显示 HEX 文件的名称及存放路径。单击“OK”按钮,即完成 HEX 文件的装入过程。

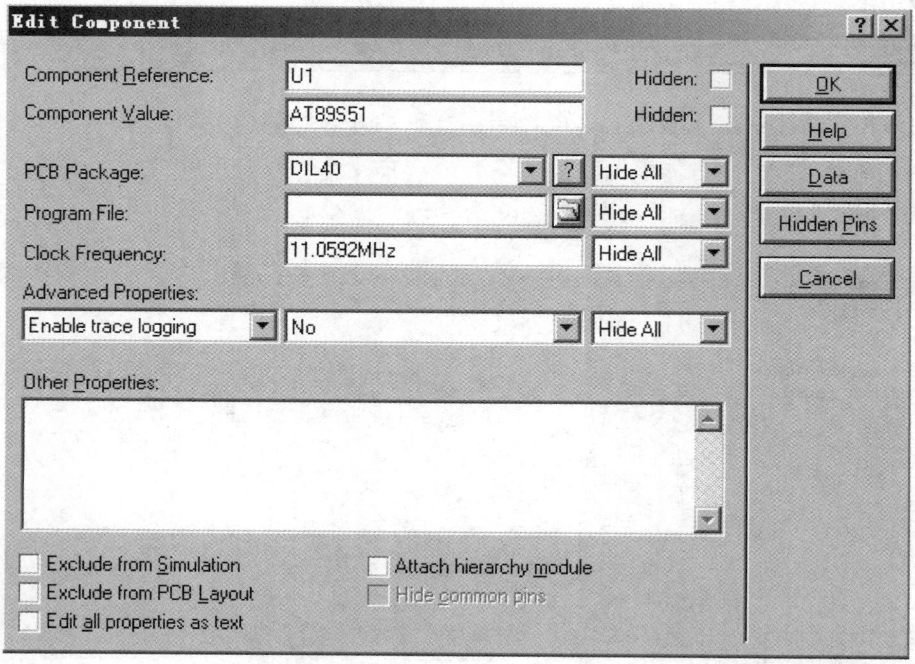

图 1-36 元器件编辑对话框

3. 仿真调试

装入 HEX 文件后,单击仿真运行工具栏上的“运行”按钮▶,在 Proteus ISIS 的编辑窗口中可以看到单片机应用系统的仿真运行效果,在本示例中可以看到 8 个发光二极管循环点亮,出现流水灯的效果。其中,红色方块代表高电平,蓝色方块代表低电平,灰色代表悬空。

如果发现仿真运行效果不符合设计要求,应该单击仿真运行工具栏上的按钮■停止运行,然后从软件、硬件两个方面分析原因。完成软、硬件修改后,按照上述步骤重新开始仿真调试,直到仿真运行效果符合设计要求为止。

第 2 章　单片机基础实验

2.1　实验系统介绍

2.1.1　实验系统特点

本章单片机基础实验部分是基于北京精仪达盛科技有限公司 EL-MUT-III 型单片机教学实验系统上验证完成,此系统具有以下特点:

(1)CPU 可选用 80C51、8086、80C196 中任一种 CPU,系统功能齐全,涵盖了单片机教学实验课程的大部分内容。

(2)配有两个可编程器件:EPM7128 被系统占用,另一块 EPM7032 供用户实验用,两个器件皆可通过 JTAG 接口在线编程,使用十分方便。

(3)灵活的电源接口:配有 PC 机电源插座,可由 PC 提供电源,另外还配有外接开关电源,提供所需的 +5 V, ±12 V,其输入为 220 V 的交流电。

(4)系统的联机运行模式:配有系统调试软件,系统调试软件分 DOS 版和 Windows 版两种,均为中文多窗口界面,调试程序时可以同时打开寄存器窗口、内存窗口、变量窗口、反汇编窗口、波形显示窗口等,极大地方便了用户的程序调试。该软件集源程序编辑、编译、链接、调试于一体,每项功能均为中文下拉菜单,简明易学,经常使用的功能均备有热键,这样可以提高程序的调试效率。8051 调试软件不仅支持汇编语言,而且还支持 C 语言编辑调试。

(5)系统的单机运行模式:系统在没有与计算机连接的情况下,自动运行在单机模式,在此模式下,用户可通过键盘输入运行程序(机器码)和操作指令,同时将输入信息及操作的结果在 LED 数码管上显示出来。

(6)系统功能齐全,可扩展性强。此实验系统不仅能满足大部分院校教学大纲规定的基本接口芯片实验,其灵活性和可扩展性(数据总线、地址总线、控制总线为用户开放)亦能轻松满足其工程训练、课程设计、毕业设计使用等。

(7)系统采用开放式模块化结构设计,通过两组相对独立的总线最多可同时扩展 2 块应用实验板,用户可根据需要购置相应实验板,降低了成本,提高了灵活性,便于升级换代。

2.1.2　系统概述

(1)微处理器:8051,它的 P0、P1、P2、P3 口皆对用户开放,供用户使用。

(2)时钟频率:6.0 MHz。

(3)存储器:程序存储器与数据存储器统一编址,最多可达64 KB,板载ROM(监控程序27C256)12 KB;RAM1(程序存储器6264)8 KB供用户下载实验程序,可扩展达32 KB;RAM2(数据存储器6264)8 KB供用户程序使用,可扩展达32 KB,RAM程序存储器与数据存储器不可同时扩至32 KB。存储器组织图见表2-1,在程序存储器中,0000H~2FFFH为监控程序存储器区,用户不可用,4000H~5FFFH为用户实验程序存储区,供用户下载实验程序。数据存储器的范围为:6000H~7FFFH,供用户实验程序使用。

表2-1 存储器系统组织

用户I/O区	D000H~FFFFH
系统I/O	8000H~CFEFH
RAM2用户实验程序区,供用户下载实验程序	5000H~7FFFH
RAM1用户实验程序数据区	3000H~4FFFH
ROM系统监控程序区	0000H~2FFFH

注意:因用户实验程序区位于4000H~5FFFH,用户在编写实验程序时要注意,程序的起始地址应为4000H,所用的中断入口地址均应在原地址的基础上,加上4000H。例如:外部中断0的原中断入口为0003H,用户实验程序的外部中断0的中断程序入口为4003H,其他类推,见表2-2。

表2-2 用户中断程序入口表

中断名称	8051原中断程序入口	用户实验程序响应程序入口
外中断0	0003H	4003H
定时器0中断	000BH	400BH
外中断1	0013H	4013H
定时器1中断	001BH	401BH
串行口中断	0023H	4023H

(4)可提供对8051的基本实验。此实验系统除微处理器、程序存储器、数据存储器外,还增加了8255并行接口、8250串行控制器、8279键盘、显示控制器、8253可编程定时器、A/D、D/A转换、单脉冲、各种频率的脉冲发生器、输入、输出电路等模块,各部分电路既相互独立,又可灵活组合,能满足各类院校不同层次单片机实验与实训要求。可提供的实验如下:

①8051P1口输入、输出实验;

②简单的扩展输入、输出实验;

③8051定时器/计数器实验;

④8051外中断实验;

⑤8279键盘扫描、LED显示实验;

⑥8255并行口输入、输出实验;

⑦8253定时器/计数器实验;

⑧8259中断实验;

⑨串行口通信实验；

⑩ADC0809A/D 转换实验；

⑪DAC0832D/A 转换实验；

⑫存储器扩展实验；

⑬交通灯控制实验。

(5)资源分配。此实验系统采用可编程逻辑器件(CPLD)EPM7128 做地址的编译码工作，可通过芯片的 JTAG 接口与 PC 机相连，对芯片进行编程。此单元也分两部分：一部分为系统 CPLD，完成系统器件，如监控程序存储器、用户程序存储器、数据存储器、系统显示控制器、系统串行通信控制器等的地址译码功能，同时也由部分地址单元经译码后输出(插孔 CS0 ~ CS5)给用户使用，它们的地址固定，用户不可改变。具体的对应关系见表 2-3。另一部分为用户 CPLD，它完全对用户开放，用户可在一定的地址范围内，进行编译码，输出为插孔 LCS0 ~ LCS7，用户可用的地址范围见表 2-3，注意，用户的地址不能与系统相冲突，否则将导致错误。

表 2-3　CPLD 地址分配表

地址范围	输出孔/映射器件	性质(系统/用户)
0000H ~ 2FFFH	监控程序存储器	系统 *
3000H ~ 3FFFH	数据存储器	系统 *
4000H ~ 7FFFH	用户程序存储器	系统 *
8000H ~ CFDFH	LCS0 ~ LCS7	用户
CFE0H	PC 机串行通信芯片 8250	系统 *
CFE8H	显示、键盘芯片 8279	系统
CFA0H ~ CFA7H	CS0	系统
CFA8H ~ CFAFH	CS1	系统
CFB0H ~ CFB7H	CS2	系统
CFB8H ~ CFBFH	CS3	系统
CFC0H ~ CFC7H	CS4	系统
CFC8H ~ CFCFH	CS5	系统
CFD0H ~ FFFFH	LCS0 ~ －LCS7	用户

注：系统地址中，除带“ * ”用户既不可用，也不可改外，其他系统地址用户可用但不可改。

2.1.3　系统电源

此系统的电源提供了两种解决方案：

(1)利用 PC 机的电源，可省去电源的费用，只需从 PC 机内引出一组电源，从 CPU 板的 +5 V、+12 V、-12 V 电源插座中引入。该电源具有短路保护。

(2)外接开关电源，内置在实验箱里。

2.2　基本电路介绍

2.2.1　整机介绍

(1)EL-MUT-III 型单片机教学实验系统结构。EL-MUT-III 型单片机教学实验系统由电源、系统板、CPU 板、可扩展的实验模板、串口通信线、JTAG 通信线及通用连接线组成。系统板的结构简图见图 2-1。

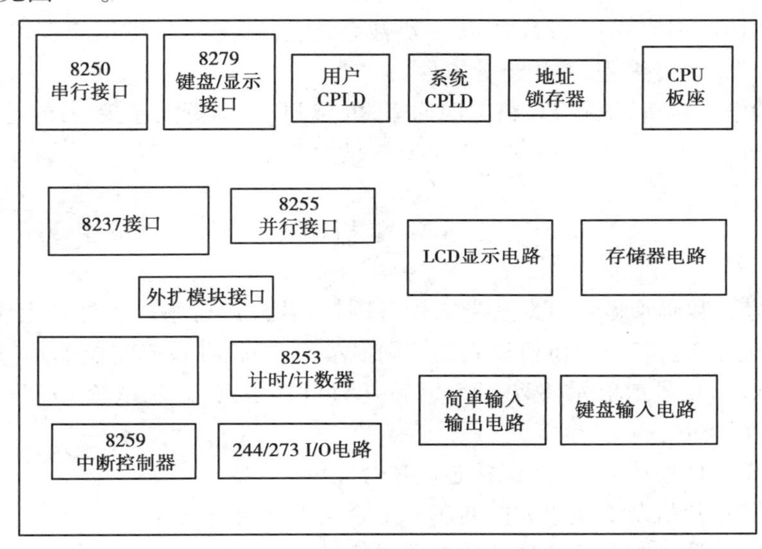

图 2-1　系统板的结构简图

(2)EL-MUT-III 型单片机教学实验系统外形美观,具有优良的电特性、物理特性,便于安装,运行稳定,可扩展性强。

2.2.2　硬件资源

(1)可编程并口接口芯片 8255 一片。

(2)串行接口两个:8250 芯片一个,系统与主机通信用,用户不可用;单片机的串行口,可供用户使用。

(3)键盘、LED 显示芯片 8279 一片,其地址已被系统固定为 CFE8H、CFE9H。硬件系统要求编码扫描显示。

(4)6 位 LED 数码管显示。

(5)ADC0809A/D 转换芯片一片,其地址、通道 1 ~ 8 输入对用户开放。

(6)DAC0832D/A 转换芯片一片,其地址对用户开放,模拟输出可调。

(7)8 位简单输入接口 74LS244 一个,8 位简单输出接口 74LS273 一个,其地址对用户开放。

(8)配有 8 个逻辑电平开关,8 个发光二极管显示电路。

(9)配有一个可手动产生正、负脉冲的单脉冲发生器。

(10)配有一个可自动产生正、负脉冲的脉冲发生器,按基频 6.0 MHz 进行 1 分频(CLK0)、2 分频(CLK1)、4 分频(CLK2)、8 分频(CLK3)、16 分频(CLK4)输出方波。

(11)配有一路 0 ~5 V 连续可调模拟量输出(AN0)。

(12)配有可编程定时器 8253 一个,其地址、三个定时器的门控输入、控制输出均对用户开放。

(13)配有可编程中断控制器 8259 一个,其中断 IRQ 输入、控制输出均对用户开放。

(14)2 组总线扩展接口,最多可扩展 2 块应用实验板。

(15)配有两块可编程器件 EPM7064,一块被系统占用,另一块供用户实验用。两块器件皆可通过 JTAG 接口在线编程,使用十分方便。

(16)灵活的电源接口:配有 PC 机电源插座,可与 PC 电源直接连接,另外还配有外接开关电源,提供所需的 +5 V、±12 V,其输入为 220 V 的交流电。

2.2.3 整机测试

当系统上电后,数码管显示,TX 发光二极管闪烁,若没运行系统软件与上位机(PC)连接则 3 s 后数码管显示 P_,若与上位机建立连接则显示 C_。此时系统监控单元(27C256)、通信单元(8250、MAX232)、显示单元(8279,75451,74LS244)、系统总线、系统 CPLD 正常。若异常则按以下步骤进行排除:

(1)按复位按键使系统复位,测试各芯片是否复位。

(2)断电检查单片机及上述单元电路芯片是否正确且接触良好。

(3)上电用示波器观察芯片片选及数据总线信号是否正常。

(4)在联机状态下,若复位后 RX、TX 发光二极管闪烁,则显示不正常,检查 8279 时钟信号,断电调换显示单元芯片;若复位后 RX、TX 发光二极管不闪烁,但显示正常,检查 8250 晶振信号,断电调换通信单元芯片,若故障还没能排除可与厂家联系。

2.2.4 单元电路原理及测试

1. 单脉冲发生器电路

1)电路原理

该电路由 1 个按钮、1 片 74LS132 组成,具有消抖功能,正反相脉冲,相应输出插孔 P +、P –,原理图如图 2-2 所示。

2)电路测试

常态 P + 为高电平,P – 为低电平;按钮按下时 P + 为低电平,P – 为高电平。若异常可更换 74LS132。

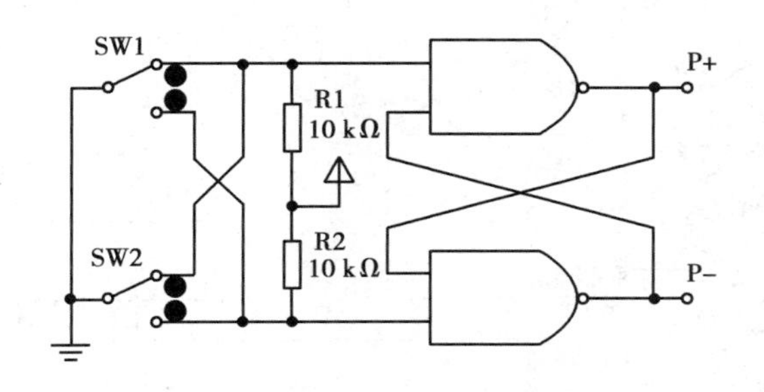

图 2-2　单脉冲发生器电路原理图

2. 脉冲产生电路

1）电路原理

该电路由 1 片 74LS161、1 片 74LS04、1 片 74LS132 组成。CLK0 是 6 MHz，输出时钟为该 CLK0 的 2 分频（CLK1），4 分频（CLK2），8 分频（CLK3），16 分频（CLK4），相应输出插孔（CLK0 ~ CLK4），原理图如图 2-3 所示。

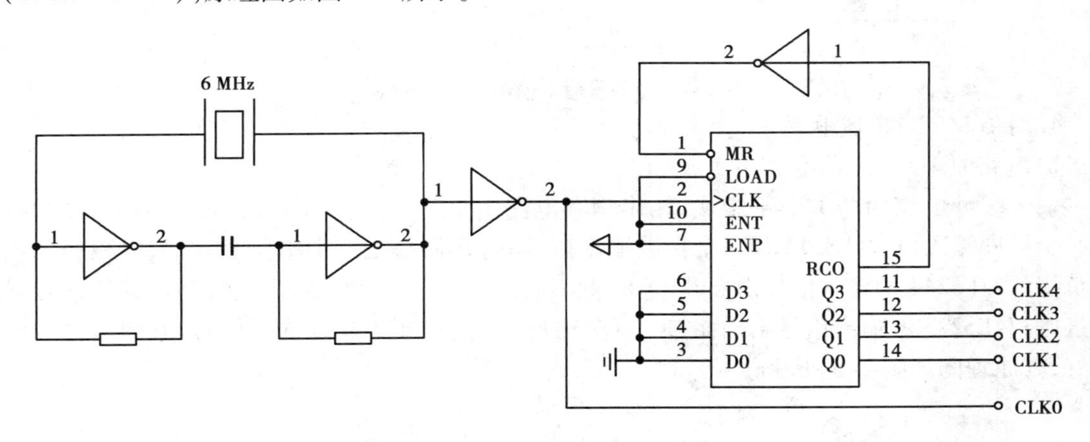

图 2-3　脉冲产生电路原理图

2）电路测试

电路正常时，可通过示波器观察波形。若 CLK0 有波形而其他插孔无波形，更换 74LS161；若都无波形，74LS04、74LS132 或 6M 晶振有问题。

3. 开关量输入输出电路

1）电路原理

开关量输入电路由 8 只开关组成，每只开关有两个位置 H 和 L，一个位置代表高电平，一个位置代表低电平。对应的插孔是：K1 ~ K8。开关量输出电路由 8 只 LED 组成，对应的插孔分别为 LED1 ~ LED8，当对应的插孔接低电平时 LED 点亮，原理图如图 2-4 所示。

2）电路测试

开关量输入电路可通过万用表测其插座电压的方法测试，即开关的两种状态分别为低电平和高电平；开关量输出电路可通过在其插孔上接低电平的方法测试，当某插孔接低电平时相应二极管发光。

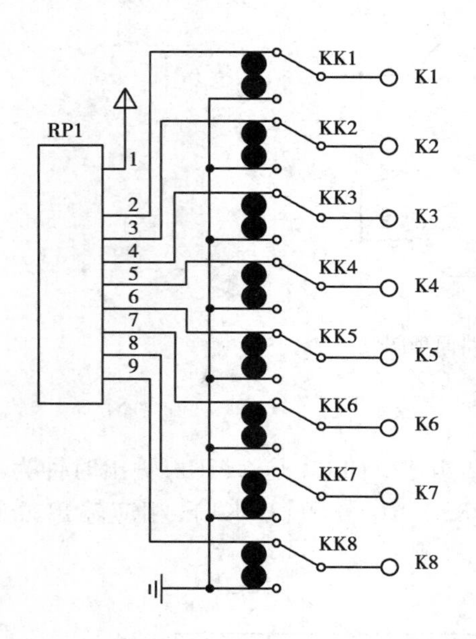

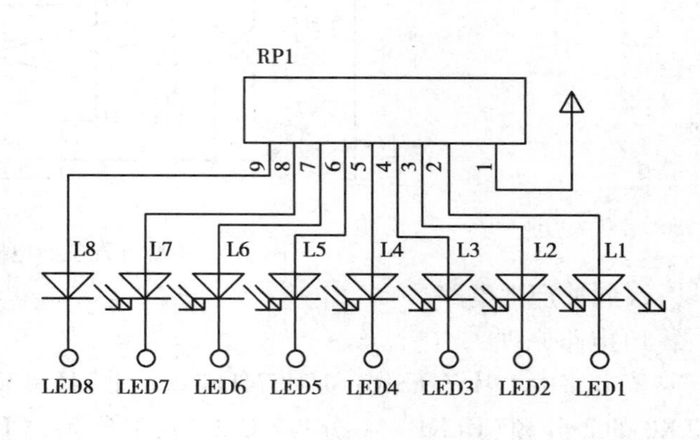

图 2-4　开关量输入输出电路原理图

4. 简单 I/O 口扩展电路

1)电路原理

输入缓冲电路由 74LS244 组成,输出锁存电路由上升沿锁存器 74LS273 组成。74LS244 是一个扩展输入口,74LS273 是一个扩展输出口,同时它们都是一个单向驱动器,以减轻总线的负担。74LS244 的输入信号由插孔 IN0 ~ IN7 输入,插孔 CS244 是其选通信号,其他信号线已接好;74LS273 的输出信号由插孔 O0 ~ O7 输出,插孔 CS273 是其选通信号,其他信号线已接好,其原理图如图 2-5 所示。

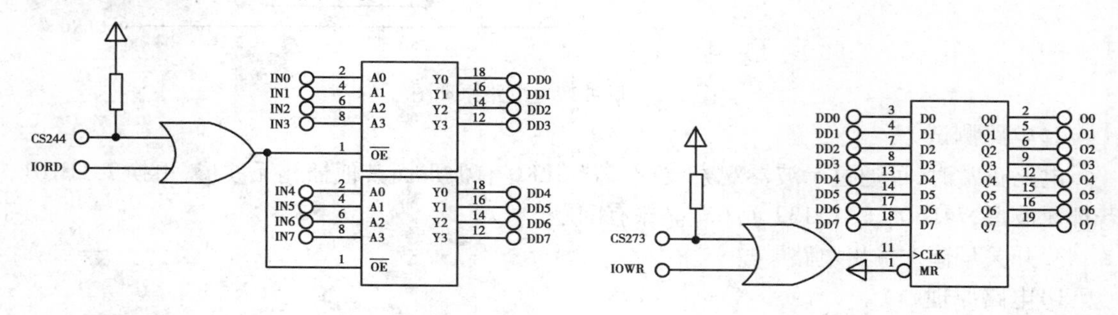

图 2-5　简单 I/O 口扩展电路原理图

2)电路测试

当 74LS244 的 1、19 脚接低电平时,IN0 ~ IN7 与 DD0 ~ DD7 对应引脚电平一致;当 74LS273 的 11 脚接低电平再松开(给 11 脚一上升沿)后,O0 ~ O7 与 DD0 ~ DD7 对应引脚电平一致。或用简单 I/O 口扩展实验测试:程序执行完读开关量后,74LS244 的 IN0 ~ IN7 与 DD0 ~ DD7对应引脚电平一致;程序执行完输出开关量后,74LS273 的 O0 ~ O7 与 DD0 ~ DD7 对应引脚电平一致。

5. CPLD 译码电路

1）电路原理

该电路由 EPM7128、EPM7032、IDC10 的 JTAG 插座、两 SIP3 跳线座组成。其中 EPM7128 为系统 CPLD，EPM7032 为用户 CPLD，它们共用一下 JTAG 插座，可通过跳线选择，当两跳线座都 1，2 相连时为系统 CPLD，当两跳线座都 2，3 相连时为用户 CPLD 使用。LCS0 ~ LCS7 为用户 CPLD 输出。用户不得对系统 CPLD 编程，原理图如图 2-6 所示。

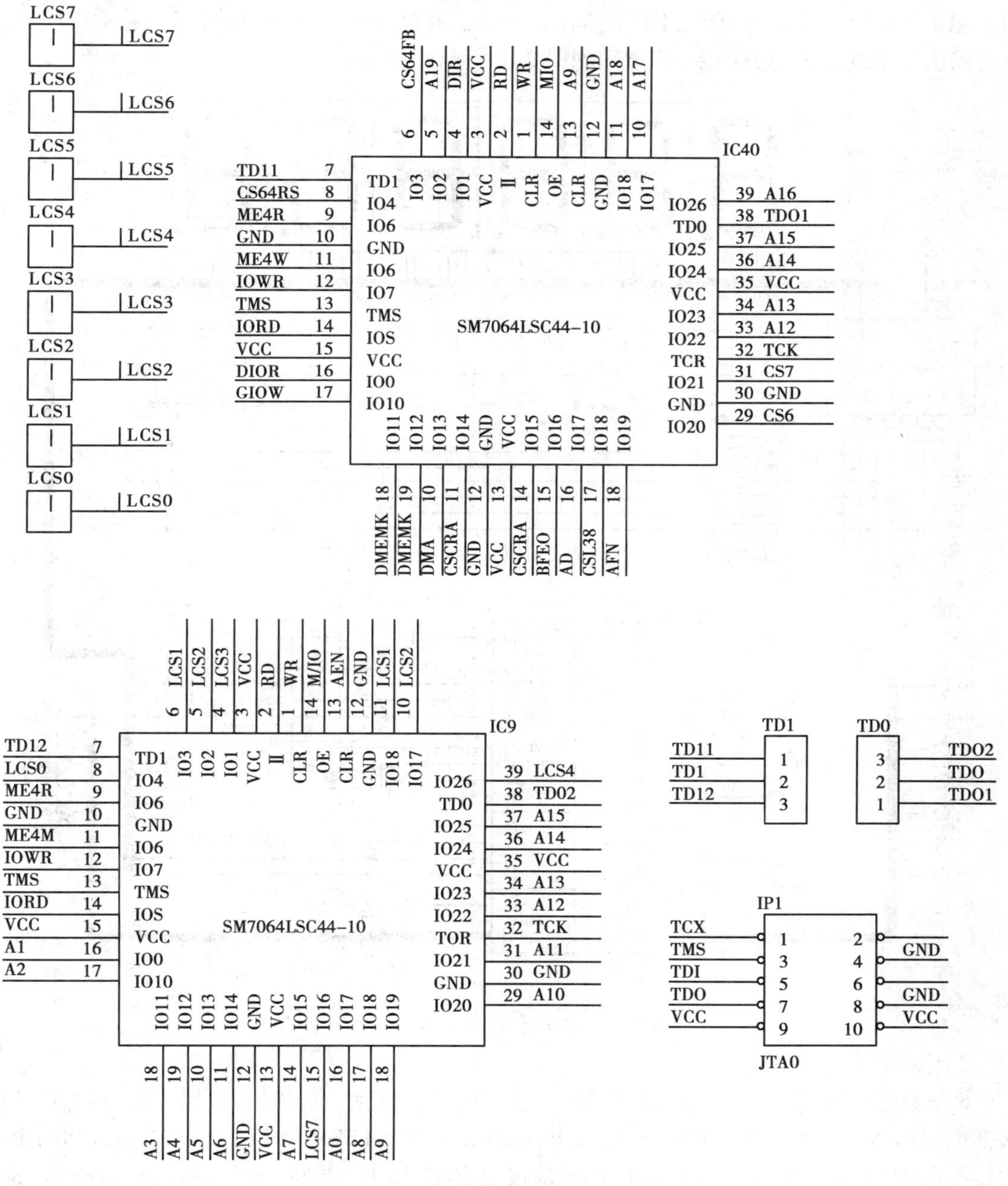

图 2-6　CPLD 译码电路原理图

2)电路测试:通过 CPLD 地址译码实验进行测试。

6. 8279 键盘、显示电路

1)电路原理

8279 显示电路由 6 位共阴极数码管显示,74LS244 为段驱动器,75451 为位驱动器,可编程键盘电路由 1 片 74LS138 组成,8279 的数据口、地址、读写、复位、时钟、片选等线都已经接好,键盘行列扫描线均有插孔输出。键盘行扫描线插孔号为 KA0 ~ KA3;列扫描线插孔号为 RL0 ~ RL7;8279 还引出 CTRL、SHIFT 插孔。6 位数码管的位选、段选信号可以从 8279 引入,也可以由外部的其他电路引入,原理图如图 2-7 所示。

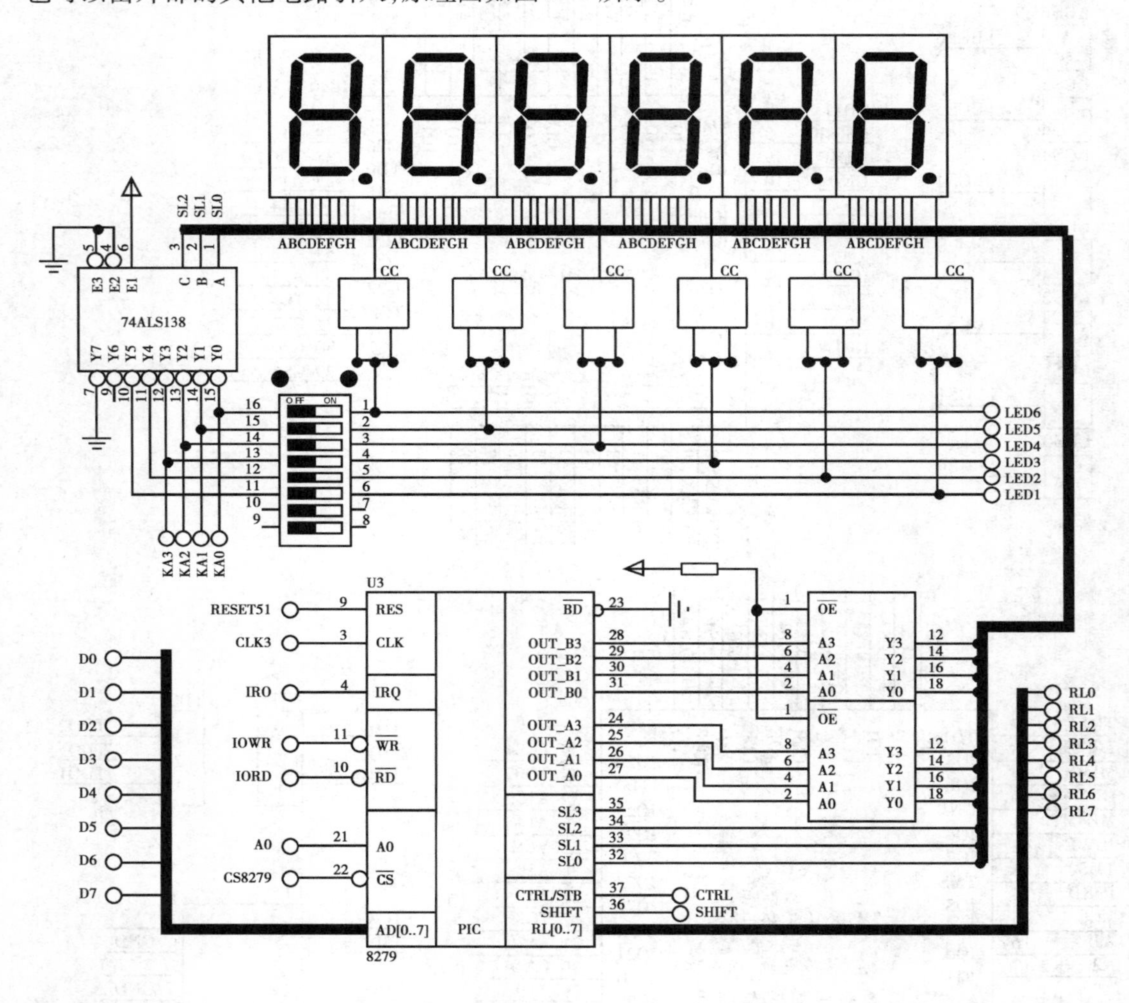

图 2-7　8279 键盘、显示电路原理图

2)电路测试

6 位数码管电路的测试:除去电路板上数码管右侧的跳线,系统加点,用导线将插孔 LED1 接低电平(GND),再将插孔 LED-A,LED-B,LED-C,LED-D,LED-E,LED-F,LED-G,LED-DP 依次接高电平(VCC),则数码管 SLED1 的相应段应点亮,如果所有的段都不亮,则检查相应的芯片 75451,如果个别段不亮,则检查该段的连线及数码管是否损坏,用同样的方法依次检查其

他数码管。

8259 显示、键盘控制芯片电路的测试:加上数码管右边的所有短路线,复位系统,应能正常显示,否则检查 8279 芯片、244 芯片、138 芯片是否正常。

7. 8250 串行接口电路

1)电路原理

该电路由 1 片 8250、1 片 MAX232 组成,该电路所有信号线均已接好,原理图如图 2-8 所示。

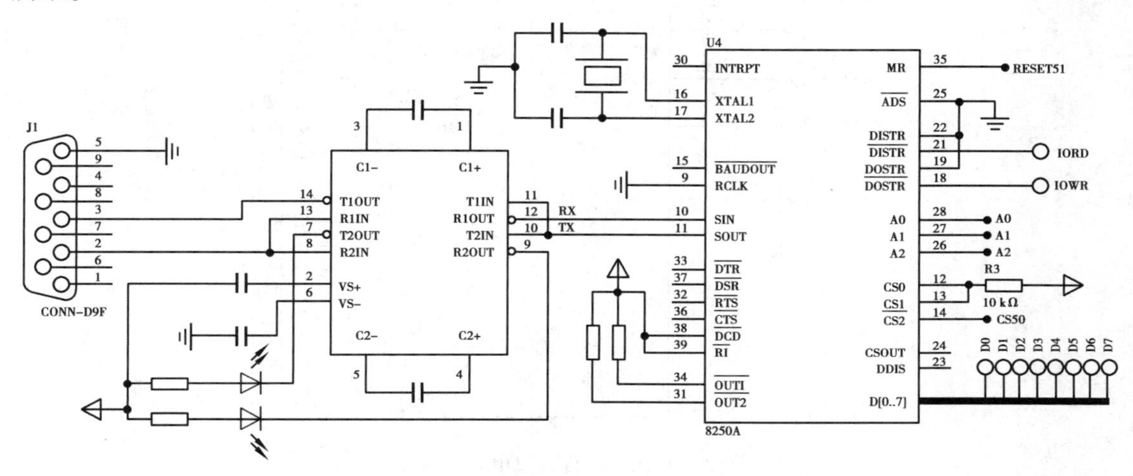

图 2-8 8250 串行接口电路原理图

2)电路测试

见整机测试。

8. 8255 并行接口电路

1)电路原理

该电路由 1 片 8255 组成,8255 的数据口、地址线、读写线、复位控制线均已接好,片选输入端插孔为 8255CS,A、B、C 三端口的插孔分别为:PA0 ~ PA7、PB0 ~ PB7、PC0 ~ PC7,原理图如图 2-9 所示。

2)电路测试

检查复位信号,通过 8255 并行口实验,程序全速运行,观察片选、读、写、总线信号是否正常。

9. 8237DMA 传输电路

1)电路原理

该电路由 1 片 8237、1 片 74LS245、1 片 74LS273、1 片 74LS244 组成,DRQ0,DRQ1 是 DMA 请求插孔,DACK0、DACK1 是 DMA 响应信号插孔。SN74LS373 提供 DMA 期间高 8 位地址的锁存,低 8 位地址由端口 A0 ~ A7 输出。74LS245 提供高 8 位存储器的访问通道。DMA0 ~ DMA3 是 CPU 对 8237 内部寄存器访问的通路,原理图如图 2-10 所示。

2)电路测试

检查复位信号,通过 DMA 实验,程序全速运行,观察片选、读、写、总线信号是否正常。

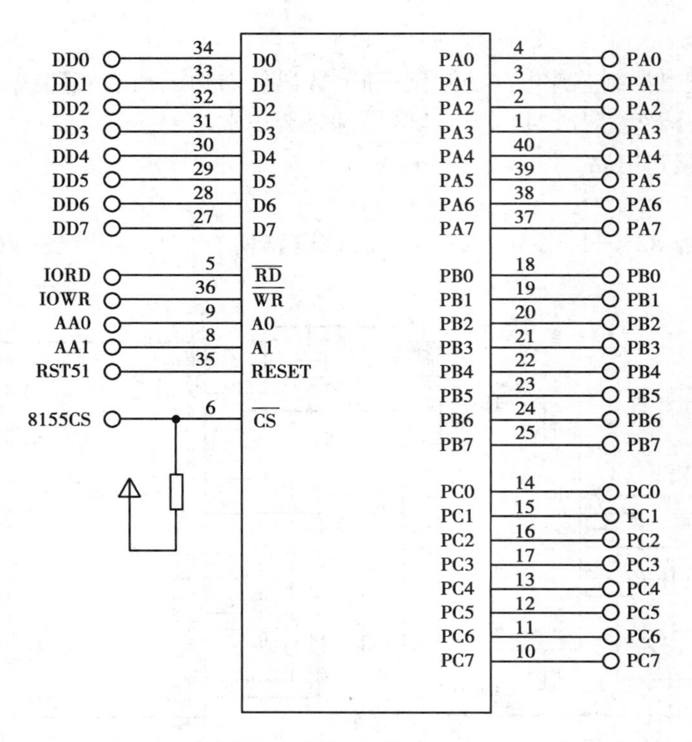

图 2-9　8255 并行接口电路原理图

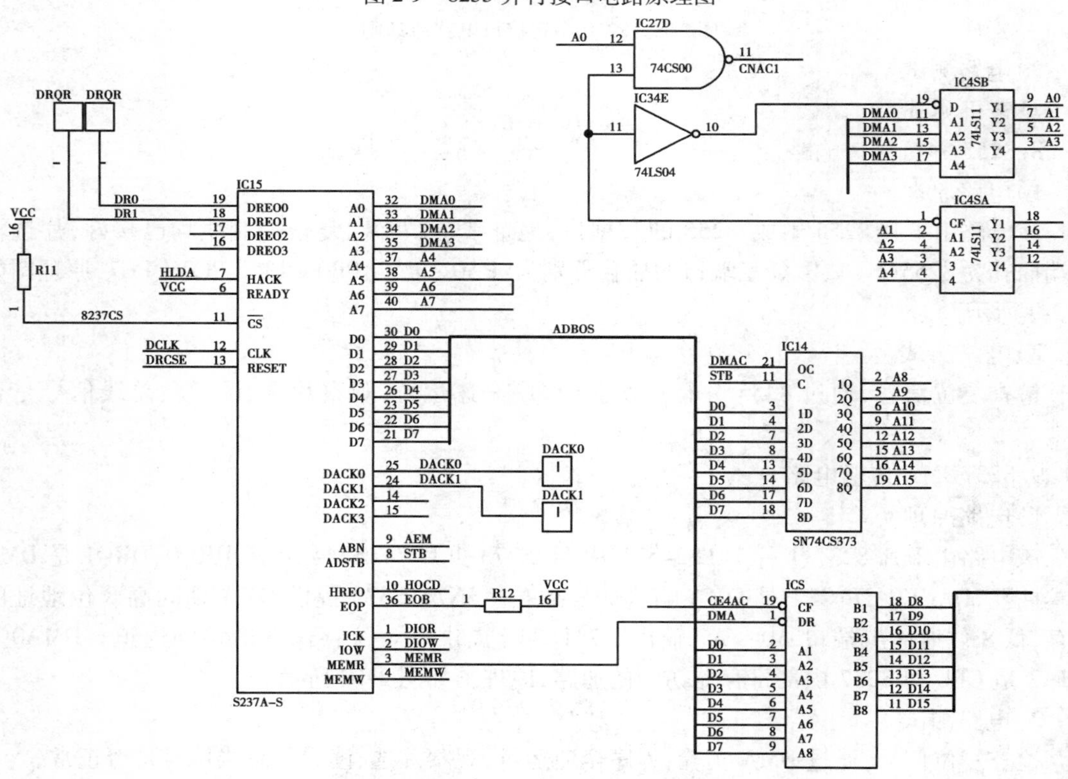

图 2-10　8237DMA 传输电路原理图

10. A/D、D/A 电路

1）电路原理

8 路 8 位 A/D 实验电路由 1 片 ADC0809、1 片 74LS04、1 片 74LS32 组成，该电路中，ADIN0 ~ ADIN7 是 ADC0809 的模拟量输入插孔，CS0809 是 0809 的 AD 启动和片选的输入插孔，EOC 是 0809 转换结束标志，高电平表示转换结束。齐纳二极管 LM336-5 提供 5 V 的参考电源，ADC0809 的参考电压，数据总线输出，通道控制线均已接好，8 位双缓冲 D/A 实验电路由 1 片 DAC0832、1 片 74LS00、1 片 74LS04、1 片 LM324 组成，该电路中除 DAC0832 的片选未接好外，其他信号均已接好，片选插孔标号 CS0832，输出插孔标号 DAOUT。该电路为非偏移二进制 D/A 转换电路，通过调节 POT3，可调节 D/A 转换器的满偏值，调节 POT2，可调节 D/A 转换器的零偏值，原理图如图 2-11 所示。

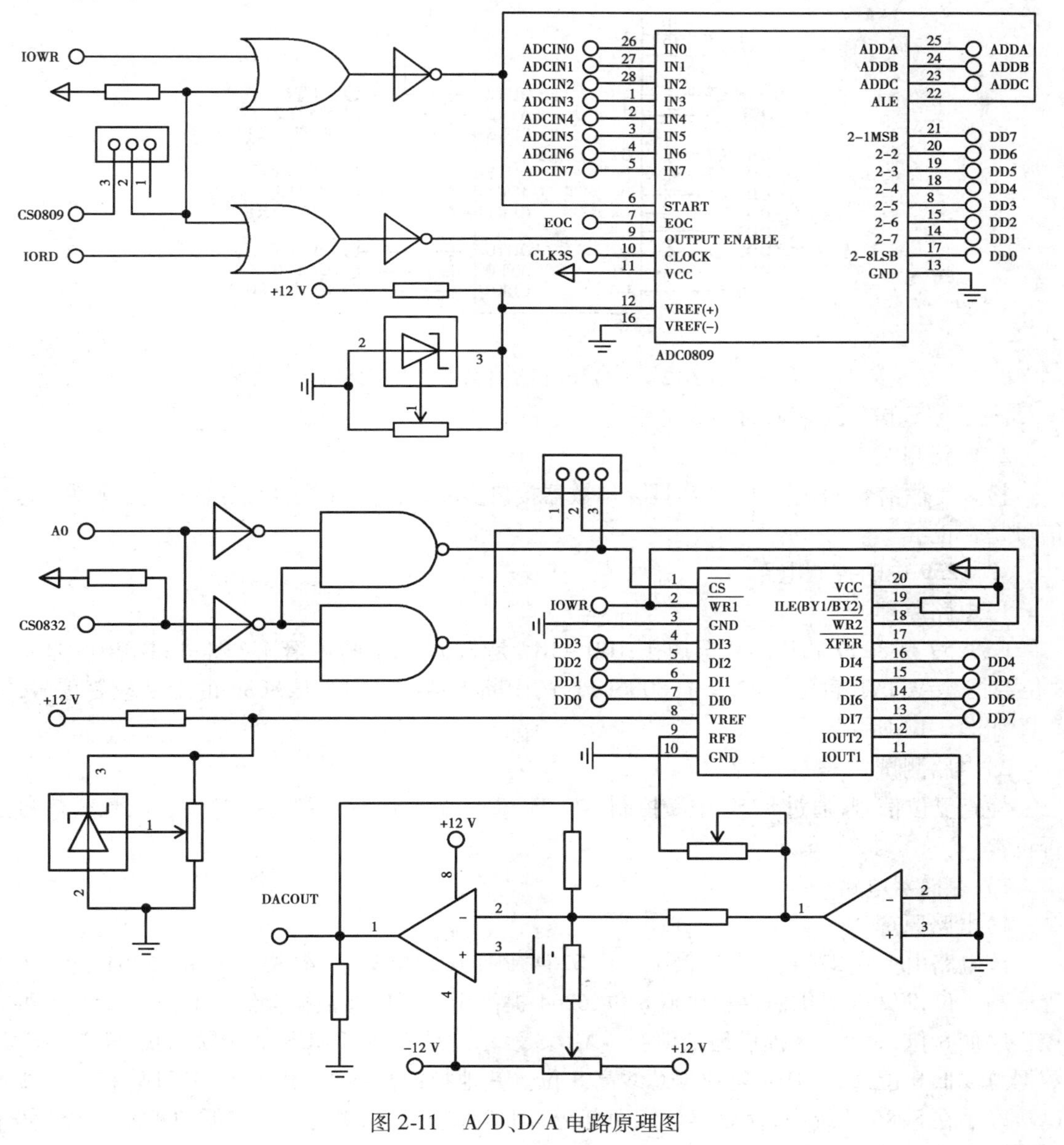

图 2-11　A/D、D/A 电路原理图

2)电路测试

检查复位信号,通过 A/D、D/A 实验,程序全速运行,观察片选、读、写、总线信号是否正常。

11.8253 定时器/计数器电路

1)电路原理

该电路由 1 片 8253 组成,8253 的片选输入端插孔 CS8253,数据口,地址,读写线均已接好,T0、T1、T2 时钟输入分别为 8252CLK0、8253CLK1、8253CLK2。定时器输出,GATE 控制孔对应如下:OUT0、GATE0、OUT1、GATE1、OUT2、GATE2、CLK2,原理图如图 2-12 所示。

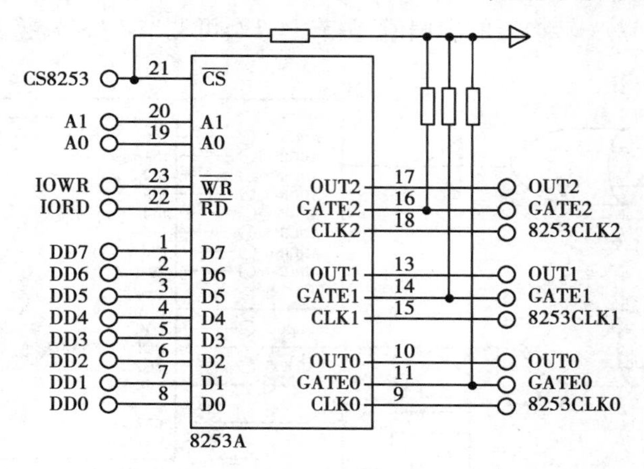

图 2-12　8253 定时器/计数器电路原理图

注:GATE 信号无输入时为高电平。

2)电路测试

检查复位信号,通过 8253 定时器/计数器接口实验,程序全速运行,观察片选、读、写、总线信号是否正常。

12.8259 中断控制电路

1)电路原理

CS8259 是 8259 芯片的片选插孔;IR0 ~ IR7 是 8259 的中断申请输入插孔;DDBUS 是系统 8 位数据总线;INT 插孔是 8259 向 8086CPU 的中断申请线;INTA 是 8086 的中断应答信号,原理图如图 2-13 所示。

2)电路测试

检查复位信号,通过 8259 中断控制器实验,程序全速运行,观察片选、读、写、总线信号是否正常。

13.存储器电路

1)电路原理

该电路由 1 片 2764、1 片 27256、1 片 6264、1 片 62256、3 片 74LS373 组成,2764 提供监控程序高 8 位,27256 提供监控程序低 8 位,6264 提供用户程序及数据存储高 8 位,62256 提供监控程序低 8 位,74LS373 提供地址信号。ABUS 表示地址总线,DBUS 是数据总线。D0 ~ D7 是数据总线低 8 位,D8 ~ D15 是数据总线高 8 位。其他控制总线如:MEMR,MEMW 和片选线均已接好。在 8086 系统中,存储器分成两部分,高位地址部分(奇字节)和低位地址部分(偶字

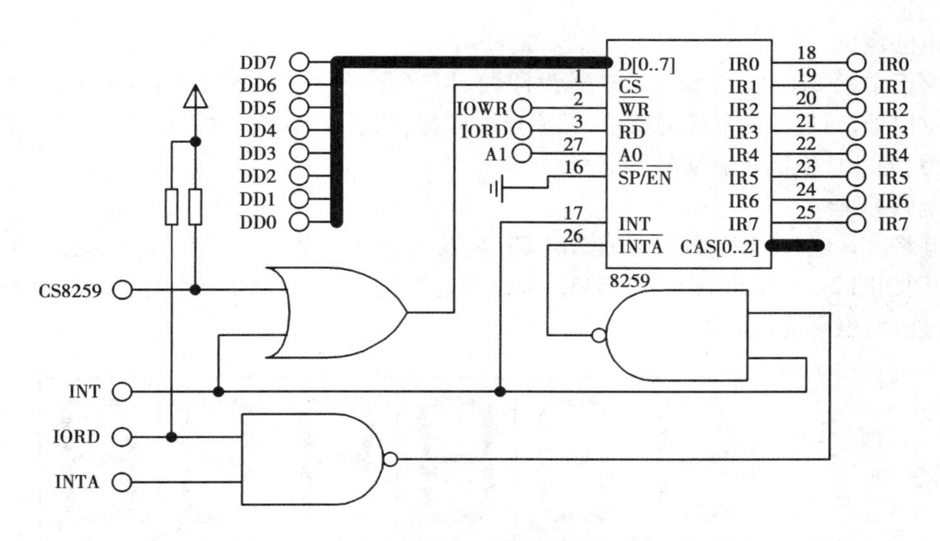

图 2-13　8259 中断控制电路原理图

节)。当 A0 =1 时,片选信号选中奇字节;当 A0 =0 时,片选信号选中偶字节,原理图如图 2-14 所示。

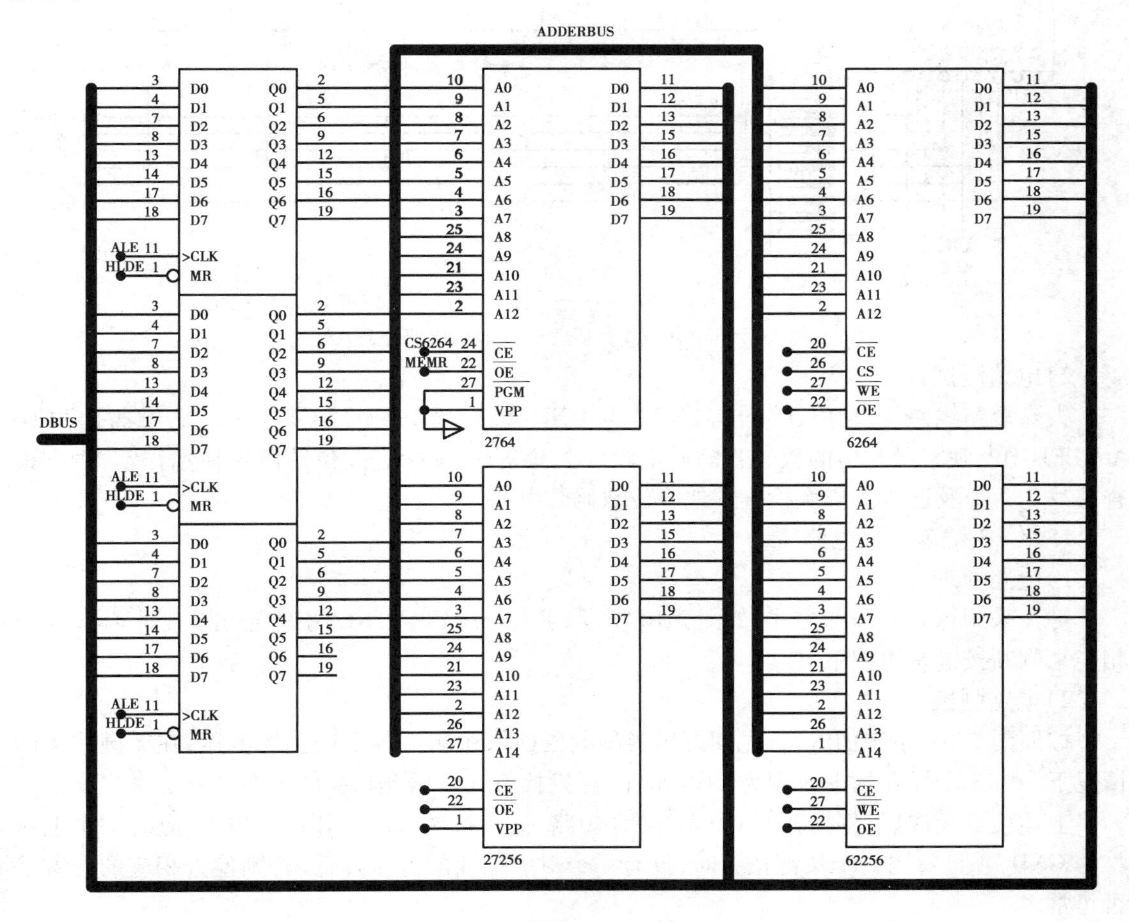

图 2-14　存储器电路原理图

2)电路测试

监控正常则 2764、27256、74LS373 没问题,用户程序可正常运行则 6264、62256 没问题。检查复位信号,通过存储器读写实验,程序全速运行,观察片选、读、写、总线信号是否正常。

14.6 位 LED 数码管驱动显示电路

1)电路原理

该电路由 6 位 LED 数码管、位驱动电路、端输入电路组成,数码管采用动态扫描的方式显示,原理图如图 2-15 所示,图中用 75451 作数码管的位驱动。跳线开关用于选择数码管的显示源,可外接,也可选择 8279 芯片。

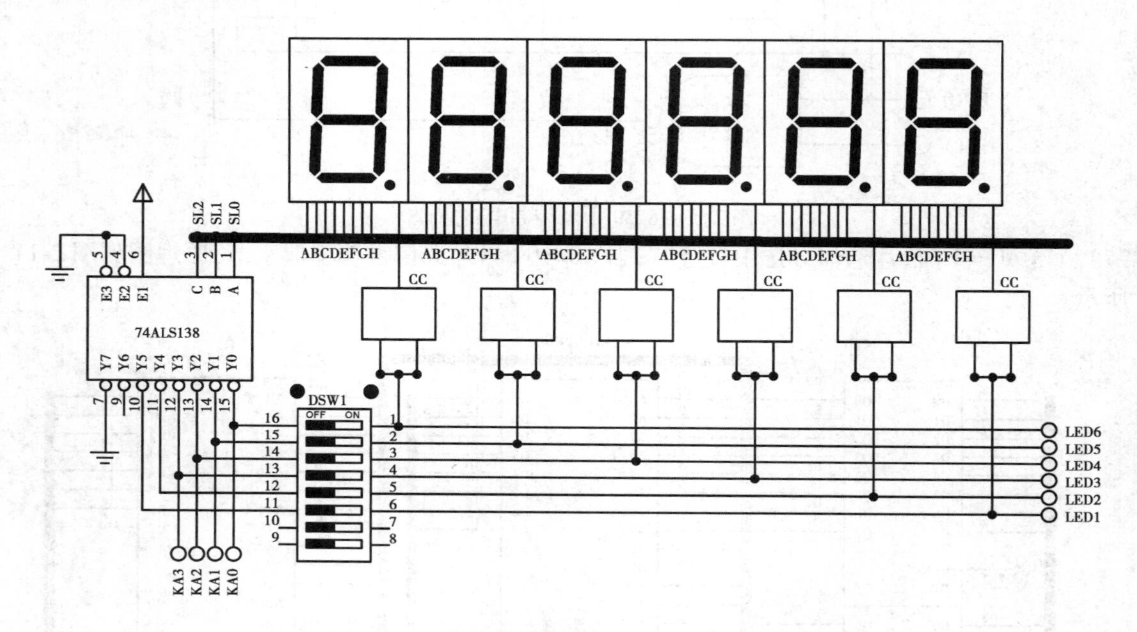

图 2-15　6 位 LED 数码管驱动显示电路原理图

2)电路测试

去除短路线,系统加电,将插孔 LED-1 与 GND 短接,用电源的 VCC 端依次碰触插孔 LED-A ~ LED-DP,观察最左边的数码管的显示段依次发亮,则可断定此位数码管显示正常,否则检查芯片 75451 及连线。依次检查其他各位数码管电路。

15.3 ×8 键盘扫描电路

1)电路原理

键盘采用行列扫描的方式,如图 2-16 所示,其中 SHIFT、CTRL 两键通过检查是否与 GND 相连来判断按键是否按下。

2)电路测试

按照图 2-16,系统加电,首先用万用表的电压挡依次测试各个插孔的电压,在无键按下的情况下,共 13 个插孔的电压皆为 VCC 电压,否则检查故障插孔相关的电路。

上述检查无误后,将插孔 KA10 与 GND 短路,依次按键,插孔 RL10 ~ RL17 应有一个电压将为 GND,并且每当一个按键按下时,仅有一个对应插孔的电压降低,否则检查相应的按键是否正常。

依次检查 KA11、K112。

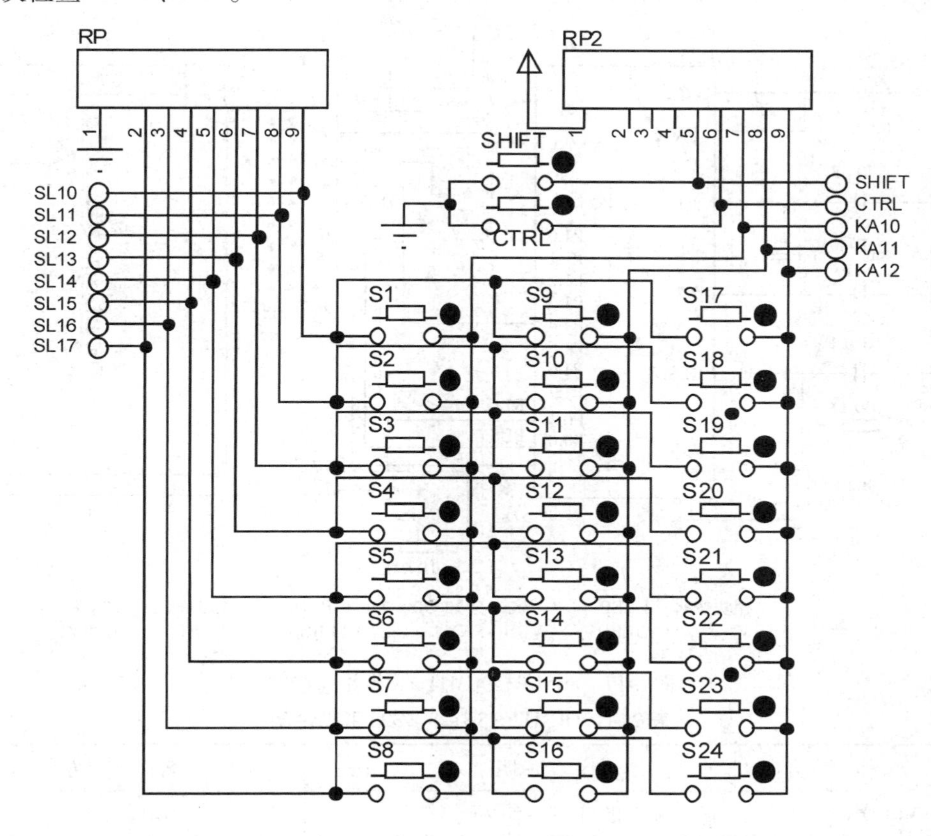

图 2-16　3×8 键盘扫描电路原理图

16. LCD 显示电路

点阵式 LCD 显示电路是在系统板上外挂点阵式液晶显示模块,模块的数据线、状态、控制线都通过插孔引出。可直接与系统相连。

1) OCMJ2×8 液晶模块外部连接原理图及接口说明

模块上 DB0 ~ DB7 插孔对应于位数据线,BUSY、REQ 插孔分别对应于图中相应的引脚,原理图如图 2-17 所示。

2) OCMJ2×8 液晶模块介绍及使用说明

OCMJ 中文模块系列液晶显示器内含 GB231216×16 点阵国标一级简体汉字和 ASCII8×8(半高)及 8×16(全高)点阵英文字库,用户输入区位码或 ASCII 码即可实现文本显示,也可用作一般的点阵图形显示器。提供位点阵和字节点阵两种图形显示功能,用户可在指定的屏幕位置上以点为单位或以字节为单位进行图形显示。完全兼容一般的点阵模块。OCMJ 中文模块系列液晶显示器可以实现汉字、ASCII 码、点阵图形和变化曲线的同屏显示,并可通过字节点阵图形方式造字。本系列模块具有上/下/左/右移动当前显示屏幕及清除屏幕的命令,一改传统的使用大量设置命令进行初始化的方法,OCMJ 中文模块所有的设置初始化工作都是在上电时自动完成的,实现了“即插即用”,同时保留了一条专用的复位线供用户选择使用,可对工作中的模块进行软件或硬件强制复位。规划整齐的 10 个用户接口命令代码,非常容易记忆。标准用户硬件接口采用 REQ/BUSY 握手协议,简单可靠。

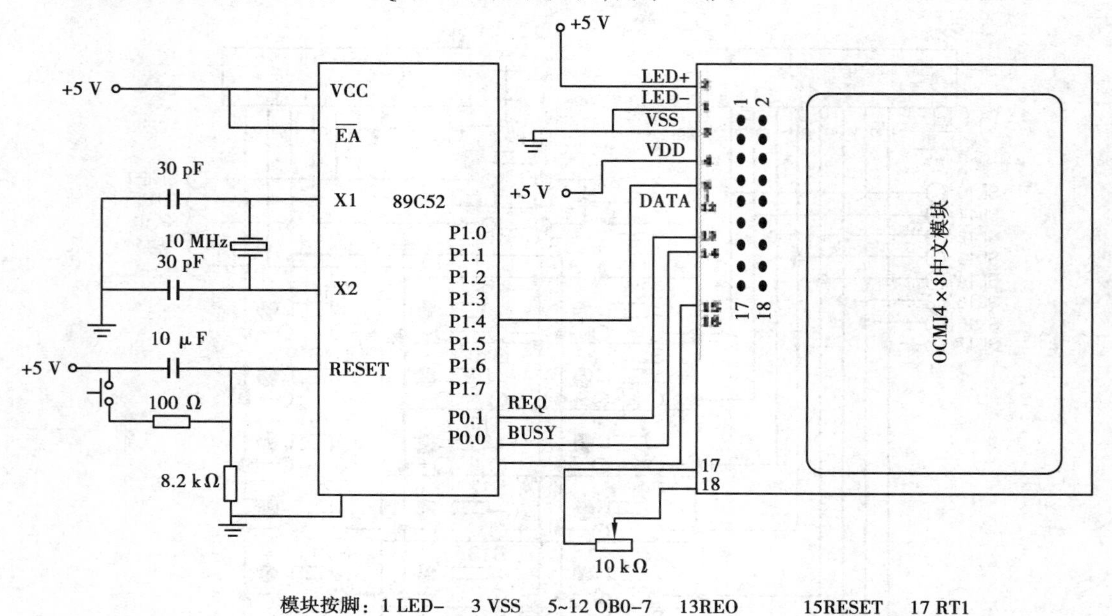

图 2-17　8051 与 OCMJ4×8 模块连接图

表 2-4　OCMJ2×8(128×32)引脚说明

引脚	名称	方向	说明	引脚	名称	方向	说明
1	VLED +		背光源正极(LED +5 V)	8	DB1	I	数据 1
2	VLED −		背光源负极(LED −0 V)	9	DB2	I	数据 2
3	VSS		地	10	DB3	I	数据 3
4	VDD		+5 V	11	DB4	I	数据 4
5	REQ	I	请求信号,高电平有效	12	DB5	I	数据 5
6	BUSY	O	应答信号,BUSY =1:收到数据并正在处理中;BUSY =0:模块空闲可接收数据	13	DB6	I	数据 6
7	DB0	I	数据 0	14	DB7	I	数据 7

2.2.5　扩展接口定义

为方便用户设计其他实验模块,此系统设计了两个总线扩展接口,用户最多可同时扩展两个模块,对用户来说十分方便,其主要性能指标及要求为:

(1)模块外形:170 mm×81 mm。

(2)模块与系统的接口:通过两条 SIP 接口相连。拓展接口的编号及定义见表 2-5。

表2-5 拓展接口编号及定义

EXA插针定义		EXB插针定义	
编号	定义	编号	定义
1	LCS0	1	VCC
2	LCS1	2	VCC
3	LCS2	3	GND
4	LCS3	4	GND
5	DA4	5	DA0
6	DA5	6	DA1
7	DA6	7	DA2
8	DA7	8	DA3
9	A8	9	DD0
10	A9	10	DD1
11	A10	11	DD2
12	A11	12	DD3
13	CS0	13	DD4
14	CS1	14	DD5
15	CS2	15	DD6
16	CS3	16	DD7
		17	ALE
		18	IOWR
		19	IORD
		20	CS4
		21	+12 V
		22	+12 V
		23	-12 V
		24	-12 V

2.2.6 扩展板的安装与使用

此实验系统设计了两个总线扩展接口，方便用户设计外扩实验模块，或购买厂家研发的多种外扩模块，对用户来说方便、简捷，极大地提高用户的动手能力，增强了此实验系统的功能和灵活性。

1. 主要性能指标及接口定义

请参考前面介绍。

2. 扩展接口说明

两个总线扩展接口在实验箱的左下角的位置。

为增强稳定性，上方 16 脚的接口座(EXA)采用 32 脚双排座，上 16 脚分别与下 16 脚短接，例如：1 脚与 2 脚短接，3 脚与 4 脚短接等。同理，下方 24 脚接口座(EXB)采用 48 脚双排座。各脚的定义见硬件介绍部分的接口定义说明。其中：CS0 ~ CS4 为系统 CPLD 产生的片选信号；LCS0 ~ LCS3 为用户 CPLD 产生的片选信号；DA0 ~ DA7 为低 8 位地址总线，A8 ~ A11 为高 4 位地址总线；DD0 ~ DD7 为低 8 位数据总线；ALE、IOWR、IORD 均来自 CPU，分别为地址锁存、IO 写、IO 读信号。

3. 扩展模块的安装和测试

①关断电源，将扩展模块插到实验箱的任意一组接口座上，应使插针与插座紧密接触并且不能有错位(注：两组接口完全一致，可互换)。

②上电，观察系统能否正常复位，数码管是否显示正常，模块上电源指示灯是否正常。

③若不正常，关电，拔下扩展模块，先检查实验箱工作是否正常。若正常，则检查接口座上的 +5 V、+12 V、-12 V 和 GND 是否正常，若正常则说明扩展模块有问题，应进行维修或更换。

2.3　实验部分

2.3.1　EL-MUT-8051-Keil C 软件使用

一、仿真芯片资源介绍

(1)支持 Keil C 环境下的汇编、C。

(2)完全仿真 P0、P1、P2 口。

(3)可以设置单步全速断点运行方式。

(4)可以查阅变量 RAM、xdata 等数据。

(5)仿真器占用了单片机的串行口和定时器 2 的资源以及部分程序空间。

(6)从 0 地址开始仿真。用汇编时,注意中断矢量单元为标准设置(如外部中断 0 为 0003H,T0 溢出中断为 000BH)。

二、硬件准备

(1)把 EL-MUT-8051-Keil C 模块插入 EL-MUT-III 实验箱或实验台的 CPU 插座。

(2)将交叉串口电缆的一端(针形口)与 EL-MUT-8051-Keil C 模块左侧的串行插口(孔形口)插座连接,另一端(孔形口)与 PC 机的 COM1 连接。

(3)打开 EL-MUT-III 实验箱或实验台电源开关,通电。

三、软件设置

Keil C 软件环境的安装请参照安装程序包中的安装说明文件。

(1)打开 Keil C 环境,见图 2-18。

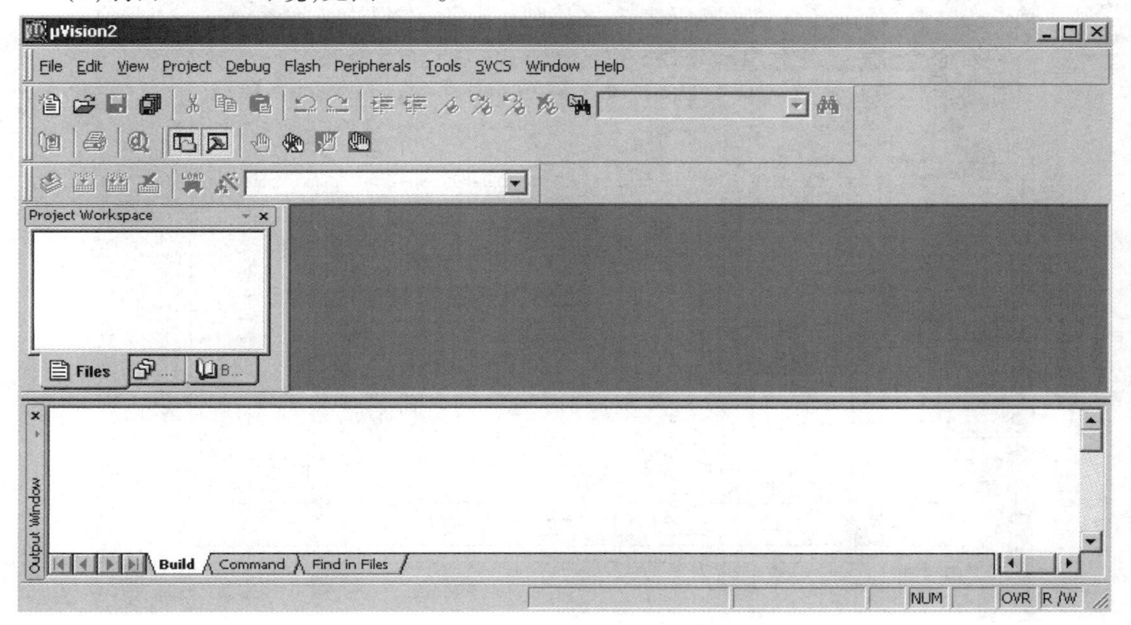

图 2-18　打开 Keil C 环境

(2)新建工程或打开工程文件:在主菜单上选“Project”项,在下拉列表中选择“New Project”新建工程,浏览保存工程文件为扩展名为“. Uv2”的文件,或在下拉列表中选择“Open project”打开已有的工程文件,见图 2-19。

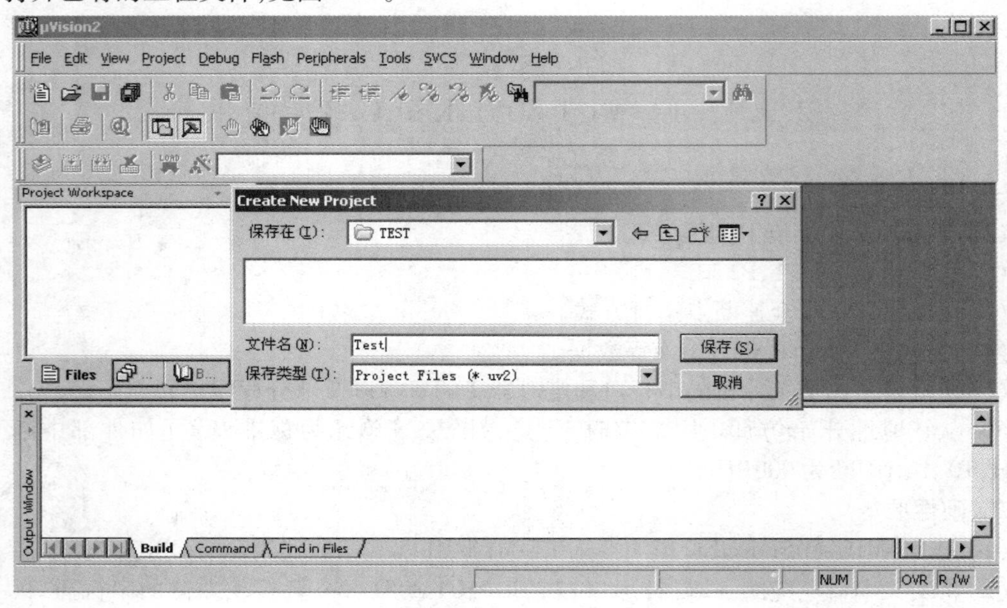

图 2-19　新建工程文件

(3)环境设置:新建工程文件后,在工具栏中选择如图 2-20 所示选项设置调试参数及运行环境 Target 1 ,或从主菜单“Project”项中选择“Options for Target ‘Target1’”,打开,如图 2-20 所示设置窗口。

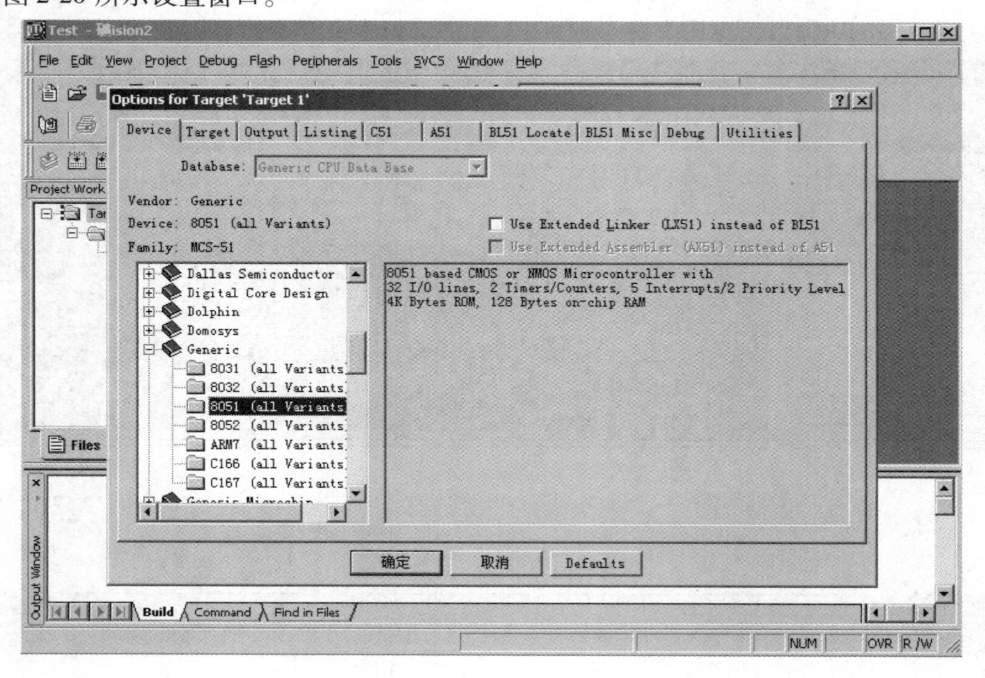

图 2-20　工程文件设置

在“Device”项下选择要仿真的芯片类型,如:Generic － ＞ 8051。

在“Target”项下的晶振设置中修改为硬件电路所用晶振频率,如:6 MHz。选择合适存储模式。

在“Output”项下如在 Creat HEX File 选项前打钩,则在编译的同时生成可下载执行的 HEX 文件,用仿真芯片仿真时可以不进行此项设置。

在“Debug”项下选择“Use: Keil Moniter-51 Driver ”使用硬件仿真,见图 2-21。

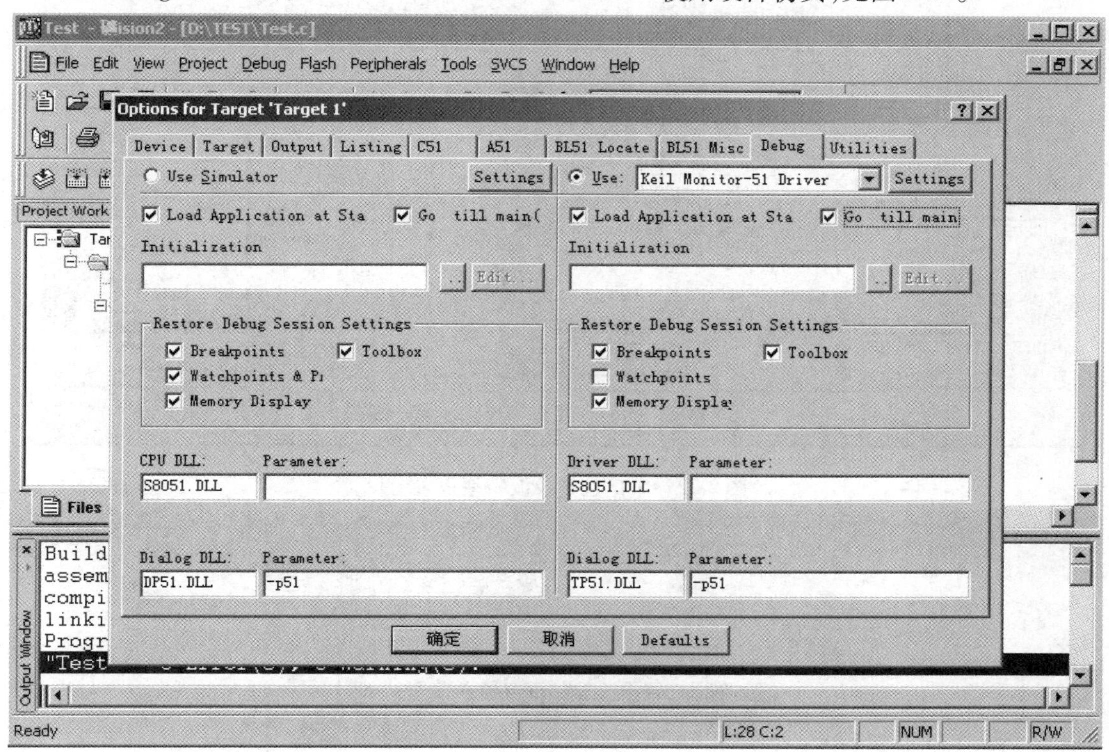

图 2-21　仿真设置

单击“Settings”按钮,进入串口选择及波特率设置窗口(图 2-22)。

选择合适的波特率及串口号。“Serial Interrupt”项不可选,把前面的钩去掉,点 OK 保存设置。

在“Option for Target ‘Target1’”窗口中,点确定,退出环境设置。

(4)新建文件:在主菜单的“File”下拉列表中选“New…”新建文件。编辑文件并保存文件。文件保存为扩展名为“. C”或“. ASM”的文件,见图 2-23。

(5)添加文件:在左边的“Project Window”窗口中,用右键选取“Source Group 1”,在弹出的列表中选择“Add Files to Group ‘Source Group 1”,弹出浏览窗口,见图 2-24。

浏览添加编辑好的 C 或 ASM 文件,见图 2-25。添加完毕点“Close”,关闭窗口。

这时发现添加的文件名已出现在“Project Window”窗口中。双击刚添加的 C 或 ASM 文件。打开编辑文件窗口,见图 2-26。

(6)编译链接:在“Build Bar”工具条中,选第二项编译当前文件,第三项为编译全部。编译完成,在下方“Output”窗口中出现编译结果,见图 2-27。

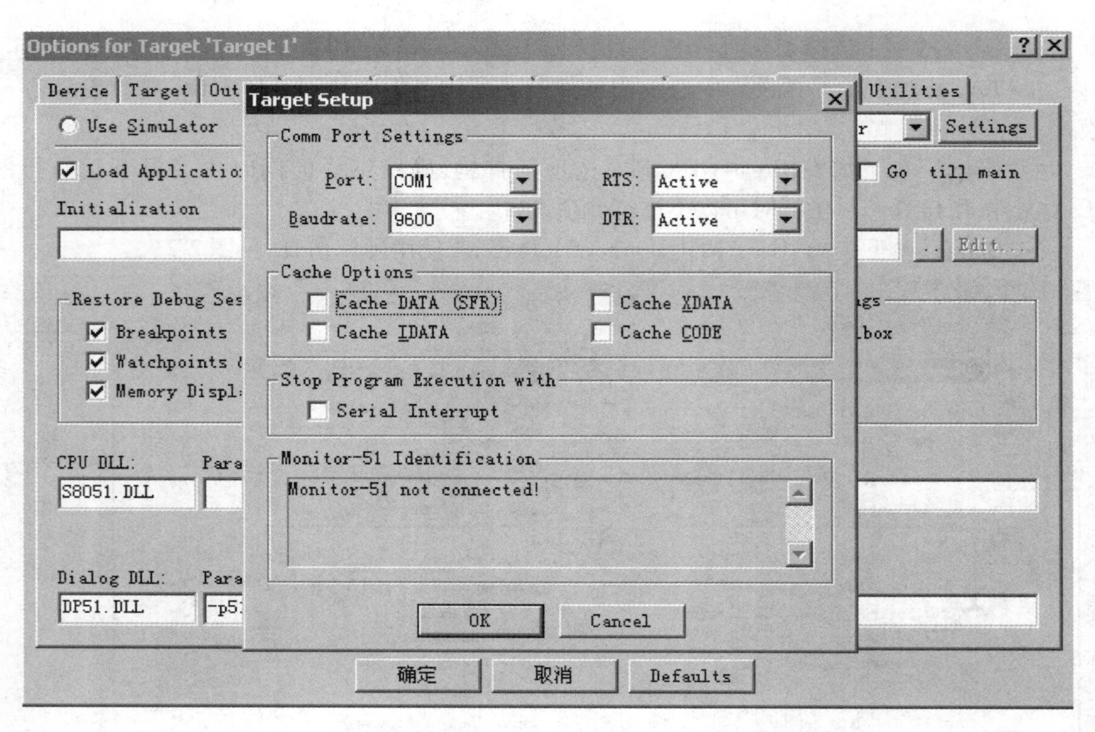

图 2-22　串口选择及波特率设置窗口

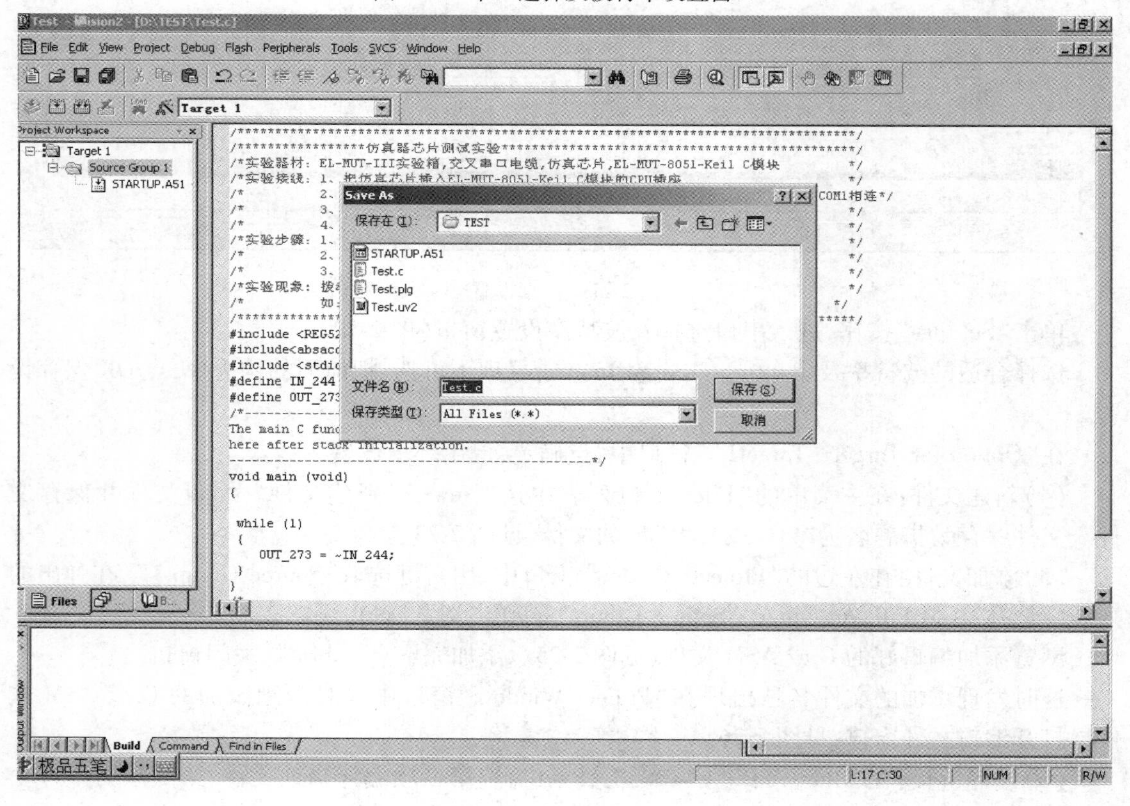

图 2-23　文件保存窗口

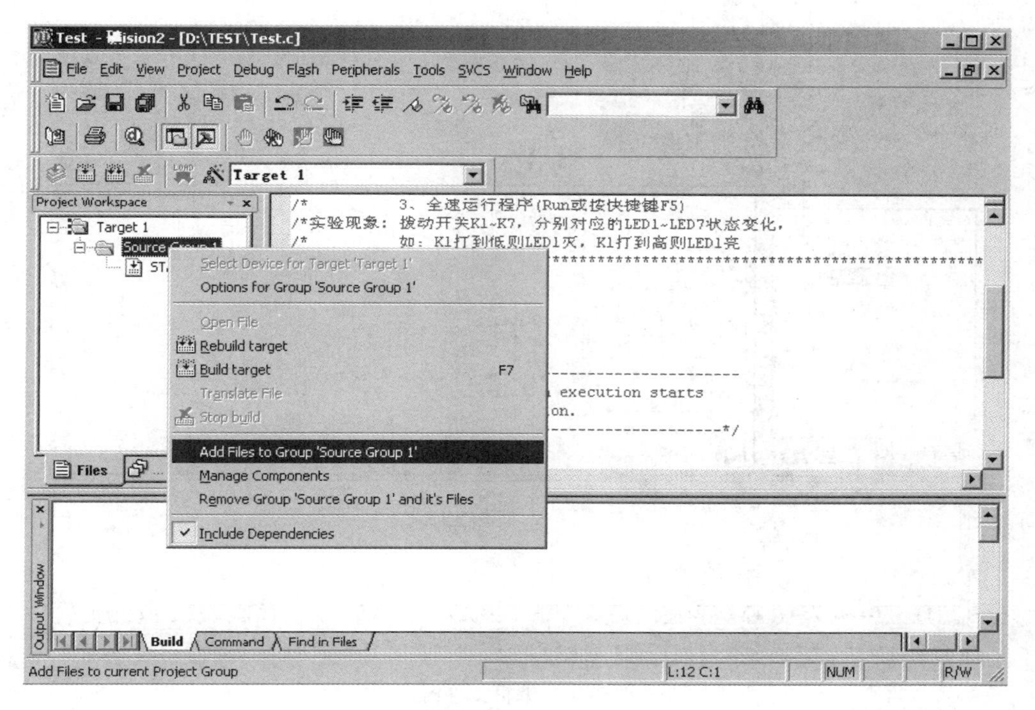

图 2-24　浏览窗口

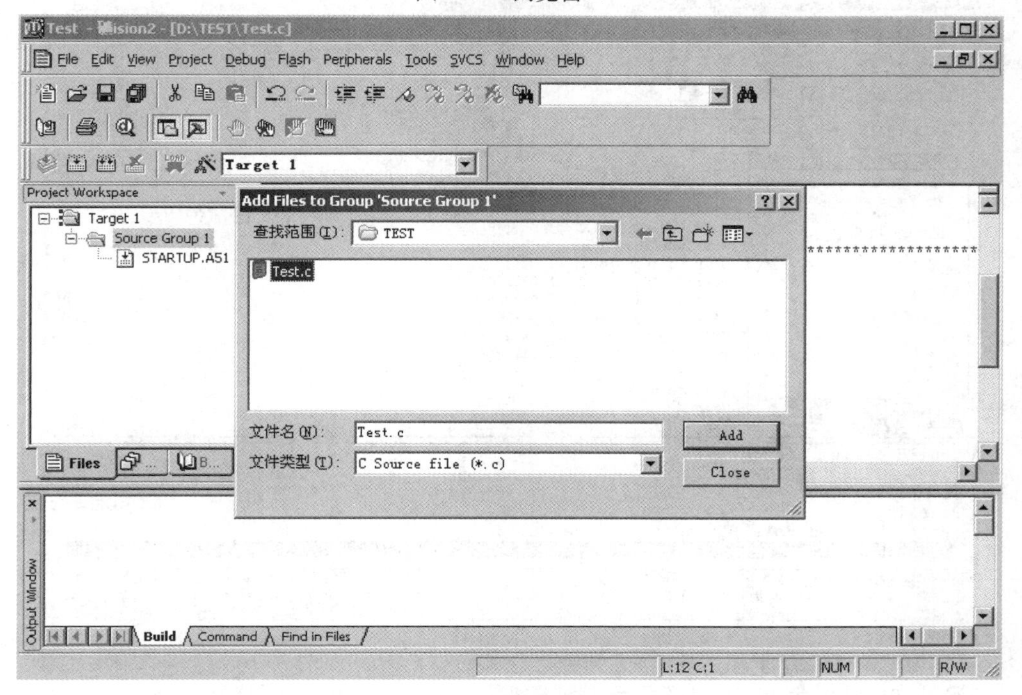

图 2-25　添加 C 或 ASM 文件

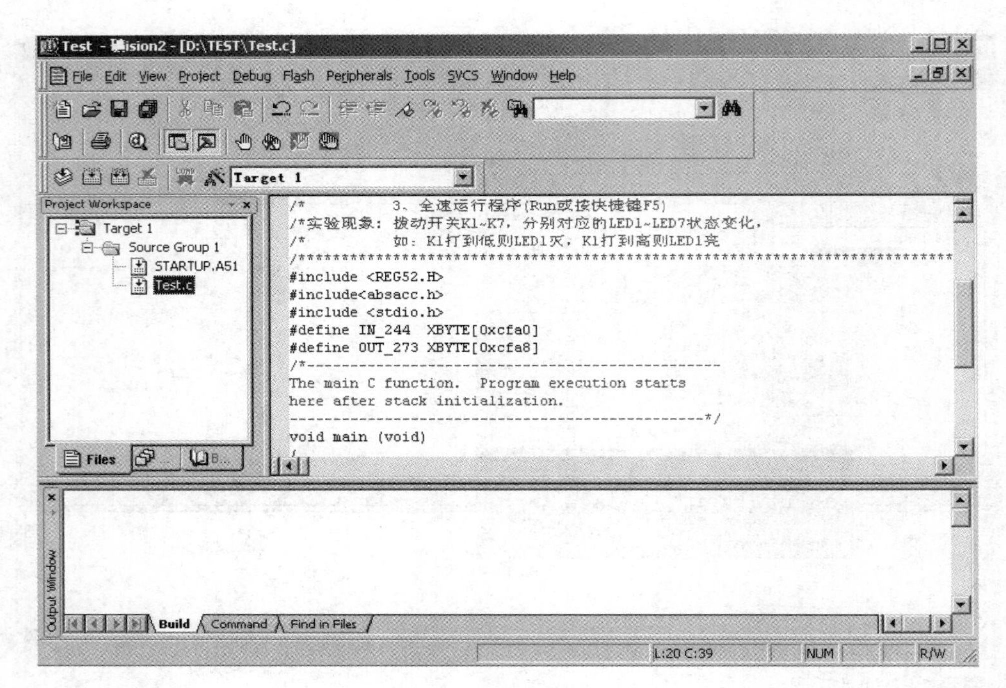

图 2-26　编辑文件窗口

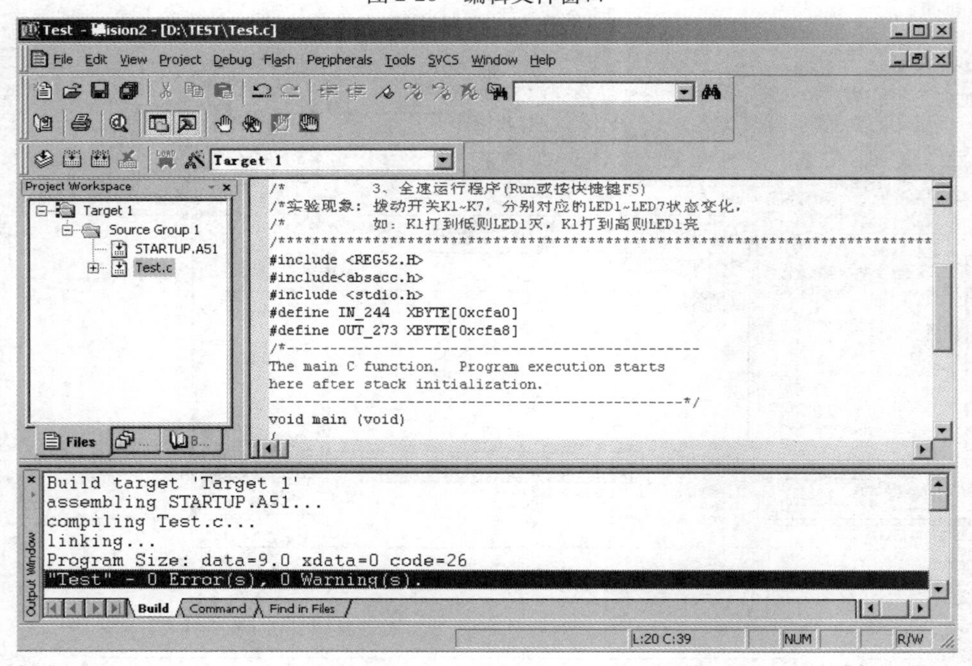

图 2-27　编译文件

(7)仿真调试:单击调试按钮,或从主菜单选取调试“Start/Stop Debgu Session CTRL + F5”(快捷键 CTRL + F5),程序下载到仿真芯片中。窗口下方显示下载进度条。100% 下载完成后出现如图 2-28 所示窗口。

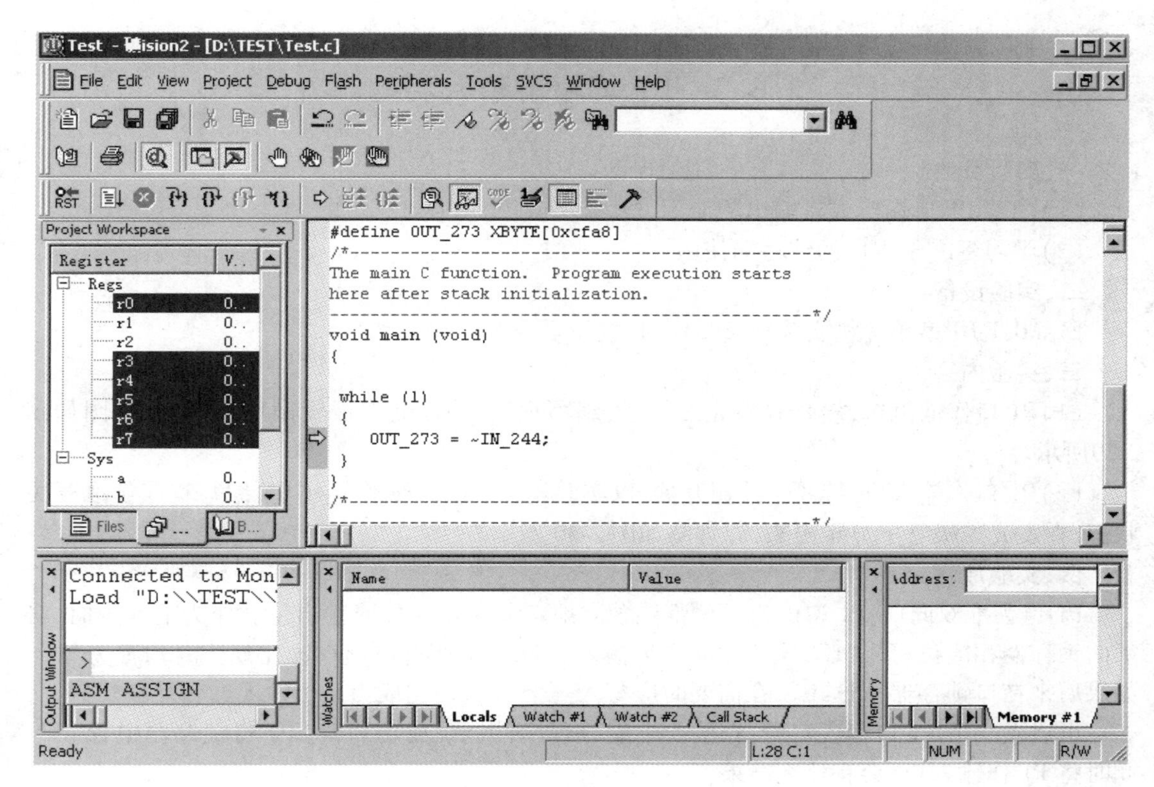

图 2-28　仿真调试

(8)程序仿真:运用运行“Debug Bar”调试工具条,进行单步、进入、跳出、运行到光标、全速运行等。

全速运行后,程序不受控。如需再次单步调试,需点击调试工具停止按钮,停止调试。停止后,硬件复位仿真芯片,再次运行第 7 步。

2.3.2　P1 口输出输入实验

一、实验目的

(1)学习 P1 口输出或者输出的使用方法。

(2)学习延时子程序的编写和使用。

二、实验设备

EL-MUT-III 型单片机实验箱、8051CPU 模块。

三、实验内容

(1)P1 口作输出口,接 8 只发光二极管,编写程序,使发光二极管循环点亮,原理图如图 2-29所示。

(2)P1 口作输入口,接 8 个按钮开关,以实验箱上 74LS273 作输出口,编写程序读取开关状态,在发光二极管上显示出来,原理图如图 2-30 所示。

四、实验原理

P1 口为准双向口,P1 口的每一位都能独立地定义为输入位或输出位。作为输入位时,必须向锁存器相应位写入"1",该位才能作为输入。8051 中所有口锁存器在复位时均置为"1",如果后来在口锁存器写过"0",在需要时应写入一个"1",使它成为一个输入。

可以做一下 P1 口输入实验:先按要求编好程序并调试成功后,将 P1 口锁存器中置"0",此时将 P1 作输入口,会有什么结果。

再来看一下延时程序的实现。现常用的有两种方法,一是用定时器中断来实现,一是用指令循环来实现。在系统时间允许的情况下可以采用后一种方法。

本实验系统晶振为 6.144 MHz,则一个机器周期为(12/6.144) μs 即(1/0.512) μs。现要写一个延时 0.1 s 的程序,可大致写出如下:

```
        MOV  R7,#X        (1)
DEL1:   MOV  R6,#200      (2)
DEL2:   DJNZ R6,DEL2      (3)
        DJNZ R7,DEL1      (4)
```

上面 MOV、DJNZ 指令均需两个机器周期,所以每执行一条指令需要(1/0.256) μs,现求出 X 值:

$$(1/0.256)+X*((1/0.256)+200*(1/0.256)+(1/0.256))=0.1*10^{-6}$$

指令(1)　　　指令(2)　　　　　指令(3)　　　　指令(4)

所需时间　　　所需时间　　　　　所需时间　　　　所需时间

$$X=((0.1*10^{-6}-(1/0.256))/((1/0.256)+200*(1/0.256)+(1/0.256))=127D=7FH$$

经计算得 X = 127D。代入上式可知实际延时时间约为 0.100 215 s,已经很精确了。

五、实验原理图

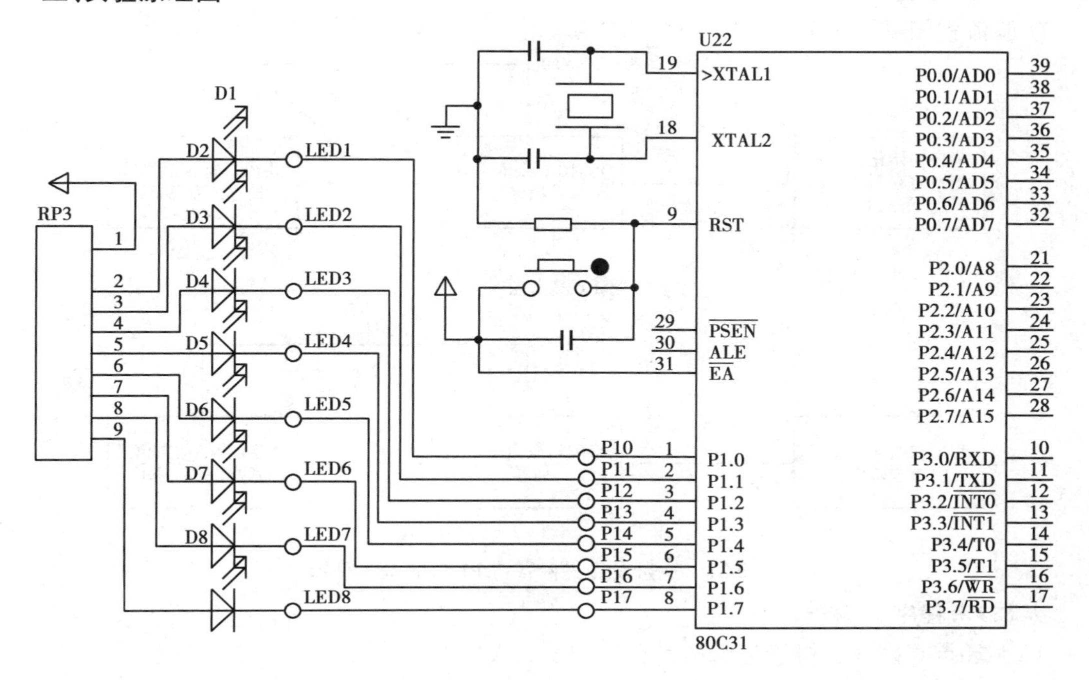

图 2-29　P1 口输出实验

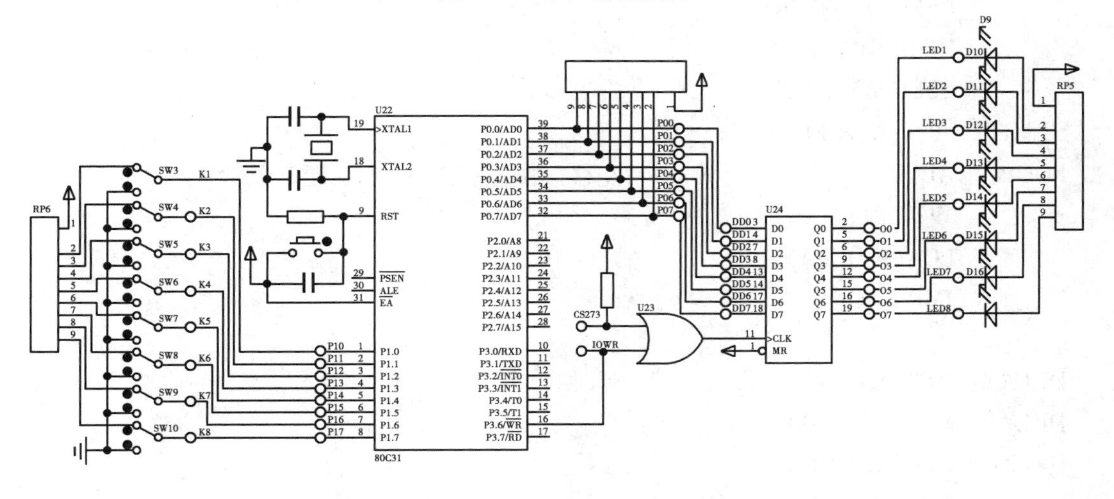

图 2-30　P1 口输入实验

六、实验步骤

执行程序 1(T1_1. ASM)时:P1.0 ~ P1.7 接发光二极管 L1 ~ L8。

执行程序 2(T1_1. ASM)时:P1.0 ~ P1.7 接平推开关 K1 ~ K8;74LS273 的 O0 ~ O7 接发光二极管 L1 ~ L8;74LS273 的片选端 CS273 接 CS0(由程序所选择的入口地址而定,与 CS0 ~ CS7 相应的片选地址请查看第一部分系统资源)。

七、程序框图

实验流程图见图 2-31。

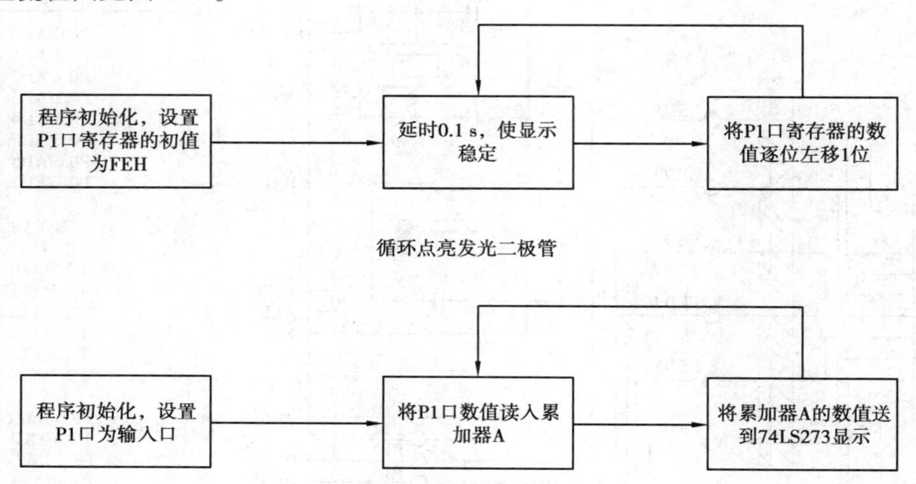

图 2-31　通过发光二极管将 P1 口的状态显示

八、参考程序

1）循环点亮发光二极管汇编语言程序（T2_1. ASM）

```
         NAME T2_1              ;P1 口输出实验
         CSEG AT 0000H
         LJMP START
         CSEG AT 4100H
START:   MOV A,#0FEH
LOOP:    RL A                   ;左移一位,点亮下一个发光二极管
         MOV P1,A
         LCALL DELAY            ;延时 0.1 s
         JMP LOOP

DELAY:   MOV R1,#127            ;延时 0.1 s
DEL1:    MOV R2,#200
DEL2:    DJNZ R2,DEL2
         DJNZ R1,DEL1
         RET
END
```

注意:程序中标点符号都应该是英文半角符号,分号后面的是注释。

2）循环点亮发光二极管 C 语言程序（T2_1. C）

```
#include <reg51.h>
void delay(void)
    {
```

```
        unsigned int i;
        for(i=0;i<30000;i++);
        }
    void main(void)
        {
        unsigned char tmp=0xfe;
        while(1)
            {
            P1 = tmp;
            delay();
            tmp = ((tmp<<1)|1);
            if(tmp==0xff) tmp=0xfe;
            }
        }
```

3)通过发光二极管将P1口的状态显示汇编语言程序(T2_2.ASM)

```
        NAME    T2_2                    ;P1口输入实验
        OUT_PORT  EQU   0CFA0H
        CSEG    AT   0000H
        LJMP    START
        CSEG    AT   4100H
START:  MOV     P1,#0FFH                ;复位P1口为输入状态
        MOV     A,P1                    ;读P1口的状态值入累加器A
        MOV     DPTR,#OUT_PORT          ;将输出口地址赋给地址指针DPTR
        MOVX    @DPTR,A                 ;将累加器A的值赋给DPTR指向的地址
        JMP     START                   ;继续循环监测端口P1的状态
END
```

4)通过发光二极管将P1口的状态显示C语言程序(T2_2.C)

```
#include   <reg51.h>
#include   <absacc.h>
#define  Out_port   XBYTE[0xcfa0]
void   delay(void)
{
unsigned   int   i;
for(i=0;i<100;i++);
}
void   main(void)
{
while(1)
  {
```

```
    P1 = 0xff;
    Out_port = P1;
    delay( );
    }
}
```

2.3.3　P1 口输入并输出实验

一、实验目的

(1)学习 P1 口既作输入又作输出的使用方法。

(2)学习数据输入、输出程序的设计方法。

二、实验设备

EL-MUT-III 型单片机实验箱、8051CPU 模块。

三、实验原理

P1 口的使用方法这里不讲了,有兴趣者不妨将实验例程中的“SETB P1.0,SETB P1.1”中的“SETB”改为“CLR”看看会有什么结果。

另外,例程中给出了一种 N 路转移的常用设计方法,该方法利用了 JMP @ A + DPTR 的计算功能,实现转移。该方法的优点是设计简单,转移表短,但转移表大小加上各个程序长度必须小于 256 B。

四、实验原理图

见图 2-32。

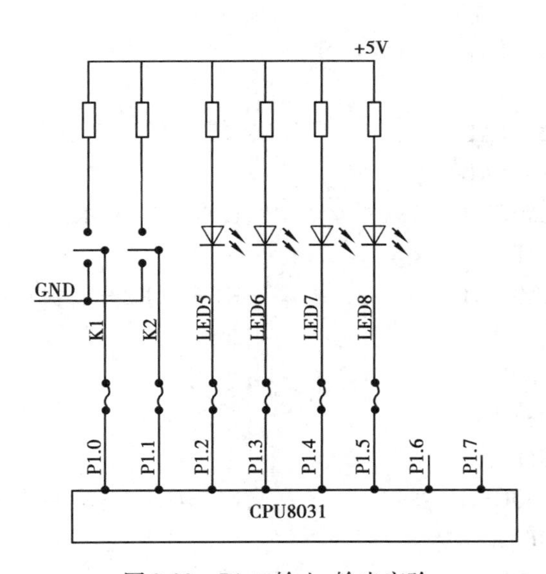

图 2-32　P1 口输入、输出实验

五、实验步骤

平推开关的输出 K1 接 P1.0;K2 接 P1.1。

发光二极管的输入 L1 接 P1.2;L2 接 P1.3;L5 接 P1.4;L6 接 P1.5。

运行实验程序,K1 作为左转弯开关,K2 作为右转弯开关。L5、L6 作为右转弯灯,L1、L2 作为左转弯灯。

结果显示:

(1)K1 接高电平 K2 接低电平时,右转弯灯(L5、L6)灭,左转弯灯(L1、L2)以一定频率闪烁。

(2)K2 接高电平 K1 接低电平时,左转弯灯(L1、L2)灭,右转弯灯(L5、L6)以一定频率闪烁。

(3)K1、K2 同时接低电平时,发光二极管全灭。

(4)K1、K2 同时接高电平时,发光二极管全亮。

六、参考程序

1)汇编语言参考程序:T3. ASM

```
        NAME    T3                      ;P1 口输入输出实验
        CSEG    AT   0000H
        LJMP    START
        CSEG    AT   4100H
START:  SETB    P1.0
        SETB    P1.1                    ;用于输入时先置位口内锁存器
        MOV     A,P1
        ANL     A,#03H                  ;从 P1 口读入开关状态,取低两位
        MOV     DPTR,#TAB               ;转移表首地址送 DPTR
        MOVC    A,@A+DPTR
        JMP     @A+DPTR
TAB:    DB      PRG0-TAB
        DB      PRG1-TAB
        DB      PRG2-TAB
        DB      PRG3-TAB
PRG0:   MOV     P1,#0FFH                ;此时 K1=0,K2=0,发光二极管全灭
        JMP     START
PRG1:   MOV     P1,#0F3H                ;K1=1,K2=0,只点亮 L5、L6,表示左转弯
        ACALL   DELAY                   ;延时 0.5 s
        MOV     P1,#0FFH                ;熄灭
        ACALL   DELAY                   ;延时 0.5 s
        JMP     START
PRG2:   MOV     P1,#0CFH                ;K1=0,K2=1,只点亮 L7、L8,表示右转弯
        ACALL   DELAY                   ;延时 0.5 s
        MOV     P1,#0FFH                ;熄灭
        ACALL   DELAY                   ;延时 0.5 s
        JMP     START
PRG3:   MOV     P1,#00H                 ;K1=1,K2=1,发光二极管全亮
        JMP     START

DELAY:  MOV     R1,#5                   ;延时 0.5 s 子程序
DEL1:   MOV     R2,#200
DEL2:   MOV     R3,#126
DEL3:   DJNZ    R3,DEL3
```

```
        DJNZ   R2,DEL2
        DJNZ   R1,DEL1
        RET
END
```

2)C语言参考程序:T3.C

```
#include <reg51.h>
void delay(void)
{
unsigned int i;
for(i=0;i<100;i++);
}
void main(void)
{
unsigned char num,i=0;
while(1)
    {
    P1 = 0xff;
    num = P1&3;
    switch (num)
      {
       case 0:
            {
            P1 = 0xff;
            break;
            }
       case 1:
            {
            if(i<100) P1 = 0xf3;
            else P1 = 0xff;
            break;
            }
       case 2:
            {
            if(i<100) P1 = 0xcf;
            else P1 = 0xff;
            break;
            }
       case 3:
            {
```

```
            P1  = 0;
            break;
            }
        }
        delay( );
        i + + ;
        if( i >200 ) i  = 0;
    }
}
```

七、程序框图

见图 2-33。

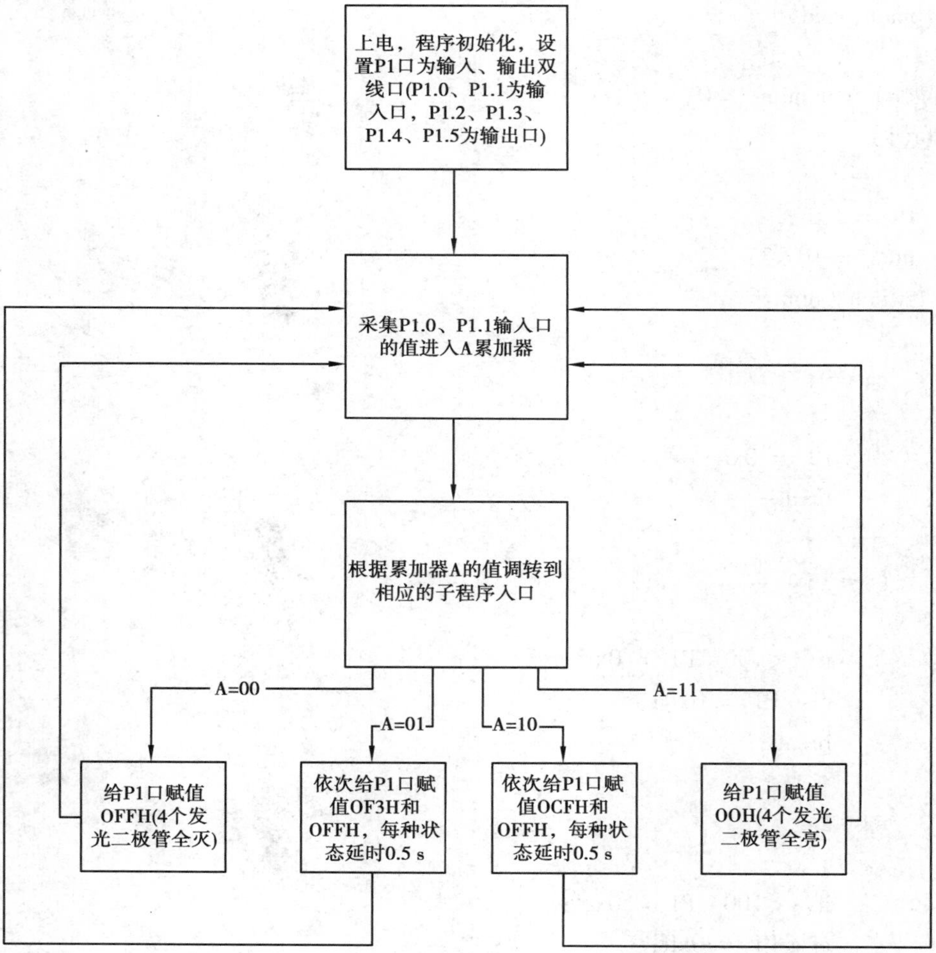

上电，程序初始化，设置P1口为输入、输出双线口(P1.0、P1.1为输入口，P1.2、P1.3、P1.4、P1.5为输出口)

采集P1.0、P1.1输入口的值进入A累加器

根据累加器A的值调转到相应的子程序入口

A=00

A=01

A=10

A=11

给P1口赋值OFFH(4个发光二极管全灭)

依次给P1口赋值OF3H和OFFH，每种状态延时0.5 s

依次给P1口赋值OCFH和OFFH，每种状态延时0.5 s

给P1口赋值OOH(4个发光二极管全亮)

图 2-33　程序框图

2.3.4 交通灯控制实验

一、实验目的

(1)学习在单片机系统中扩展简单I/O接口的方法。

(2)学习数据输出程序的设计方法。

(3)学习模拟交通灯控制的实现方法。

二、实验设备

EL-MUT-III型单片机实验箱、8051CPU模块。

三、实验内容

扩展实验箱上的74LS273作为输出口,控制8个发光二极管亮灭,模拟交通灯管理。

四、实验原理

要完成本实验,首先必须了解交通路灯的亮灭规律。本实验需要用到实验箱上8个发光二极管中的6个,即红、黄、绿各两个。不妨将L1(红)、L2(绿)、L3(黄)作为东西方向的指示灯,将L5(红)、L6(绿)、L7(黄)作为南北方向的指示灯。而交通灯的亮灭规律为:初始态是两个路口的红灯全亮,之后,东西路口的绿灯亮,南北路口的红灯亮,东西方向通车,延迟一段时间后,东西路口绿灯灭,黄灯开始闪烁。闪烁若干次后,东西路口红灯亮,而同时南北路口的绿灯亮,南北方向开始通车,延迟一段时间后,南北路口的绿灯灭,黄灯开始闪烁。闪烁若干次后,再切换到东西路口方向,重复上述过程。各发光二极管的阳极通过保护电阻接到+5 V的电源上,阴极接到输入端上,因此使其点亮应使相应输入端为低电平。

五、实验步骤

74LS273的输出O0~O7接发光二极管L1~L8,74LS273的片选CS273接片选信号CSO,此时74LS273的片选地址为CFA0H~CFA7H之间任选。

运行实验程序,观察LED显示情况是否与实验内容相符。

六、实验原理图

见图2-34。

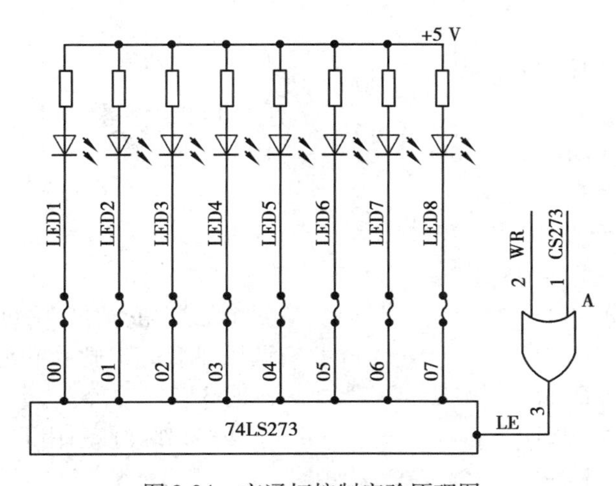

图2-34 交通灯控制实验原理图

七、程序框图

见图 2-35。

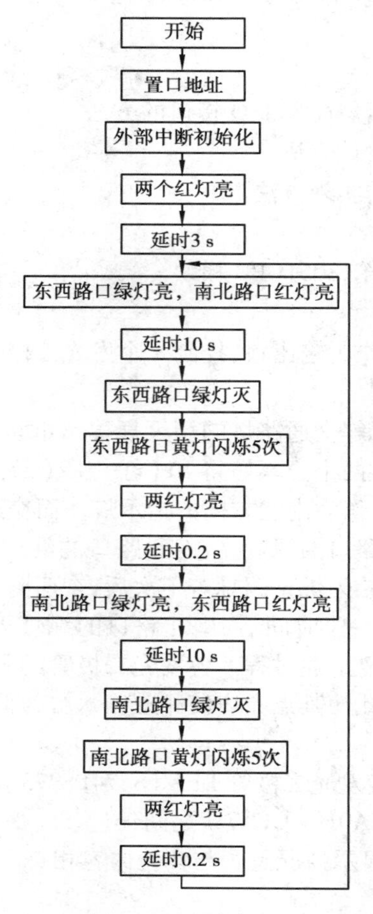

图 2-35 程序框图

八、参考程序

1)汇编语言参考程序:T4. ASM

```
        NAME   T4                          ;I/O 口扩展实验一
        PORT   EQU   0CFA0H                ;片选地址 CS0
        CSEG   AT    0000H
        LJMP   START
        CSEG   AT    4100H
START:  MOV    A,#11H                      ;两个红灯亮,黄灯、绿灯灭
        ACALL  DISP                        ;调用 74LS273 显示单元(以下类同)
        ACALL  DE3S                        ;延时 3 s
LLL:    MOV    A,#12H                      ;东西路口绿灯亮;南北路口红灯亮
        ACALL  DISP
        ACALL  DE10S                       ;延时 10 s
        MOV    A,#10H                      ;东西路口绿灯灭;南北路口红灯亮
```

```
        ACALL   DISP
        MOV     R2,#05H         ;R2 中的值为黄灯闪烁次数
TTT:    MOV     A,#14H          ;东西路口黄灯亮;南北路口红灯亮
        ACALL   DISP
        ACALL   DE02S           ;延时 0.2 s
        MOV     A,#10H          ;东西路口黄灯灭;南北路口红灯亮
        ACALL   DISP
        ACALL   DE02S           ;延时 0.2 s
        DJNZ    R2,TTT          ;返回 TTT,使东西路口黄灯闪烁五次
        MOV     A,#11H          ;两个红灯亮,黄灯、绿灯灭
        ACALL   DISP
        ACALL   DE02S           ;延时 0.2 s
        MOV     A,#21H          ;东西路口红灯亮;南北路口绿灯亮
        ACALL   DISP
        ACALL   DE10S           ;延时 10 s
        MOV     A,#01H          ;东西路口红灯亮;南北路口绿灯灭
        ACALL   DISP
        MOV     R2,#05H         ;黄灯闪烁五次
GGG:    MOV     A,#41H          ;东西路口红灯亮;南北路口黄灯亮
        ACALL   DISP
        ACALL   DE02S           ;延时 0.2 s
        MOV     A,#01H          ;东西路口红灯亮;南北路口黄灯灭
        ACALL   DISP
        ACALL   DE02S           ;延时 0.2 s
        DJNZ    R2,GGG          ;返回 GGG,使南北路口;黄灯闪烁五次
        MOV     A,#03H          ;两个红灯亮,黄灯、绿灯灭
        ACALL   DISP
        ACALL   DE02S           ;延时 0.2 s
        JMP     LLL             ;转 LLL 循环

DE10S:  MOV     R5,#100         ;延时 10 s
        JMP     DE1
DE3S:   MOV     R5,#30          ;延时 3 s
        JMP     DE1
DE02S:  MOV     R5,#02          ;延时 0.2 s
DE1:    MOV     R6,#200
DE2:    MOV     R7,#126
DE3:    DJNZ    R7,DE3
        DJNZ    R6,DE2
```

```
        DJNZ   R5,DE1
        RET

DISP:   MOV    DPTR,#PORT              ;74LS273 显示单元
        CPL    A
        MOVX   @DPTR,A
        RET

END
```

2)C 语言参考程序:T4.C

```
#include   <reg51.h>
#include   <absacc.h>
#define  Out_port   XBYTE[0xcfa0]
void  delay(unsigned  int  time)
{
char  i;
for(;time>0;time--)
    {
    for(i=0;i<5;i++);
    }
}

void  led_out(unsigned  char  dat)
{
Out_port  =  ~dat;
}

void  main(void)
{
char  i=0;
led_out(0x11);
delay(30000);
while(1)
    {
    led_out(0x12);
    delay(30000);
    while(i<5)
        {
        led_out(0x10);
```

```
            delay(1000);
            led_out(0x14);
            delay(1000);
            i++;
            }
        led_out(0x11);
        delay(1000);
        led_out(0x21);
        delay(30000);
        i=0;
        while(i<5)
            {
            led_out(0x01);
            delay(1000);
            led_out(0x41);
            delay(1000);
            i++;
            }
    led_out(0x03);
    delay(1000);
    }
}
```

2.3.5 I/O 口扩展实验

一、实验目的

(1)学习在单片机系统中扩展 I/O 口的方法。

(2)学习数据输入、输出程序的编制方法。

二、实验设备

EL-MUT-III 型单片机实验箱、8051CPU 模块。

三、实验原理

MCS-51 外部扩展空间很大,但数据总线口和控制信号线的负载能力是有限的。若需要扩展的芯片较多,则 MCS-51 总线口的负载过重,74LS244 是一个扩展输入口,同时也是一个单向驱动器,以减轻总线口的负担。

程序中加了一段延时程序,以减少总线口读写的频繁程度。延时时间约为 0.01 s,不会影响显示的稳定性。

四、实验内容

利用 74LS244 作为输入口,读取开关状态,并将此状态通过发光二极管显示出来。

五、实验原理图

见图 2-36。

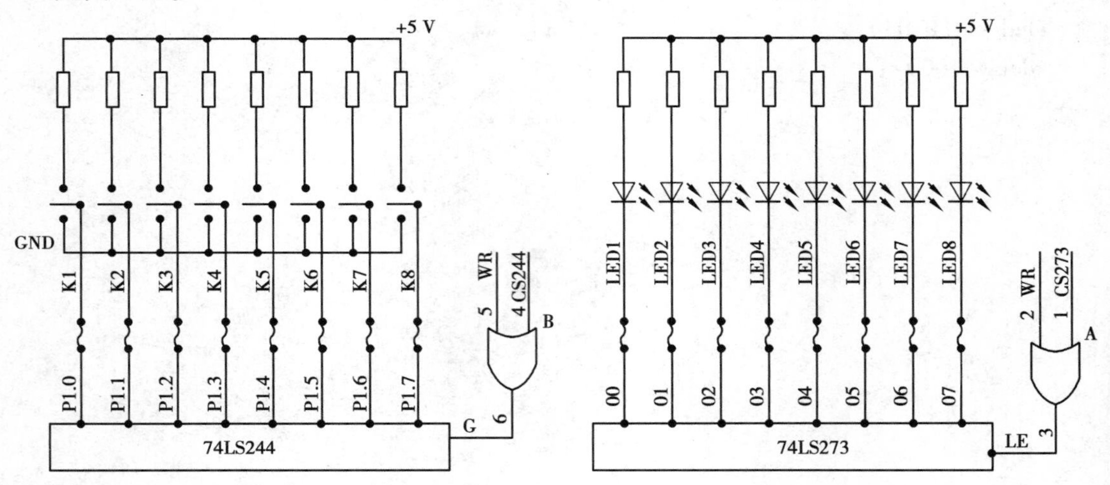

图 2-36 简单 I/O 实验原理图

六、实验步骤

(1)74LS244 的 IN0 ~ IN7 接开关的 K1 ~ K8,片选信号 CS244 接 CS1。

(2)74LS273 的 O0 ~ O7 接发光二极管的 L1 ~ L8,片选信号 CS273 接 CS2。

(3)编程、全速执行。

(4)拨动开关 K1 ~ K8,观察发光二极管状态的变化。

七、程序框图

见图 2-37。

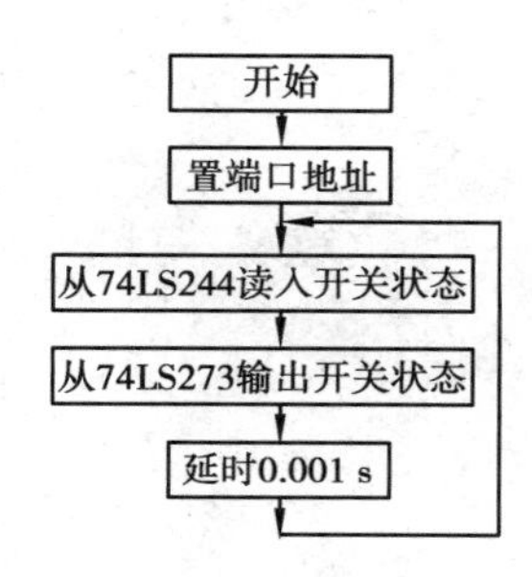

图 2-37　程序框图

八、参考程序

1）汇编语言参考程序：T5. ASM

```
         NAME    T5                          ;I/O 口扩展实验
         CSEG    AT    0000H
         LJMP    START
         CSEG    AT    4100H
         INPORT    EQU    0CFA8H             ;74LS244 端口地址
         OUTPORT   EQU    0CFB0H             ;74LS273 端口地址
START:   MOV     DPTR,#INPORT
LOOP:    MOVX    A,@DPTR                     ;读开关状态
         MOV     DPTR,#OUTPORT
         MOVX    @DPTR,A                     ;显示开关状态
         MOV     R7,#10H                     ;延时
DEL0:    MOV     R6,#0FFH
DEL1:    DJNZ    R6,DEL1
         DJNZ    R7,DEL0
         JMP     START
END
```

2）C 语言参考程序：T5. C

```
#include    <reg51.h>
#include    <absacc.h>
#define   Out_port   XBYTE[0xcfa0]
#define   In_port   XBYTE[0xcfa8]
void delay(unsigned int time)
{
for(;time>0;time--);
}

void main(void)
{
while(1)
```

```
    {
    Out_port = In_port;
    delay(10);
    }
}
```

2.3.6　中断实验——有急救车的交通灯控制实验

一、实验目的

(1)学习外部中断技术的基本使用方法。

(2)学习中断处理程序的编程方法。

二、实验设备

EL-MUT-III 型单片机实验箱、8051CPU 模块。

三、实验内容

在 2.3.4 节的内容的基础上增加允许急救车优先通过的要求。当有急救车到达时,两个方向上的红灯亮,以便让急救车通过,假定急救车通过路口的时间为 10 s,急救车通过后,交通灯恢复中断前的状态。本实验以单脉冲为中断申请,表示有急救车通过。

四、实验原理

交通灯的亮灭规律见 2.3.4 节。

本实验中断处理程序的应用,最主要的地方是如何保护进入中断前的状态,使得中断程序执行完毕后能回到交通灯中断前的状态。要保护的地方,除了累加器 ACC、标志寄存器 PSW 外,还要注意:一是主程序中的延时程序和中断处理程序中的延时程序不能混用,本实验给出的程序中,主程序延时用的是 R5、R6、R7,中断延时用的是 R3、R4 和新的 R5。第二,主程序中每执行一步经 74LS273 的端口输出数据的操作时,应先将所输出的数据保存到一个单元中。因为进入中断程序后也要执行往 74LS273 端口输出数据的操作,中断返回时如果没有恢复中断前 74LS273 端口锁存器的数据,则往往显示出错,回不到中断前的状态。还要注意一点,主程序中往端口输出数据操作要先保存再输出,例如有如下操作:

```
MOV A,#0F0H (0)
MOVX @R1,A   (1)
MOV SAVE,A (2)
```

程序如果正好执行到(1)时发生中断,则转入中断程序,假设中断程序返回主程序前需要执行一句 MOV A,SAVE 指令,由于主程序中没有执行(2),故 SAVE 中的内容实际上是前一次放入的而不是(0)语句中给出的 0F0H,显示出错,将(1)、(2)两句顺序颠倒一下则没有问题。发生中断时两方向的红灯一起亮 10 s,然后返回中断前的状态。

五、实验原理图

同 2.3.4 节。

六、实验步骤

74LS273 的输出 O0 ~ O7 接发光二极管 L1 ~ L8,74LS273 的片选 CS273 接片选信号 CS2,此时 74LS273 的片选地址在 CFB0H ~ CFB7H 任选。单脉冲输出端 P-接 CPU 板上的 INT0。

七、程序框图

见图 2-38、2-39。

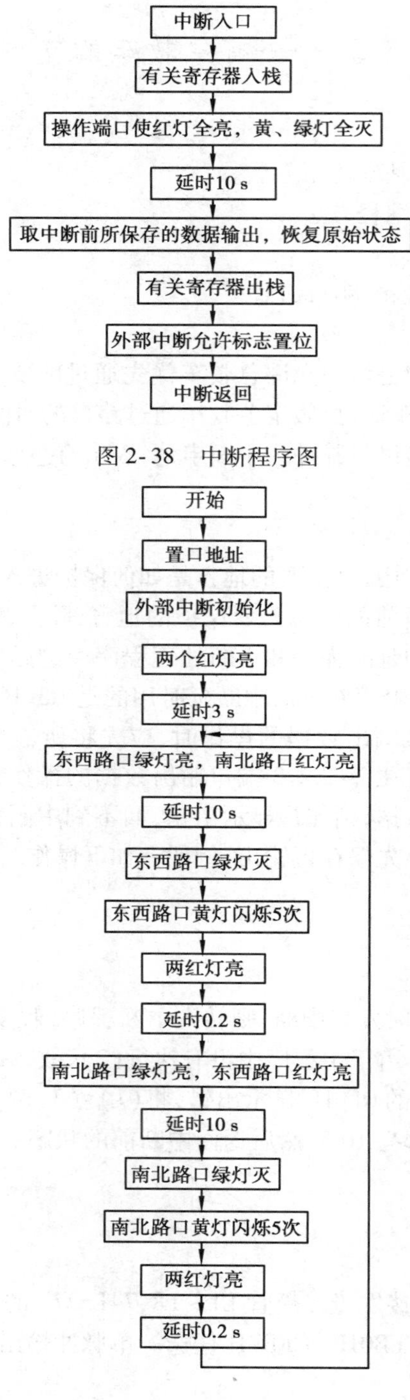

图 2-38　中断程序图

图 2-39　主程序图

八、参考程序

1)汇编语言参考程序:T6. ASM

```
        NAME    T6                          ;中断控制实验
```

```
         OUTPORT  EQU  0CFB0H       ;端口地址
         SAVE  EQU  55H             ;save 保存从端口 cfa0 输出的数据
         CSEG  AT  0000H
         LJMP  START
         CSEG  AT  4003H
         LJMP  INT
         CSEG  AT  4100H
START:   SETB  IT0
         SETB  EX0
         SETB  EA
         MOV  A,#11H                ;置首显示码
         MOV  SAVE,A                ;保存
         ACALL  DISP                ;显示输出
         ACALL  DE3S                ;延时 3 s
LLL:     MOV  A,#12H                ;东西路口绿灯亮,南北路口红灯亮
         MOV  SAVE,A
         ACALL  DISP
         ACALL  DE10S               ;延时 10 s
         MOV  A,#10H                ;东西路口绿灯灭
         MOV  SAVE,A
         ACALL  DISP
         MOV  R2,#05H               ;东西路口黄灯闪烁 5 次
TTT:     MOV  A,#14H
         MOV  SAVE,A
         ACALL  DISP
         ACALL  DE02S
         MOV  A,#10H
         MOV  SAVE,A
         ACALL  DISP
         ACALL  DE02S
         DJNZ  R2,TTT
         MOV  A,#11H                ;红灯全亮
         MOV  SAVE,A
         ACALL  DISP
         ACALL  DE02S               ;延时 0.2 s
         MOV  A,#21H                ;东西路口红灯亮,南北路口绿灯亮
         MOV  SAVE,A
         ACALL  DISP
         ACALL  DE10S               ;延时 10 s
```

```
        MOV   A,#01H              ;南北路口绿灯灭
        MOV   SAVE,A
        ACALL DISP
        MOV   R2,#05H             ;南北路口黄灯闪烁5次
GGG:    MOV   A,#41H
        MOV   SAVE,A
        ACALL DISP
        ACALL DE02S
        MOV   A,#01H
        MOV   SAVE,A
        ACALL DISP
        ACALL DE02S
        DJNZ  R2,GGG
        MOV   A,#11H              ;红灯全亮
        MOV   SAVE,A
        ACALL DISP
        ACALL DE02S               ;延时0.2 s
        JMP   LLL                 ;转LLL循环

DE10S:  MOV   R5,#100             ;延时10 s
        JMP   DE1
DE3S:   MOV   R5,#30              ;延时3 s
        JMP   DE1
DE02S:  MOV   R5,#02              ;延时0.2 s
DE1:    MOV   R6,#200
DE2:    MOV   R7,#126
DE3:    DJNZ  R7,DE3
        DJNZ  R6,DE2
        DJNZ  R5,DE1
        RET

INT:    CLR   EA
        PUSH  ACC                 ;中断处理
        PUSH  PSW
        MOV   A,R5
        PUSH  ACC
        MOV   A,#11H              ;红灯全亮,绿、黄灯全灭
        ACALL DISP
DEL10S: MOV   R3,#100             ;延时10 s
DEL1:   MOV   R2,#200
```

```
DEL2:   MOV   R5,#126
DEL3:   DJNZ  R5,DEL3
        DJNZ  R4,DEL2
        DJNZ  R3,DEL1
        MOV   A,SAVE            ;取 SAVE 保存数据输出到 cfa0 端口
        ACALL  DISP
        POP   ACC               ;出栈
        MOV   R5,A
        POP   PSW
        POP   ACC
        SETB  EA                ;允许外部中断
        RETI

DISP:   MOV   DPTR,#OUTPORT
        CPL   A
        MOVX  @DPTR,A
        RET
END
```

2)C 语言参考程序:T6.C

```
#include   <reg51.h>
#include   <absacc.h>
#define  Out_port   XBYTE[0xcfb0]
void delay(unsigned int time)
{
char i;
for( ;time >0;time -- )
     {
     for(i =0;i <5;i ++ );
     }
}

void led_out(unsigned char dat)
{
Out_port  = ~dat;
}

void urgent(void) interrupt 0
{
EA  = 0;
led_out(0x11);
```

```
    delay(30000);
    EA = 1;
    }
```

2.3.7　定时器实验——循环彩灯实验

一、实验目的

(1)学习 8031 内部计数器的使用和编程方法。

(2)进一步掌握中断处理程序的编写方法。

二、实验设备

EL-MUT-III 型单片机实验箱、8051CPU 模块。

三、实验原理

1. 定时常数的确定

定时器/计数器的输入脉冲周期与机器周期一样,为振荡频率的 1/12。本实验中时钟频率为 6.0 MHz,现要采用中断方法来实现 0.5 s 延时,要在定时器 1 中设置一个时间常数,使其每隔 0.1 s 产生一次中断,CPU 响应中断后将 R0 中计数值减 1,令 R0 = 05H,即可实现 0.5 s 延时。

时间常数可按下述方法确定:

机器周期 $=12\div$ 晶振频率 $=12/(6\times10^{6})=2\ \mu s$

设计数初值为 X,则$(2e+16-X)\times2\times10^{-6}=0.1$,可求得 X = 15 535。

化为十六进制则 X = 3CAFH,故初始值为 TH1 = 3CH,TL1 = AFH。

2. 初始化程序

包括定时器初始化和中断系统初始化,主要是对 IP、IE、TCON、TMOD 的相应位进行正确的设置,并将时间常数送入定时器中。由于只有定时器中断,IP 便不必设置。

3. 设计中断服务程序和主程序

中断服务程序除了要完成计数减 1 工作外,还要将时间常数重新送入定时器中,为下一次中断做准备。主程序则用来控制发光二极管按要求顺序亮灭。

四、实验题目

由 8031 内部定时器 1 按方式 1 工作,即作为 16 位定时器使用,每 0.1 sT1 溢出中断一次。P1 口的 P1.0 ~ P1.7 分别接发光二极管的 L1 ~ L8。要求编写程序模拟一循环彩灯。彩灯变化花样可自行设计。例程给出的变化花样为:①L1、L2、…L8 依次点亮;②L1、L2、…L8 依次熄灭;③L1、L2、…L8 全亮、全灭。各时序间隔为 0.5 s。让发光二极管按以上规律循环显示下去。

五、实验原理图

见图 2-40。

六、实验步骤

P1.0 ~ P1.7 分别接发光二极管 L1 ~ L8 即可。

七、参考程序

1)汇编语言参考程序:T7. ASM

```
        NAME    T7                      ;定时器实验
        OUTPORT   EQU   0CFB0H
        CSEG   AT   0000H
```

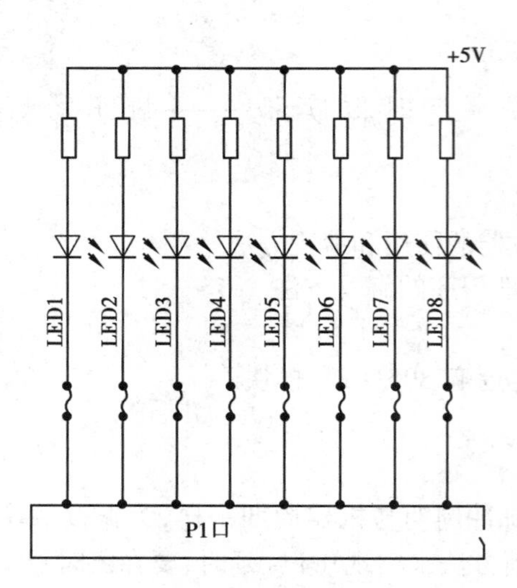

图 2-40 循环彩灯实验原理图

```
        LJMP   START
        CSEG   AT   401BH            ;定时器/计数器 1 中断程序入口地址
        LJMP   INT
        CSEG   AT   4100H
START:  MOV    A,#01H                ;首显示码
        MOV    R1,#03H               ;03 是偏移量,从基址到表首距离
        MOV    R0,#5H                ;05 是计数值
        MOV    TMOD,#10H             ;计数器置为方式 1
        MOV    TL1,#0AFH             ;装入时间常数
        MOV    TH1,#03CH
        ORL    IE,#88H               ;中断标志和定时器 1 中断允许置位
        SETB   TR1                   ;开始计数
LOOP1:  CJNE   R0,#00,DISP
        MOV    R0,#5H                ;R0 计数计完一个周期,重置初值
        INC    R1                    ;表地址偏移量加 1
        CJNE   R1,#31H,LOOP2
        MOV    R1,#03H               ;如到表尾,则重置偏移量初值
LOOP2:  MOV    A,R1                  ;从表中取显示码入累加器
        MOVC   A,@A+PC
        JMP    DISP
        DB   01H,03H,07H,0FH,1FH,3FH,7FH,0FFH,0FEH,0FCH
        DB   0F8H,0F0H,0E0H,0C0H,80H,00H,0FFH,00H,0FEH
        DB   0FDH,0FBH,0F7H,0EFH,0DFH,0BFH,07FH,0BFH,0DFH
        DB   0EFH,0F7H,0FBH,0FDH,0FEH,00H,0FFH,00H
DISP:   MOV    P1,A                  ;将取得的显示码从 P1 口输出显示
        JMP    LOOP1
```

```
INT:    CLR   TR1                   ;停止计数
        DEC   R0                    ;计数值减1
        MOV   TL1,#0AFH             ;重置时间常数初值
        MOV   TH1,#03CH
        SETB  TR1                   ;开始计数
        RETI                        ;中断返回
END
```

2)C语言参考程序:T7.C

```
        #include    <reg51.h>
        char buf;

        void main(void)
        {
        unsigned char led = 1;
        TMOD  = 0x10;
        TL1  = 0xaf;
        TH1  = 0x3c;
        IE  = 0x88;
        TR1  = 1;
        buf  = 0;
        P1  = 0xfe;
        while(1)
            {
            if(buf = =10)
                {
                led < < =1;
                if(! led)
                    {
                    led  = 1;
                    }
                P1  =  ~led;
                buf  = 0;
                }
            }
        }

        void time1(void) interrupt 3
        {
```

```
    TR1 = 0;
    TL1 = 0xaf;
    TH1 = 0x3c;
    buf++;
    TR1 = 1;
    }
```

八、程序框图

主程序和中断程序分别见图 2-41,2-42。

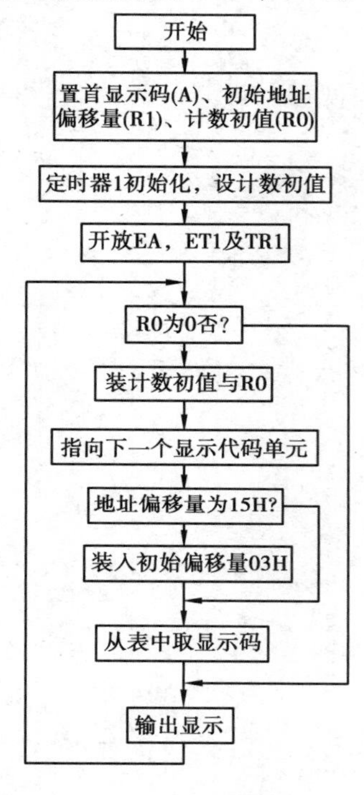

图 2-41　主程序图

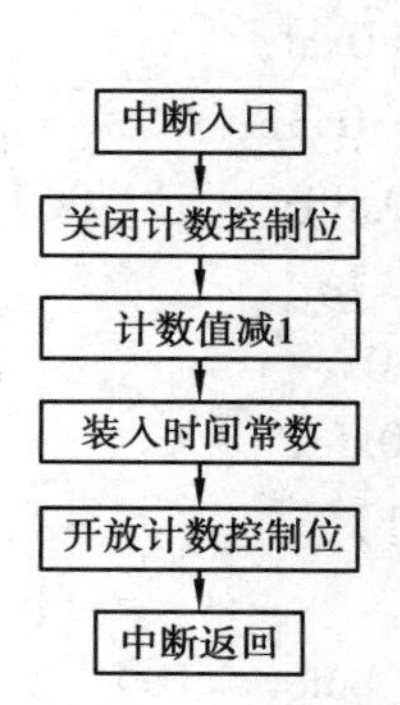

图 2-42　中断程序图

2.3.8 8255A可编程并行接口实验一

一、实验目的

(1)了解8255A芯片的结构及编程方法。

(2)掌握通过8255A并行口读取开关数据的方法。

二、实验设备

EL-MUT-III型单片机实验箱、8051CPU模块。

三、实验原理

设置好8255A各端口的工作模式。实验中应当使3个端口都工作于方式0,并使A口为输出口,B口为输入口。

四、实验内容

利用8255A可编程并行接口芯片,重复2.3.4节的内容。实验可用B通道作为开关量输入口,A通道作为显示输出口。

五、实验电路

见图2-43。

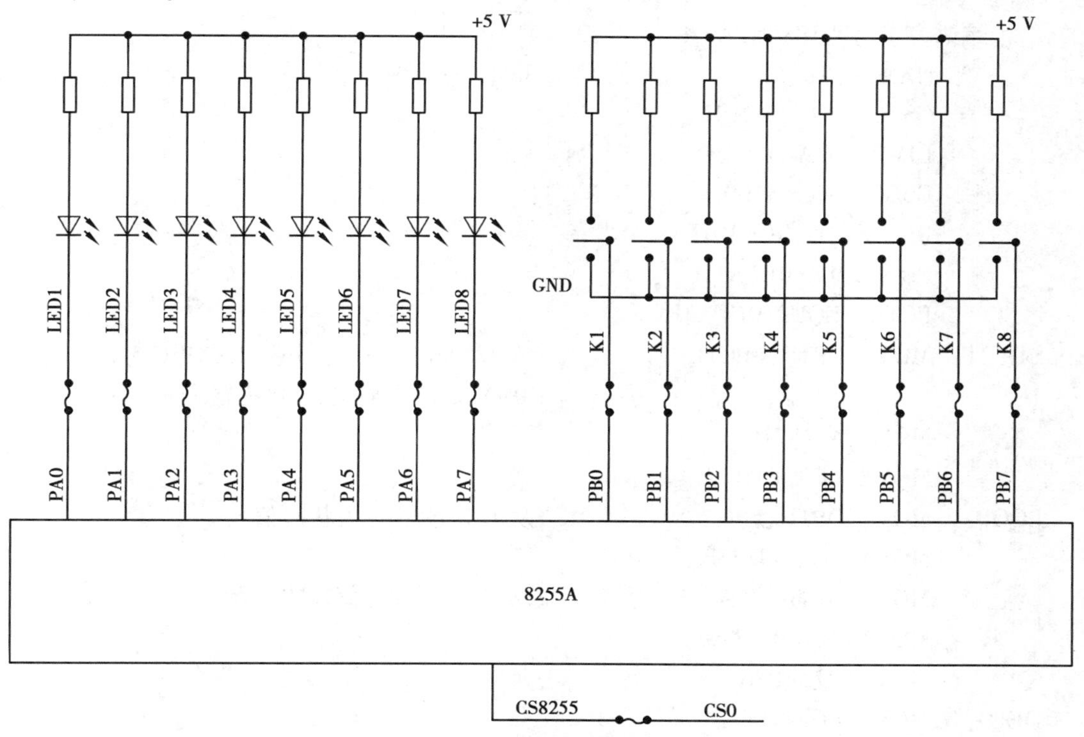

图2-43 8255A可编程并行接口实验一

六、实验步骤

8255A的PA0~PA7接发光二极管L1~L8;PB0~PB7接开关K1~K8;片选信号8255CS接CS0。

七、程序框图

见图 2-44。

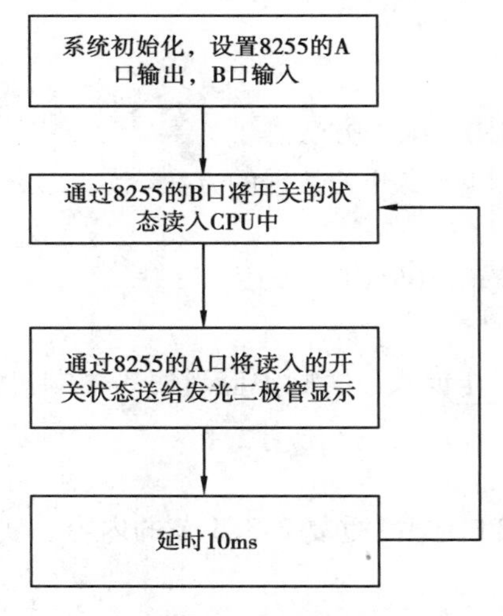

图 2-44　程序框图

八、参考程序

1)汇编语言参考程序:T8. ASM

```
        NAME    T8                      ;8255A 实验一
        CSEG    AT    0000H
        LJMP    START
        CSEG    AT    4100H
        PA    EQU    0CFA0H
        PB    EQU    0CFA1H
        PCTL    EQU    0CFA3H
START:  MOV    DPTR,#PCTL               ;置 8255A 控制字,ABC 口工作方式
                                        ; 0,A、C 口为输出,B 口为输入
        MOV    A,#82H
        MOVX    @DPTR,A
LOOP:   MOV    DPTR,#PB                 ;从 B 口读入开关状态值
        MOVX    A,@DPTR
        MOV    DPTR,#PA                 ;从 A 口将状态值输出显示
        MOVX    @DPTR,A
        MOV    R7,#10H                  ;延时
DEL0:   MOV    R6,#0FFH
DEL1:   DJNZ    R6,DEL1
        DJNZ    R7,DEL0
        JMP    LOOP
END
```

2)C 语言参考程序:T8. C

```
#include    <reg51.h>
#include    <absacc.h>
#define   PA    XBYTE[0xcfa0]
#define   PB    XBYTE[0xcfa1]
#define   PCTL    XBYTE[0xcfa3]
void delay(void)
{
unsigned char time;
for(time=100;time>0;time--);
}

void main(void)
{
PCTL = 0x82;
while(1)
     {
     PA = PB;
     delay();
     }
}
```

2.3.9 8255A 可编程并行接口实验二——键盘实验

一、实验目的

(1)掌握 8255A 编程原理。

(2)了解键盘电路的工作原理。

(3)掌握键盘接口电路的编程方法。

二、实验设备

EL-MUT-III 型单片机实验箱、8051CPU 模块。

三、实验原理

(1)识别键的闭合,通常采用行扫描法和行反转法。

行扫描法是使键盘上某一行线为低电平,而其余行接高电平,然后读取列值,如所读列值中某位为低电平,表明有键按下,否则扫描下一行,直到扫完所有行。

本实验例程采用的是行反转法。

行反转法识别键闭合时,要将行线接一并行口,先让它工作于输出方式,将列线也接到一个并行口,先让它工作于输入方式,程序使 CPU 通过输出端口往各行线上全部送低电平,然后读入列线值,如此时有某键被按下,则必定会使某一列线值为 0。然后,程序对两个并行端口进行方式设置,使行线工作于输入方式,列线工作于输出方式,并将刚才读得的列线值从列线所接的并行端口输出,再读取行线上的输入值,那么,在闭合键所在的行线上的值必定为 0。这样,当一个键被按下时,必定可以读得一对唯一的行线值和列线值。

(2)程序设计时,要学会灵活地对 8255A 的各端口进行方式设置。

(3)程序设计时,可将各键对应的键值(行线值、列线值)放在一个表中,将要显示的 0 ~ F 字符放在另一个表中,通过查表来确定按下的是哪一个键并正确显示出来。

四、实验要求

利用实验箱上的 8255A 可编程并行接口芯片和矩阵键盘,编写程序,做到在键盘上每按一个数字键(0 ~ F),用发光二极管将该代码显示出来。

五、实验步骤

将键盘 RL10 ~ RL17 接 8255A 的 PB0 ~ PB7;KA10 ~ KA12 接 8255A 的 PA0 ~ PA2;PC0 ~ PC7 接发光二极管的 L1 ~ L8;8255A 芯片的片选信号 8255CS 接 CS0。

六、实验电路

见图 2-45。

七、程序框图

见图 2-46。

八、参考程序

1)汇编语言参考程序:T9. ASM

```
;将键盘 RL10 ~ RL17 接 8255A 的 PB0 ~ PB7;
;KA10 ~ KA12 接 8255A 的 PA0 ~ PA2;
;PC0 ~ PC7 接发光二极管的 L1 ~ L8;
;8255A 芯片的片选信号 8255CS 接 CS0。
```

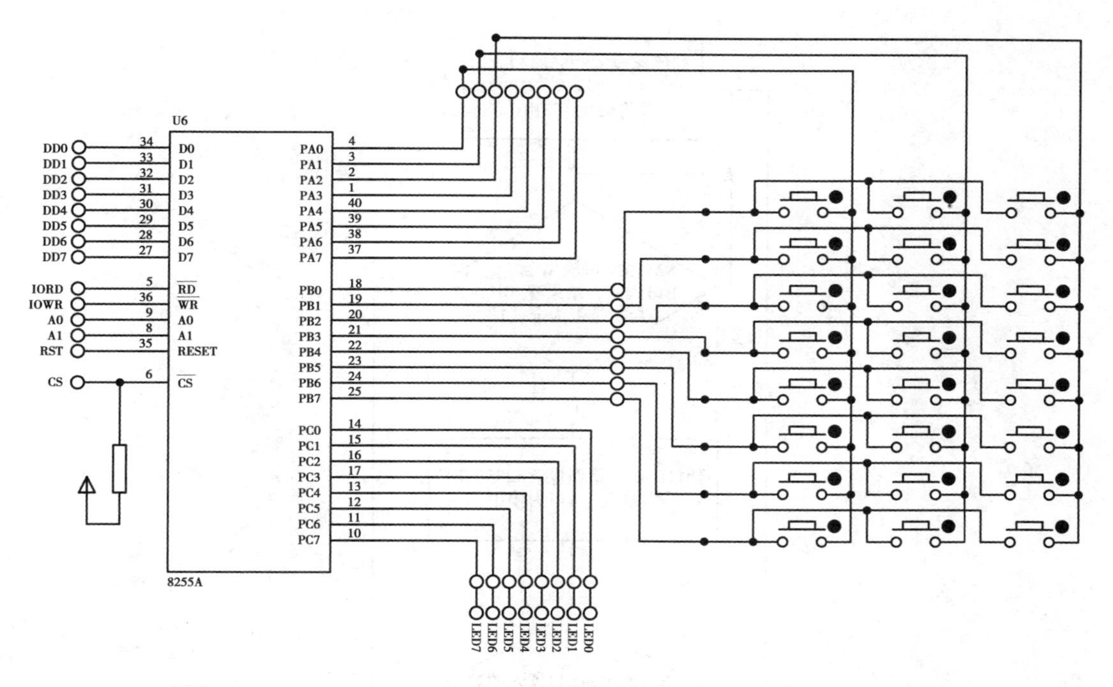

图 2-45　键盘实验电路

```
         ;本程序与普通 8051 程序在查表时有所不同,见程序中注释部分
         NAME   T9                  ;8255 键盘实验
         PA   EQU   0CFA0H
         PB   EQU   PA + 1
         PC0   EQU   PB + 1
         PCTL   EQU   PC0 + 1
         CSEG   AT   0000H
         LJMP   START
         CSEG   AT   0100H
START:   MOV   42H,#0FFH            ;42H 中放显示的字符码,初值为 0FFH
STA1:    MOV   DPTR,#PCTL           ;设置控制字,ABC 口工作于方式 0
                                    ;AC 口输出而 B 口用于输入
         MOV   A,#82H
         MOVX   @DPTR,A
LINE:    MOV   DPTR,#PC0            ;将字符码从 C 口输出显示
         MOV   A,42H
         CPL   A
         MOVX   @DPTR,A
         CLR   A
         MOV   DPTR,#PA             ;从 A 口输出全零到键盘的列线
         MOVX   @DPTR,A
         MOV   DPTR,#PB             ;从 B 口读入键盘行线值
```

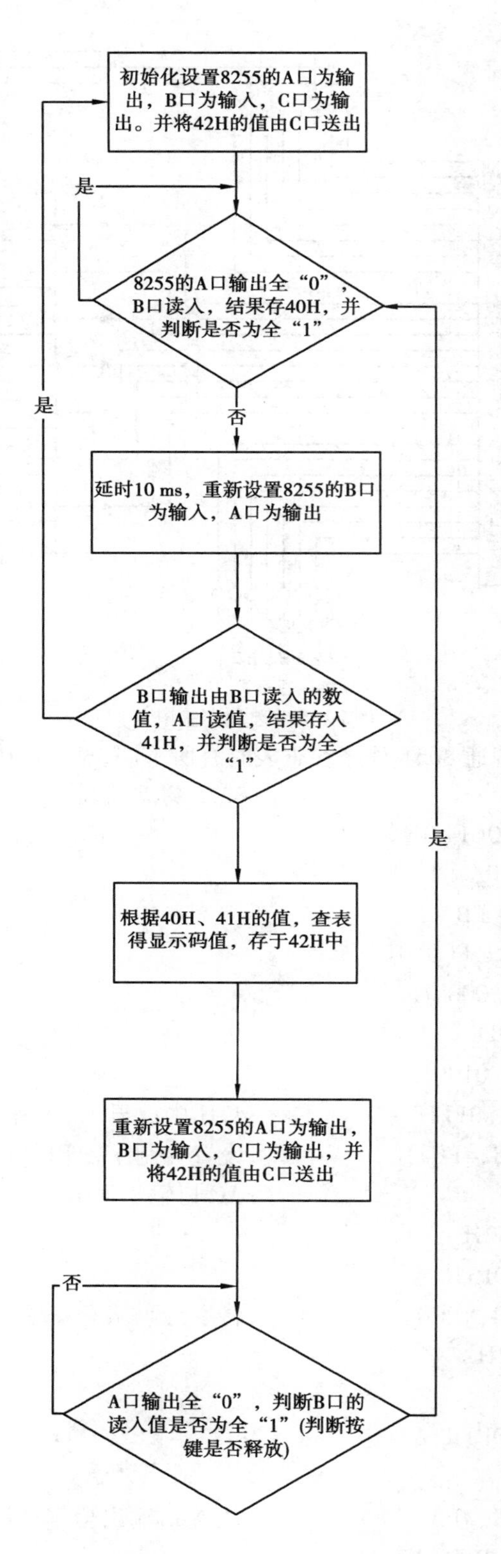
初始化设置8255的A口为输出，B口为输入，C口为输出。并将42H的值由C口送出
是
8255的A口输出全“0”，B口读入，结果存40H，并判断是否为全“1”
否
是
延时10 ms，重新设置8255的B口为输入，A口为输出
B口输出由B口读入的数值，A口读值，结果存入41H，并判断是否为全“1”
是
根据40H、41H的值，查表得显示码值，存于42H中
重新设置8255的A口为输出，B口为输入，C口为输出，并将42H的值由C口送出
否
A口输出全“0”，判断B口的读入值是否为全“1”(判断按键是否释放)

图 2-46　程序框图

```
        MOVX   A,@DPTR
        MOV    40H,A                 ;行线值存于 40H 中
        CPL    A                     ;取反后全零表示没有键闭合,继续扫描
        JZ     LINE
        MOV    R7,#10H               ;有键按下,延时 10 ms 去抖动
DL0:    MOV    R6,#0FFH
DL1:    DJNZ   R6,DL1
        DJNZ   R7,DL0
        MOV    DPTR,#PCTL            ;重置控制字,让 A 为输入,BC 为输出
        MOV    A,#90H
        MOVX   @DPTR,A
        MOV    A,40H
        MOV    DPTR,#PB              ;刚才读入的行线值取出从 B 口送出
        MOVX   @DPTR,A
        MOV    DPTR,#PA              ;从 A 口读入列线值
        MOVX   A,@DPTR
        MOV    41H,A                 ;列线值存于 41H 中
        CPL    A                     ;取反后如为全零
        JZ     STA1                  ;表示没有键按下
        MOV    DPTR,#TABLE           ;TABLE 表首地址送 DPTR
        MOV    R7,#18H               ;R7 中置计数值 16
        MOV    R6,#00H               ;R6 中放偏移量初值
TT:     MOV    A,#00H
        MOVC   A,@A+DPTR;    从表中取键码高半字节,行线值与实际输入行线值
        ;MOVX  A,@DPTR;   从表中取键码高半字节,行线值与实际输入行线值
        ;由于数据表在 EL-MUT-Keil  C 仿真芯片内的程序存储空间
        ;用普通 CPU 时,程序存储可以同时作为数据存储器
        CJNE   A,40H,NN1             ;输入的行线值相等吗? 不等转 NN1
        INC    DPTR                  ;相等,指针指向后半字节,即列线值
        MOV    A,#00H
        MOVC   A,@A+DPTR             ;列线值与实际输入的列线值
        ;MOVX  A,@DPTR               ;列线值与实际输入的列线值
        ;由于数据表在 EL-MUT-Keil  C 仿真芯片内的程序存储空间
        ;用普通 CPU 时,程序存储可以同时作为数据存储器
        CJNE   A,41H,NN2             ;相等吗? 不等转 NN2
        MOV    DPTR,#CHAR            ;相等,CHAR 表基址和 R6 中的偏移量
        MOV    A,R6                  ;取出相应的字符码
        MOVC   A,@A+DPTR
        MOV    42H,A                 ;字符码存于 42H
```

```
BBB:    MOV   DPTR,#PCTL        ;重置控制字,让 AC 为输出,B 为输入
        MOV   A,#82H
        MOVX  @DPTR,A
AAA:    MOV   A,42H             ;将字符码从 C 口送到二极管显示
        MOV   DPTR,#PC0
        CPL   A
        MOVX  @DPTR,A
        JMP   STA1              ;转 START
NN1:    INC   DPTR              ;指针指向后半字节即列线值
NN2:    INC   DPTR              ;指针指向下一键码前半字节即行线值
        INC   R6                ;CHAR 表偏移量加 1
        DJNZ  R7,TT             ;计数值减 1,不为零则转 TT 继续查找
        JMP   BBB
TABLE:  DW    0FE06H,0FD06H,0FB06H,0F706H,0EF06H,0DF06H,0BF06H

        DW    07F06H,0FE05H,0FD05H,0FB05H,0F705H,0EF05H,0DF05H
        DW    0BF05H,07F05H0FE03H,0FD03H,0FB03H,0F703H,0EF03H
        DW    0DF03H,0BF03H,07F03H
                                ;TABLE 为键值表,每个键位占两个字节,
                                ;第一个字节为行线值,第二个为列线值
CHAR:   DB    00H,01H,02H,03H,04H,05H,06H,07H,08H,09H    ;字符码表
        DB    0AH,0BH,0CH,0DH,0EH,0FH,10H,11H,12H,13H
        DB    14H,15H,16H,17H
END
```

2)C 语言参考程序:T9. C

```
#include   <reg51.h>
#include   <absacc.h>
#define  PA   XBYTE[0xcfa0]
#define  PB   XBYTE[0xcfa1]
#define  PC   XBYTE[0xcfa2]
#define  PCTL   XBYTE[0xcfa3]
void  delay(void)
{
unsigned  char  time;
for(time = 100;time >0;time --);
}

char  conv(char  dat)
{
```

```
char  i  =  0;
while(!dat)
    {
    dat>>=1;
    i++;
    }
return  i;
}

void  main(void)
{
unsigned  char  tmp;
PCTL  =  0x82;
PC  =  0xff;
while(1)
    {
    while(!(~PB&0xf))  {PA  =  0;}
    tmp  =  PB&0xf;
    delay();
    PCTL  =  0x90;
    PB  =  tmp;
    tmp  =  (tmp<<4)|PA;
    tmp  =  conv((conv(tmp&0xf)<<2)|(conv((tmp&0xf0)>>4)));
    PC  =  ~tmp;
    PCTL  =  0x82;
    }
}
```

2.3.10 数码管显示实验

一、实验目的

(1)进一步掌握定时器的使用和编程方法。

(2)了解 7 段数码显示数字的原理。

(3)掌握用一个段锁存器,一个位锁存器同时显示多位数字的技术。

二、实验设备

EL-MUT-III 型单片机实验箱、8051CPU 模块。

三、实验原理

本试验采用动态显示。动态显示就是一位一位地轮流点亮显示器的各个位(扫描)。将 8031CPU 的 P1 口当作一个锁存器使用,74LS273 作为段锁存器。

四、实验内容

利用定时器 1 定时中断,控制电子钟走时,利用实验箱上的 6 个数码管显示分、秒,做成一个电子钟。

显示格式为: 分 秒

定时时间常数计算方法为:

定时器 1 工作于方式 1,晶振频率为 6 MHz,故预置值 Tx 为:$(2^{16}-\mathrm{Tx})\times 12\times\frac{1}{6\times 10^{6}}=0.1\ \mathrm{s}$

Tx = 15535D = 3CAFH,故 TH1 = 3CH,TL1 = AFH

五、实验原理图

见图 2-47。

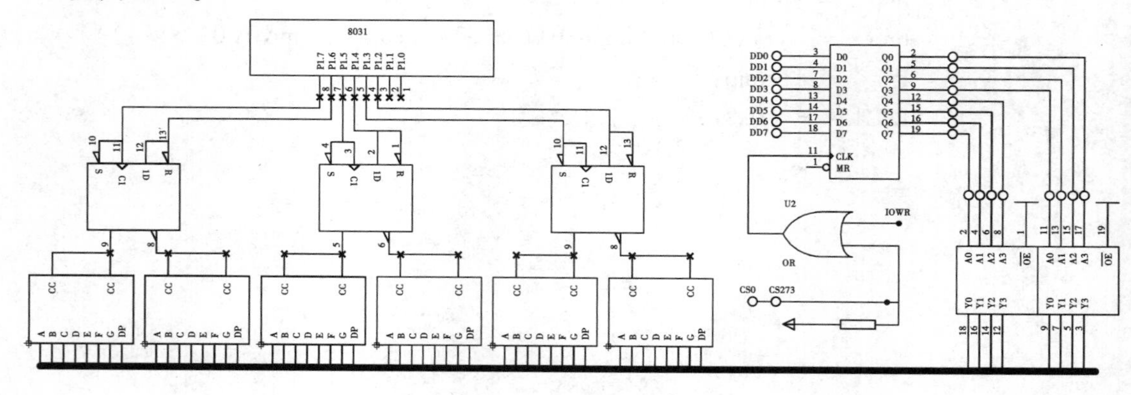

图 2-47 数码显示实验原理图

六、实验接线

将 P1 口的 P1.0 ~ P1.5 与数码管的输入 LED6 ~ LED1 相连,74LS273 的 O0 ~ O7 与 LEDA ~ LEDDp相连,片选信号 CS273 与 CS0 相连。去掉短路子连接。

七、程序框图

见图 2-48。

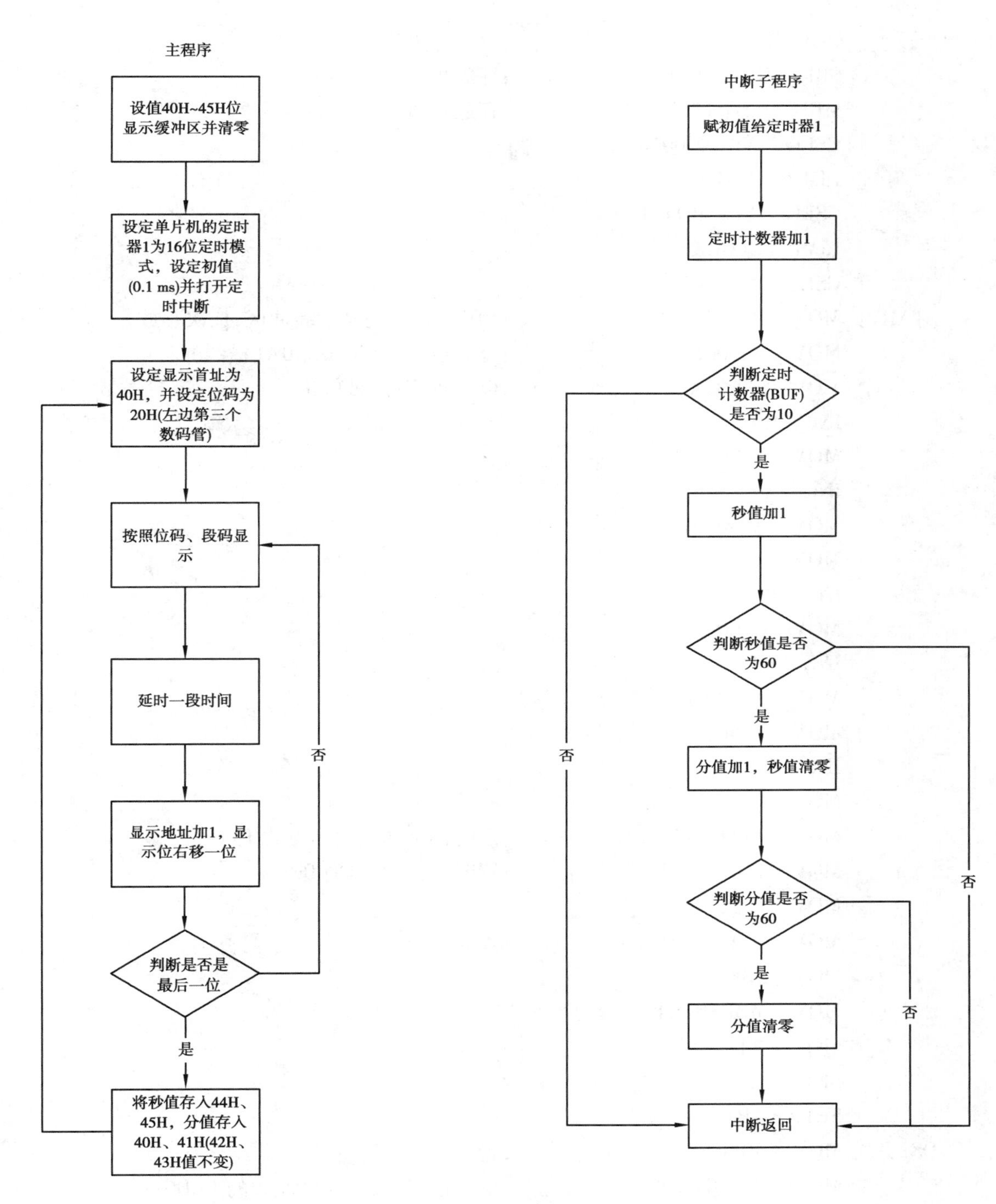

图 2-48　程序框图

八、参考程序

1）汇编语言参考程序：T10. ASM

```
        NAME    T10                     ;数码显示实验
        PORT    EQU    0CFA0H
```

```
        BUF    EQU   23H              ;存放计数值
        SBF    EQU   22H              ;存放秒值
        MBF    EQU   21H              ;存放分值
        CSEG   AT    0000H
        LJMP   START
        CSEG   AT    401BH
        LJMP   CLOCK
        CSEG   AT    4100H
START:  MOV    R0,#40H                ;40H～45H 是显示缓冲区,依次存放
        MOV    A,#00H                 ;分高位、分低位,0A,0A(横线)
        MOV    @R0,A                  ;以及秒高位、秒低位
        INC    R0
        MOV    @R0,A
        INC    R0
        MOV    A,#0AH
        MOV    @R0,A
        INC    R0
        MOV    @R0,A
        INC    R0
        MOV    A,#00H
        MOV    @R0,A
        INC    R0
        MOV    @R0,A
        MOV    TMOD,#10H              ;定时器 1 初始化为方式 1
        MOV    TH1,#38H               ;置时间常数,延时 0.1 s
        MOV    TL1,#00H
        MOV    BUF,#00H               ;置 0
        MOV    SBF,#00H
        MOV    MBF,#00H
        SETB   ET1
        SETB   EA
        SETB   TR1
DS1:    MOV    R0,#40H                ;置显示缓冲区首址
        MOV    R2,#01H                ;置扫描初值,点亮最左边的 LED6
DS2:    MOV    DPTR,#PORT
        MOV    A,@R0                  ;得到的段显码输出到段数据口
        ACALL  TABLE
        MOVX   @DPTR,A
        MOV    A,R2                   ;向位数据口 P1 输出位显码
```

```
        CPL    A
        MOV    P1,A
        MOV    R3,#0FFH                ;延时一小段时间
DEL:    NOP
        DJNZ   R3,DEL
        INC    R0                      ;显示缓冲字节加 1
        CLR    C
        MOV    A,R2
        RLC    A                       ;显码右移一位
        MOV    R2,A                    ;最末一位是否显示完毕？如无则转移
        JNZ    DS2                     ;继续往下显示
        MOV    R0,#45H
        MOV    A,SBF                   ;把秒值分别放于 44H,45H 中
        ACALL  GET
        DEC    R0                      ;跳过负则显示“ - ”的两个字节
        DEC    R0
        MOV    A,MBF                   ;把分值分别放入 40H,41H 中
        ACALL  GET
        SJMP   DS1                     ;转 DS1 从头显示起

TABLE:  INC    A                       ;取与数字对应的段码
        MOVC   A,@A+PC
        RET
        DB     3FH,06H,5BH,4FH,66H,6DH,7DH,07H,7FH,6FH,40H

GET:    MOV    R1,A        ;把从分或秒字节中取来的值的高 4 位屏蔽掉,并送入缓冲区
        ANL    A,#0FH
        MOV    @R0,A
        DEC    R0
        MOV    A,R1        ;把从分或秒字节中取来的值的低 4 位屏蔽掉,并送入缓冲区
        SWAP   A
        ANL    A,#0FH
        MOV    @R0,A
        DEC    R0                      ;R0 指针下移一位
        RET

CLOCK:  MOV    TL1,#0AFH               ;置时间常数
        MOV    TH1,#3CH
        PUSH   PSW
```

```
        PUSH   ACC
        INC    BUF                   ;计数加 1
        MOV    A,BUF                 ;计到 10 否? 没有则转到 QUIT 退出中断
        CJNE   A,#0AH,QUIT
        MOV    BUF,#00H              ;置初值
        MOV    A,SBF
        INC    A                     ;秒值加 1,经十进制调整后放入
        DA     A                     ;秒字节
        MOV    SBF,A
        CJNE   A,#60H,QUIT           ;计到 60 否? 没有则转到 QUIT 退出中断
        MOV    SBF,#00H              ;是,秒字节清零
        MOV    A,MBF
        INC    A                     ;分值加 1,经十进制调整后放入
        DA     A                     ;分字节
        MOV    MBF,A
        CJNE   A,#60H,QUIT           ;分值为 60 否? 不是则退出中断
        MOV    MBF,#00H              ;是,清零
QUIT:   POP    ACC
        POP    PSW
        RETI                         ;中断返回
END
```

2)C 语言参考程序:T10. C

```
#include <reg51.h>
char buf;

void main(void)
{
unsigned char led = 1;
TMOD = 0x10;
TL1 = 0xaf;
TH1 = 0x3c;
IE = 0x88;
TR1 = 1;
buf = 0;
while(1)
    {
    if(buf == 10)
        {
        led <<= 1;
```

```
        if(! led) led = 1;
        P1 = ~led;
        buf = 0;
        }
    }
}

void time1(void) interrupt 3
{
TR1 = 0;
TL1 = 0xaf;
TH1 = 0x3c;
buf++;
TR1 = 1;
}
```

2.3.11 8279 键盘显示接口实验一

一、实验目的

(1)掌握在 8031 系统中扩展 8279 键盘显示接口的方法。

(2)掌握 8279 的工作原理和编程方法。

(3)进一步掌握中断处理程序的编程方法。

二、实验设备

EL-MUT-III 型单片机实验箱、8051CPU 模块。

三、实验原理

利用 8279 键盘显示接口电路和实验箱上提供的 2 个数码显示,做成一个电子钟。

利用 8279 可实现对键盘/显示器的自动扫描,以减轻 CPU 的负担,且具有显示稳定、程序简单、不会出现误动作等特点。本实验利用 8279 实现显示扫描自动化。

8279 操作命令字较多,根据需要灵活使用,通过本实验可初步熟悉其使用方法。

电子钟做成如下格式:

XX 由左向右分别为十位、个位(秒)。

四、实验电路

见图 2-49。

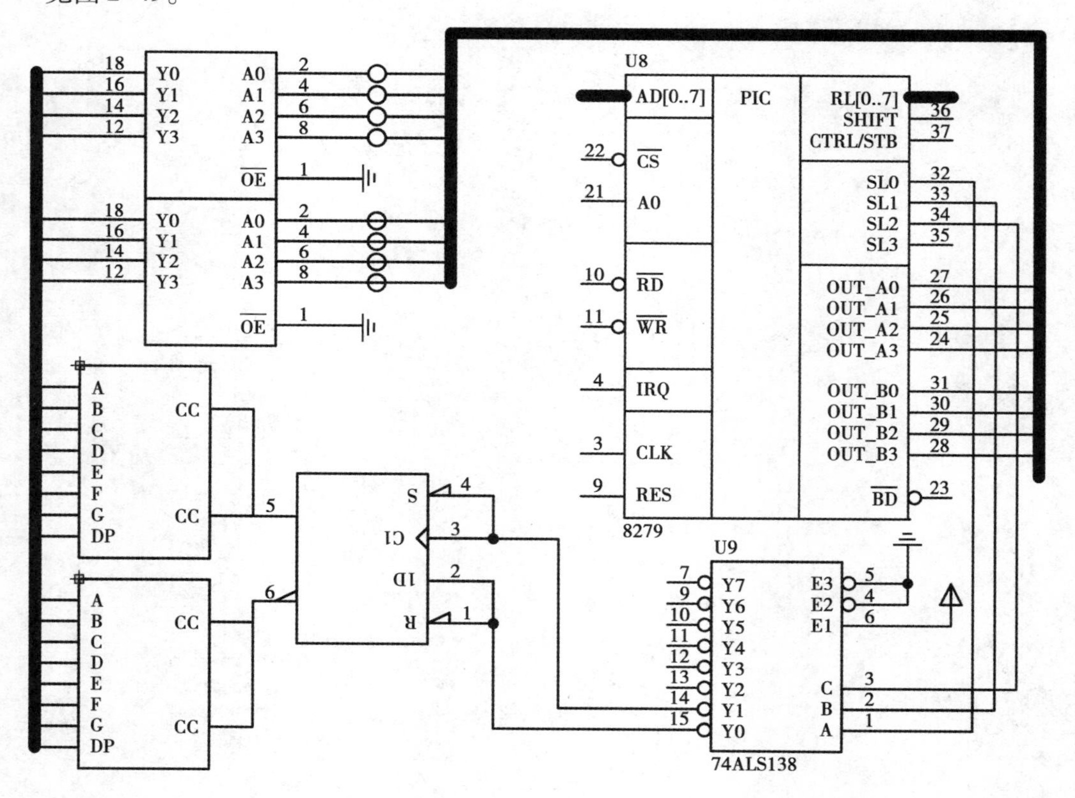

图 2-49 8279 显示接口实验一电路

五、实验步骤

本试验不必接线。

六、程序框图

见图 2-50。

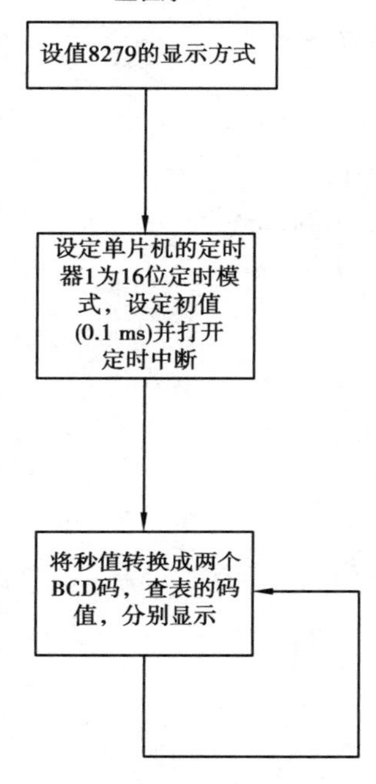

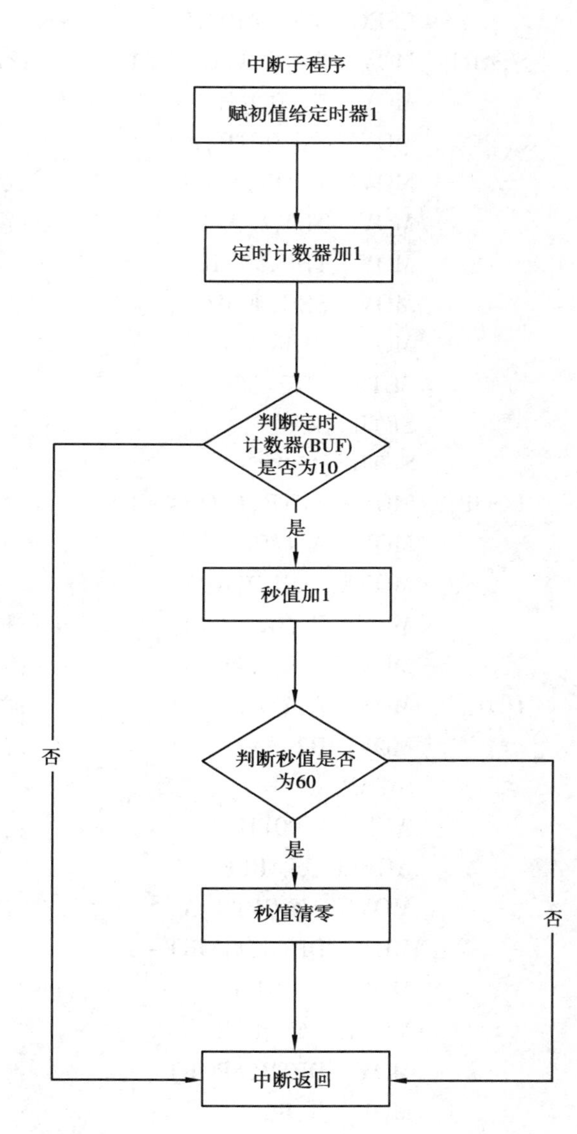

图 2-50　程序框图

七、参考程序

1）汇编语言参考程序：T11. ASM

```
        NAME   T11                        ;8279 显示实验一
        PORT   EQU   0CFE8H
        BUF    EQU   24H
        EC     EQU   21H
```

```
          CSEG   AT   0000H
          LJMP   START
          CSEG   AT   400BH
          LJMP   CLOCK
          CSEG   AT   4100H
START:    MOV    DPTR,#PORT+1         ;8279 显示 RAM 全部清零
          MOV    A,#0D1H
          MOVX   @DPTR,A
          MOV    TMOD,#01H            ;定时器 0 设置为方式 1
          MOV    TL0,#0AFH            ;置时间常数,每 0.1 s 中断一次
          MOV    TH0,#3CH
          MOV    SEC,#00H
          MOV    BUF,#00H
          SETB   ET0
          SETB   EA
          SETB   TR0
LOOP:     MOV    DPTR,#PORT+1         ;写显示缓冲 RAM 命令
          MOV    A,#80H
          MOVX   @DPTR,A
          MOV    R1,#21H              ;秒字节地址入 R1
          MOV    DPTR,#PORT           ;8279 数据端口地址
DL0:      MOV    A,@R1                ;取相应的时间值
          MOV    R2,A                 ;存入 R2 中
          SWAP   A
          ANL    A,#0FH               ;获取高半字节
          ACALL  TABLE
          MOVX   @DPTR,A              ;送入缓冲区
          MOV    DPTR,#PORT+1         ;写显示缓冲 RAM 命令
          MOV    A,#81H
          MOVX   @DPTR,A
          MOV    DPTR,#PORT
          MOV    A,R2
          ANL    A,#0FH               ;获取低半字节
          ACALL  TABLE
          MOVX   @DPTR,A
          LJMP   LOOP                 ;否则从头开始显示
TABLE:    INC    A                    ;取相应段显码
          MOVC   A,@A+PC
          RET
```

```
        DB   3FH,06H,5BH,4FH,66H
        DB   6DH,7DH,07H,7FH,6FH

CLOCK:  MOV   TL0,#0AFH           ;重置时间常数
        MOV   TH0,#3CH
        PUSH  ACC
        PUSH  PSW
        INC   BUF                 ;计数值加1
        MOV   A,BUF
        CJNE  A,#0AH,ENDT         ;到1秒了吗?没有则退到ENDT
        MOV   BUF,#00H            ;到1秒了,计数值置零
        MOV   A,SEC
        INC   A                   ;秒值加1,经十进制调整
        DA    A
        MOV   SEC,A               ;送回秒字节
        CJNE  A,#60H,ENDT         ;秒值为60否?
        MOV   SEC,#00H            ;是,清零
ENDT:   POP   PSW
        POP   ACC
        RETI                      ;中断返回
END
```

2)C语言参考程序:T11.C

```
#include   <reg51.h>
#include   <absacc.h>
#define   Led_dat   XBYTE[0xcfe8]
#define   Led_ctl   XBYTE[0xcfe9]
struct time
{
char minute;
char second;
};
struct time current_time;

void Display_byte(unsigned char loc,unsigned char dat)
{
Unsigned char table[] =
     {0x3f,0x06,0x5b,0x4f,0x66,0x6d,0x7d,0x07,0x7f,0x6f,0x40};
loc &=0xf;
Led_ctl = loc|0x80;
```

```
if(dat = =0xaa)
    {
    Led_dat = table[10];
    }
else Led_dat = table[dat/10];  /*显示 10 进制数的十位数*/
loc + +;
Led_ctl = loc|0x80;
if(dat = =0xaa)
    {
    Led_dat = table[10];
    }
else  Led_dat = table[dat%10];  /*显示 10 进制数的个位数*/
}

void  main(void)
{
TMOD = 0x10;
TL1 = 0xaf;
TH1 = 0x3c;
IE = 0x88;
Led_ctl = 0xd1;
while((Led_ctl&0x80) = =0x80);
Led_ctl = 0x31;
current_time. minute = 0;
current_time. second = 0;
Display_byte(2,0xaa);
TR1 = 1;
while(1);
}

void time1(void) interrupt 3
{
static  buf =0;
TR1 = 0;
TL1 = 0xaf;
TH1 = 0x3c;
buf + +;
if(buf >9)
    {
```

```
        buf = 0;
        current_time.second ++;
        if(current_time.second > 59)
            {
            current_time.second  =  0;
            current_time.minute ++;
            if(current_time.minute > 59)
            current_time.minute = 0;
            }
        }
    Display_byte(4,current_time.second);
    Display_byte(0,current_time.minute);
    TR1  =  1;
    }
```

2.3.12　8279 键盘显示接口实验二

一、实验目的

(1)进一步了解 8279 键盘、显示电路的编程方法。

(2)进一步了解键盘电路工作原理及编程方法。

二、实验设备

EL-MUT-III 型单片机实验箱、8051CPU 模块。

三、实验原理

本实验用到了 8279 的键盘输入部分。键盘部分提供的扫描方式最多可和 64 个按键或传感器阵列相连,能自动消除开关抖动以及对多键同时按下采取保护。

由于键盘扫描由 8279 自动实现,简化了键盘处理程序的设计,因而编程的主要任务是实现对扫描值进行适当处理,以两位十六进制数将扫描码显示在数码管上。

注:可省略对 8279 进行初始化,因为监控程序对 8279 已经进行了初始化。

四、实验内容

利用实验箱上提供的 8279、键盘电路、数码显示电路,组成一个键盘分析电路,编写程序,要求在键盘上按动一个键,就将 8279 对此键扫描的扫描码显示在数码管上。

五、实验电路

见图 2-51。

六、实验接线

将键盘的 KA10 ~ KA12 接 8279 的 KA0 ~ KA2;RL10 ~ RL17 接 8255A 的 RL0 ~ RL7。

七、参考程序

1)汇编语言参考程序:T12. ASM

```
        NAME   T12                      ;8279 键盘实验二
        CSEG   AT   0000H
        LJMP   START
        CSEG   AT   4100H
START:  MOV    DPTR,#0CFE9H             ;8279 命令字
        MOV    A,#0D1H                  ;清除显示值
        MOVX   @DPTR,A
LOOP1:  MOVX   A,@DPTR
        ANL    A,#0FH
        JZ     LOOP1                    ;有键按下? 没有则循环等待
        MOV    A,#0A0H                  ;显示\消隐命令
        MOVX   @DPTR,A
        MOV    A,#40H                   ;读 FIFO 命令
        MOVX   @DPTR,A
        MOV    DPTR,#0CFE8H             ;读键值
        MOVX   A,@DPTR
```

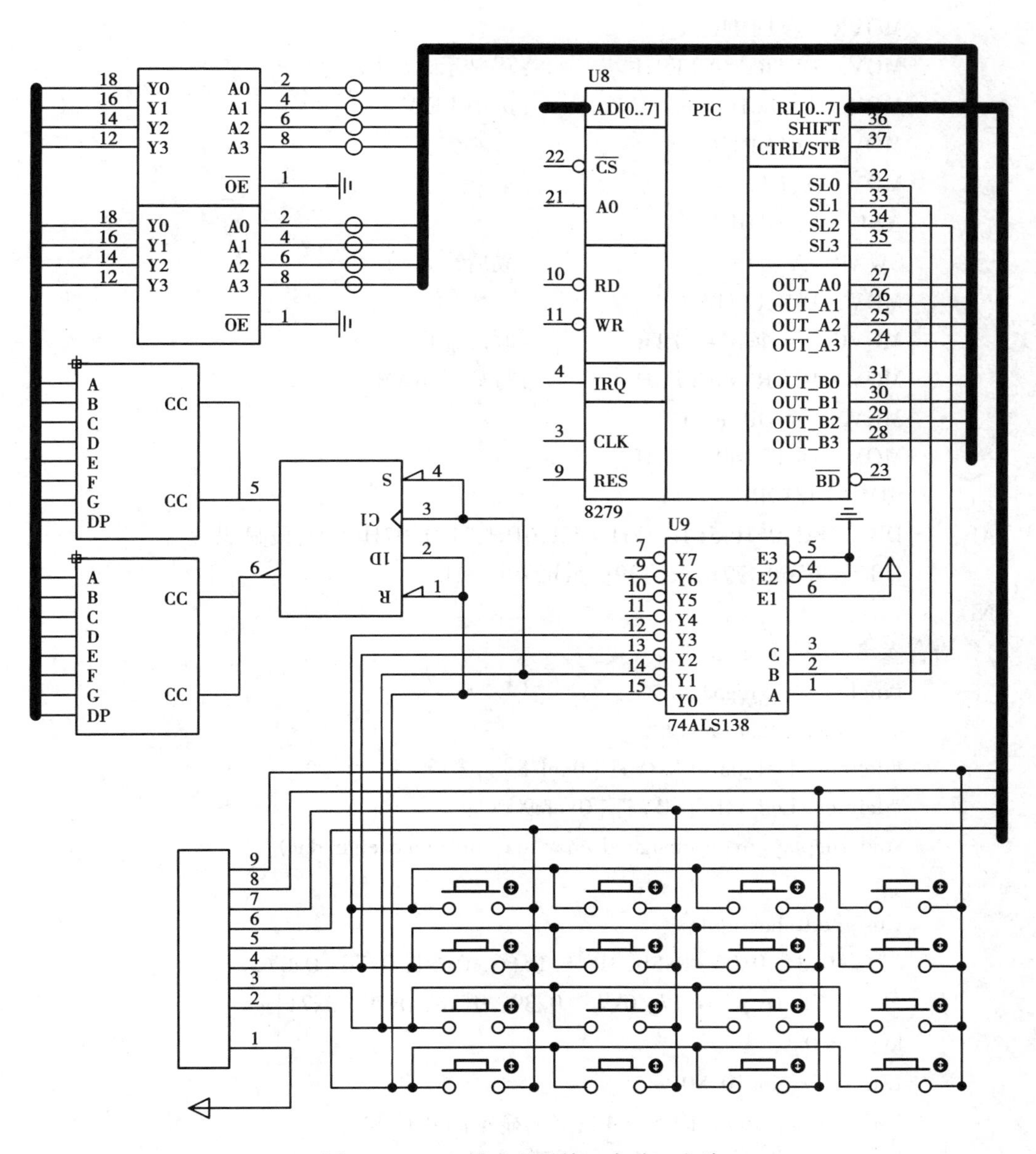

图 2-51　8279 键盘显示接口实验二电路

```
MOV    R1,A                  ;保存键值
MOV    DPTR,#0CFE9H          ;写显示 RAM 命令
MOV    A,#81H                ;选中 LED2
MOVX   @DPTR,A
MOV    A,R1
ANL    A,#0FH                ;取后半字节
MOV    DPTR,#TAB
MOVC   A,@A+DPTR             ;取段显码
MOV    DPTR,#0CFE8H          ;写显示 RAM
```

```
        MOVX   @DPTR,A
        MOV   DPTR,#0CFE9H          ;写显示 RAM 命令
        MOV   A,#80H                ;选中 LED1
        MOVX   @DPTR,A
        MOV   A,R1
        ANL   A,#0F0H
        SWAP   A                    ;取后半字节
        MOV   DPTR,#TAB
        MOVC   A,@A+DPTR            ;取段显码
        MOV   DPTR,#0CFE8H          ;写显示 RAM
        MOVX   @DPTR,A
        MOV   DPTR,#0CFE9H
        SJMP   LOOP1
TAB:    DB  3FH,06H,5BH,4FH,66H,6DH,7DH,07H        ;段显码表
        DB  7fh,6fh,77h,7ch,39h,5eh,79h,71h
END
```

2)C 语言参考程序:T12. C

```
        #include   <reg51.h>
        #include   <absacc.h>
        #define   Led_dat   XBYTE[0xcfe8]
        #define   Led_ctl   XBYTE[0xcfe9]
        void Display_byte(unsigned char loc, unsigned char dat)
        {
        Unsigned char table[] =
            {0x3f, 0x06, 0x5b, 0x4f, 0x66, 0x6d, 0x7d, 0x07,
            0x7f, 0x6f, 0x77, 0x7c, 0x39, 0x5e, 0x79, 0x71};
        loc &=0xf;
        Led_ctl = loc|0x80;
        Led_dat = table[dat>>4]; /*显示高 4 位*/
        loc++;
        Led_ctl = loc|0x80;
        Led_dat = table[dat&0xf]; /*显示低 4 位 */
        }

        void main(void)
        {
        Led_ctl = 0xd1;
        while((Led_ctl&0x80) ==0x80);
        Led_ctl = 0x31;
```

```
while(1)
    {
    if((Led_ctl&0xf) = =0) continue;
    Led_ctl  = 0x40;
    Display_byte(0, Led_dat);
    }
}
```

八、实验提示

编译全速运行程序后,按某一键,数码管将显示键值,可仔细观察键与键值的对应关系。

2.3.13 串行口实验一——单机实验

一、实验目的

(1)掌握 8031 串行口方式 1 的工作方式及编程方法。

(2)掌握串行通信中波特率的设置。

(3)在给定通信波特率的情况下,会计算定时时间常数。

二、实验设备

EL-MUT-III 型单片机实验箱、8051CPU 模块。

三、实验原理

MCS-51 单片机串行通信的波特率随串行口工作方式选择的不同而不同,它除了与系统的振荡频率 f,电源控制寄存器 PCON 的 SMOD 位有关外,还与定时器 T1 的设置有关。

(1)在工作方式 0 时,波特率固定不变,仅与系统振荡频率有关,其大小为 f/12。

(2)在工作方式 2 时,波特率也只固定为两种情况:

当 SMOD = 1 时,波特率 = f/32;

当 SMOD = 0 时,波特率 = f/64。

(3)在工作方式 1 和 3 时,波特率是可变的:

当 SMOD = 1 时,波特率 = 定时器 T1 的溢出率/16;

当 SMOD = 0 时,波特率 = 定时器 T1 的溢出率/32。

其中,定时器 T1 的溢出率 = f/(12 * (256 - N)),N 为 T1 的定时时间常数。

在实际应用中,往往是给定通信波特率,而后去确定时间常数。例如:f = 6.144MHz,波特率等于 1 200,SMOD = 0 时,则 1200 = 6144000/(12 * 32 * (256 - N)),计算得 N = F2H。

例程中设置串行口工作于方式 1,SMOD = 0,波特率为 1 200。

循环彩灯的变化花样与 2.3.7 节相同。也可自行设计变化花样。

四、实验内容

利用 8031 串行口发送和接收数据,并将接收的数据通过扩展 I/O 口 74LS273 输出到发光二极管显示,结合延时来模拟一个循环彩灯。

五、实验连线

8031 的 TXD 接 RXD;74LS273 的 CS273 接 CS0;O0 ~ O7 接发光二极管的 L1 ~ L8。

六、参考程序

1)汇编语言参考程序:T13. ASM

```
        NAME   T13                  ;串行口实验一
        CSEG   AT  0000H
        LJMP   START
        CSEG   AT  4100H
        PORT   EQU  0CFA0H
START:  MOV    TMOD,#20H            ;选择定时器模式 2,计时方式
        MOV    TL1,#0F2H            ;预置时间常数,波特率为 1200
        MOV    TH1,#0F2H
```

```
        MOV    87H,#00H            ;PCON=00,使 SMOD=0
        SETB   TR1                 ;启动定时器 1
        MOV    SCON,#50H           ;串行口工作于方式 1,允许串行接收
        MOV    R1,#12H             ;R1 中存放显示计数值
        MOV    DPTR,#TABLE
        MOV    A,DPL
        MOV    DPTR,#L1
        CLR    C
        SUBB   A,DPL               ;计算偏移量
        MOV    R5,A                ;存放偏移量
        MOV    R0,A
SEND:   MOV    A,R0
        MOVC   A,@A+PC             ;取显示码
L1:     MOV    SBUF,A              ;通过串行口发送显示码
WAIT:   JBC    RI,L2               ;接收中断标志为 0 时循环等待
        SJMP   WAIT
L2:     CLR    RI                  ;接收中断标志清零
        CLR    TI                  ;发送中断标志清零
        MOV    A,SBUF              ;接收数据送 A
        MOV    DPTR,#PORT
        MOVX   @DPTR,A             ;显码输出
        ACALL  DELAY               ;延时 0.5 s
        INC    R0                  ;偏移量下移
        DJNZ   R1,SEND             ;为零,置计数初值和偏移量初值
        MOV    R1,#12H
        MOV    A,R5
        MOV    R0,A
        JMP    SEND
TABLE:  DB     01H,03H,07H,0FH,1FH,3FH,7FH,0FFH,0FEH
        DB     0FCH,0F8H,0F0H,0E0H,0C0H,80H,00H,0FFH,00H

DELAY:  MOV    R4,#05H             ;延时 0.5 s
DEL1:   MOV    R3,#200
DEL2:   MOV    R2,#126
DEL3:   DJNZ   R2,DEL3
        DJNZ   R3,DEL2
        DJNZ   R4,DEL1
        RET
END
```

2)C 语言参考程序:T13.C

```
#include   <reg51.h>
#include   <absacc.h>
#define      out_port   XBYTE[0xcfa0]
void   delay(unsigned   int   t)
{
for(;t>0;t--);
}

void   main(void)
{
char   transmit = 0,receiv;
TMOD = 0x20;
TL1 = 0xf2;
TH1 = 0xf2;
PCON = 0;
SCON = 0x50;
TR1 = 1;
while(1)
    {
    TI = 0;
    SBUF = transmit;
    while(RI)
        {
        RI = 0;
        receiv = SBUF;
        if(receiv<8){out_port = ~((1<<receiv));}
        else
        out_port = ~((1<<(15-receiv)));
        }
    transmit++;
    if(transmit==16)   transmit = 0;
    delay(3000);
    }
}
```

2.3.14 串行口实验二——双机实验

一、实验目的

(1)掌握串行口工作方式的程序设计,掌握单片机通信程序的编制。

(2)了解实现串行通信的硬件环境,数据格式、数据交换的协议。

二、实验设备

EL-MUT-III 型单片机实验箱、8051CPU 模块。

三、实验内容

利用8031串行口,实现双机通信。编写程序让甲机负责发送,乙机负责接收,从甲机的键盘上键入数字键0~F,在两个实验箱上的数码管上显示出来。如果键入的不是数字按键,则显示“Error”错误提示。

四、实验原理及电路

本实验通信模块由两个独立的模块组成:甲机发送模块和乙机接收模块。

MCS-51 单片机内串行口的 SBUF 有两个:接收 SBUF 和发送 SBUF,二者在物理结构上是独立的,单片机用它们来接收和发送数据。专用寄存器 SCON 和 PCON 控制串行口的工作方式和波特率。定时器1作为波特率发生器。

编程时注意两点:一是初始化,设置波特率和数据格式,二是确定数据传送方式。数据传送方式有两种:查询方式和中断方式。例程采用的是查询方式。

为确保通信成功,甲机和乙机必须有一个一致的通信协议,例程的通信协议如下:

字节数 n	数据 1	数据 2	……	数据 n	累加校验和

通信双方均采用2 400 波特的速率传送,甲机发送数据,乙机接收数据。双机开始通信时,甲机发送一个呼叫信号“06”,询问乙机是否可以接收数据;乙机收到呼叫信号后,若同意接收数据则发回“00”作为应答,否则发“15”表示暂不能接收数据;甲机只有收到乙机的应答信号“00”后才可把要发送的数据发送给乙机,否则继续向乙机呼叫,直到乙机同意接收。其发送数据格式为:

字节数 n:甲机将向乙机发送的数据个数;

数据1~数据 n:甲机将向乙机发送的 n 个数据;

累加校验和:字节数 n,数据1,……,数据 n 这(n+1)个字节内容的算术累加和。

乙机根据接收到的“校验和”判断已接收到的数据是否正确。若接收正确,向甲机回发“0F”信号,否则回发“F0”信号给甲机。甲机只有接到信号“0F”才算完成发送任务,否则继续呼叫,重发数据。实验线路示意图如图2-52所示。

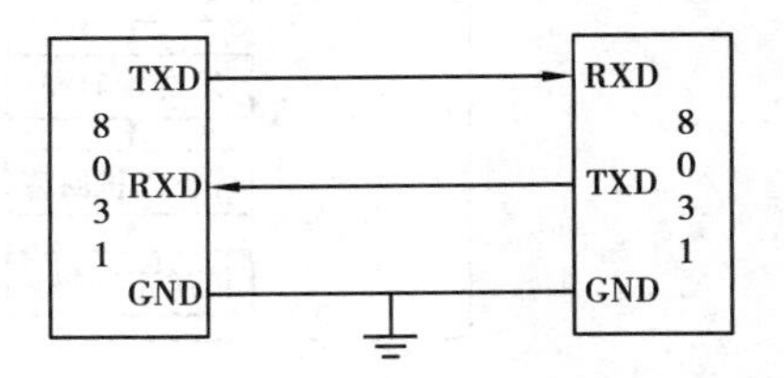

图2-52 实验线路示意图

五、实验步骤

甲机8031CPU 板上的 TXD 接乙机的 RXD;

甲机的 RXD 接乙机的 TXD；

甲机的 GND 接乙机的 GND。

8279 与键盘、显示数码管的连线方法请参见 2.3.11 节和 2.3.12 节。

六、程序框图

见图 2-53。

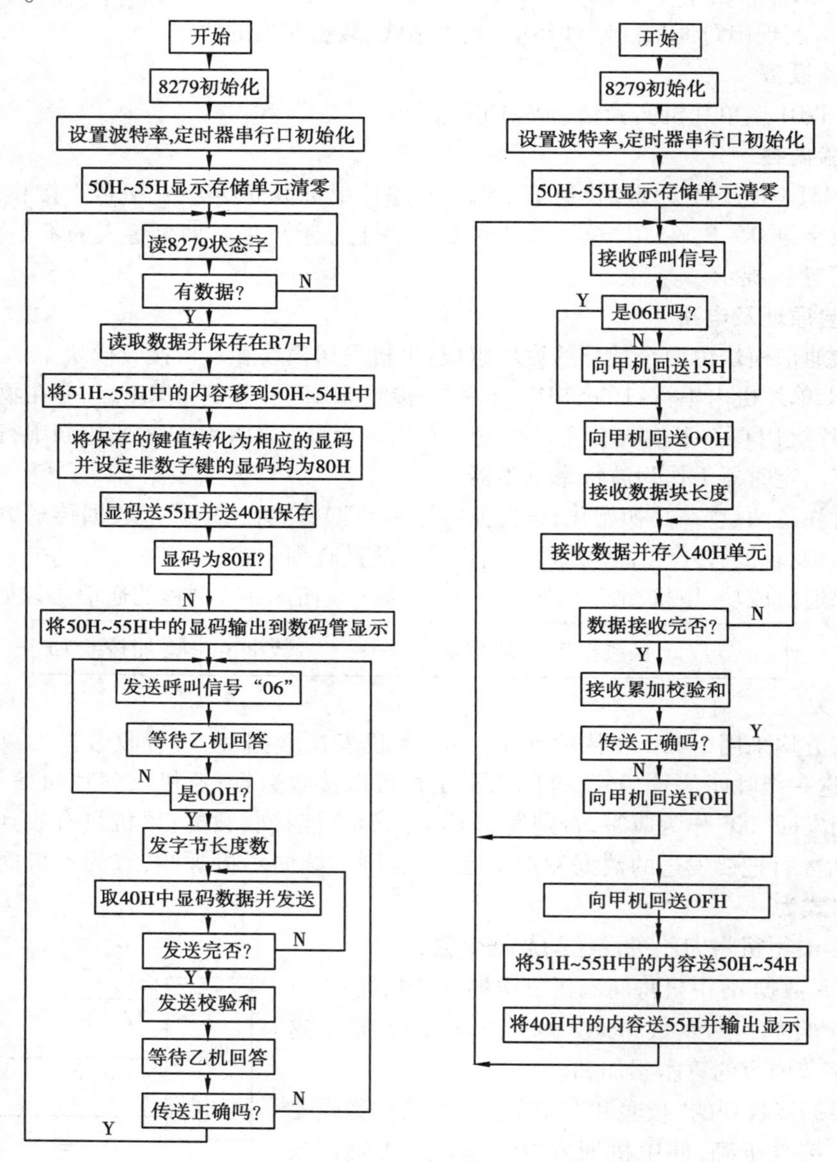

图 2-53　程序框图

七、参考程序

1）汇编语言程序名称：T14f. ASM，T14j. ASM

T14f. ASM：

```
NAME    T14F                        ;双机通信实验（发送程序）
```

```
        CSEG    AT    0000H
        LJMP    START
        CSEG    AT    4100H
        PORT    EQU    0CFE8H
START:  MOV    DPTR,#PORT+1            ;8279 命令字
        MOV    A,#0D1H                 ;清除
        MOVX    @DPTR,A
WAIT:   MOVX    A,@DPTR
        JB    ACC.7,WAIT               ;等待清除完毕
        MOV    TMOD,#20H
        MOV    TH1,#0F2H
        MOV    TL1,#0F2H
        SETB    TR1
        MOV    SCON,#50H
        MOV    87H,#80H
        MOV    50H,#00H
        MOV    51H,#00H
        MOV    52H,#00H
        MOV    53H,#00H
        MOV    54H,#00H
        MOV    55H,#00H
LOOP1:  MOVX    A,@DPTR
        ANL    A,#0FH
        JZ    LOOP1                    ;有键按下?
        MOV    A,#0A0H                 ;显示消隐命令
        MOVX    @DPTR,A
        MOV    DPTR,#PORT              ;读键值
        MOVX    A,@DPTR
        ANL    A,#3FH
        MOV    R7,A                    ;状态保存
        MOV    50H,51H
        MOV    51H,52H
        MOV    52H,53H
        MOV    53H,54H
        MOV    54H,55H
LOP:    MOV    A,R7
        MOV    DPTR,#TAB1
        MOVC    A,@A+DPTR              ;查取数字键的字型码
        MOV    55H,A
```

```
        mov   40h,a
        SUBB  A,#80H
        JZ    ERROR                 ;非数字键则跳转
        ACALL DISP
        SJMP  TXACK
DISP:   MOV   DPTR,#PORT+1
        MOV   A,#90H
        MOVX  @DPTR,A
        MOV   R6,#06H
        MOV   R1,#50H
        MOV   DPTR,#PORT
DL0:    MOV   A,@R1
        MOVX  @DPTR,A
        INC   R1
        DJNZ  R6,DL0
        RET
TXACK:  MOV   A,#06H                ;发呼叫信号"06"
        MOV   SBUF,A
WAIT1:  JBC   TI,RXYES              ;等待发送完一个字节
        SJMP  WAIT1
RXYES:  JBC   RI,NEXT1              ;等待乙机回答
        SJMP  RXYES
NEXT1:  MOV   A,SBUF                ;乙机是否同意接收,不同意继续呼叫
        CJNE  A,#00H,TXACK
        MOV   A,40H
        MOV   SBUF,A
WAIT2:  JBC   TI,TXNEWS
        SJMP  WAIT2
TXNEWS: JBC   RI,IF0DDH
        SJMP  TXNEWS
IF0DDH: MOV   A,SBUF
        CJNE  A,#0FH,TXACK          ;乙机是否接收正确,不正确继续呼叫
        MOV   DPTR,#0CFE9H
        LJMP  LOOP1
ERROR:  MOV   50H,#79H
        MOV   51H,#31H
        MOV   52H,#31H
        MOV   53H,#5CH
        MOV   54H,#31H
```

```
        MOV    55H,#80H
        LCALL  DISP
DD:     MOV    DPTR,#PORT+1
        MOVX   A,@DPTR
        ANL    A,#0FH
        JZ     DD                  ;有键按下?
        MOV    A,#0A0H             ;显示消隐命令
        MOVX   @DPTR,A
        MOV    DPTR,#0CFE8H        ;读键值
        MOVX   A,@DPTR
        ANL    A,#3FH
        MOV    R7,A                ;状态保存
        MOV    50H,#00H
        MOV    51H,#00H
        MOV    52H,#00H
        MOV    53H,#00H
        MOV    54H,#00H
        LJMP   LOP

TAB1:   DB  3FH, 06H, 5BH, 4FH, 80H, 80H    ;键值字型码表
        DB  66H, 6DH, 7DH, 07H, 80H, 80H
        DB  7FH, 6FH, 77H, 7CH, 80H, 80H
        DB  39H, 5EH, 79H, 71H, 80H, 80H
        DB  80H, 80H, 80H, 80H
END
```

T14j. ASM:

```
        NAME   T14J                ;双机通信实验
        CSEG   AT  0000H
        LJMP   START
        CSEG   AT  4100H
        PORT   EQU  0CFE8H
START:  MOV    DPTR,#PORT+1        ;8279 命令字
        MOV    A,#0D1H             ;清除
        MOVX   @DPTR,A
WAIT:   MOVX   A,@DPTR
        JB     ACC.7,WAIT          ;等待清除完毕
        MOV    TMOD,#20H
        MOV    TH1,#0F2H           ;初始化定时器
```

```
        MOV   TL1,#0F2H
        SETB  TR1
        MOV   SCON,#50H                 ;初始化串行口
        MOV   87H,#80H
        MOV   50H,#00H
        MOV   51H,#00H
        MOV   52H,#00H
        MOV   53H,#00H
        MOV   54H,#00H
        MOV   55H,#00H
        SJMP  RXACK
DISP:   MOV   DPTR,#PORT+1
        MOV   A,#90H
        MOVX  @DPTR,A
        MOV   R6,#06H
        MOV   R1,#50H
        MOV   DPTR,#PORT
DL0:    MOV   A,@R1
        MOVX  @DPTR,A
        INC   R1
        DJNZ  R6,DL0
        RET

RXACK:  JBC   RI,IF06H                  ;接收呼叫信号
        SJMP  RXACK
IF06H:  MOV   A,SBUF                    ;判断呼叫是否有误
        CJNE  A,#06H,TX15H
TX00H:  MOV   A,#00H
        MOV   SBUF,A
WAIT1:  BC    TI,RXBYTES                ;等待应答信号发送完
        SJMP  WAIT1
TX15H:  MOV   A,#0F0H                   ;向甲机报告接收的呼叫信号不正确
        MOV   SBUF,A
WAIT2:  JBC   TI,HAVE1
        SJMP  WAIT2
HAVE1:  SJMP  RXACK
RXBYTES:JBC   RI,HAVE2
         SJMP  RXBYTES
HAVE2:  MOV   A,SBUF
```

```
        MOV    R7,A
        MOV    A,#0FH
        MOV    SBUF,A
WAIT3:  JBC    TI,LOOP1
        SJMP   WAIT3
LOOP1:  OV     DPTR,#PORT+1
        MOV    A,#0A0H                 ;显示消隐命令
        MOVX   @DPTR,A
        MOV    50H,51H
        MOV    51H,52H
        MOV    52H,53H
        MOV    53H,54H
        MOV    54H,55H
        MOV    A,R7
        MOV    55H,A
        LCALL  DISP
        LJMP   RXACK
END
```

2)C 语言参考程序:T14. C

```
#include  <reg51.h>
#include  <absacc.h>
#define  out_port  XBYTE[0xcfe8]
void  delay(unsigned  int  t)
{
for( ;t>0;t--);
}

void  main(void)
{
char  transmit = 0,receiv;
TMOD = 0x20;
TL1 = 0xf2;
TH1 = 0xf2;
PCON = 0;
SCON = 0x50;
TR1 = 1;
while(1)
    {
    TI = 0;
```

```
        SBUF = transmit;
        while(RI)
            {
            RI = 0;
            receiv = SBUF;
            if(receiv<8)
                {
                for(;receiv>=0;receiv--)
                out_port = ~((1<<1)|1);
                }
            else
                {
                for(;receiv>7;receiv--)
                out_port = 0xff<<1;
                }
            }
        transmit++;
        if(transmit==16)   transmit = 0;
        delay(30000);
        }
}
```

2.3.15　D/A 转换实验

一、实验目的

(1)了解 D/A 转换的基本原理。

(2)了解 D/A 转换芯片 0832 的性能及编程方法。

(3)了解单片机系统中扩展 D/A 转换的基本方法。

二、实验设备

EL-MUT-III 型单片机实验箱、8051CPU 模块。

三、实验内容

利用 DAC0832,编制程序产生锯齿波、三角波、正弦波。三种波形轮流显示。

四、实验原理

D/A 转换是把数字量转换成模拟量的变换,从 D/A 输出的是模拟电压信号。产生锯齿波和三角波只需由 A 存放的数字量的增减来控制;要产生正弦波,较简单的手段是造一张正弦数字量表。取值范围为一个周期,采样点越多,精度就越高。

本实验中,输入寄存器占偶地址端口,DAC 寄存器占较高的奇地址端口。两个寄存器均对数据独立进行锁存。因而要把一个数据通过 0832 输出,要经两次锁存。典型程序段如下:

```
MOV   DPTR,#PORT
MOV   A,#DATA
MOVX @DPTR,A
INC   DPTR
MOVX @DPTR,A
```

其中第二次 I/O 写是一个虚拟写过程,其目的只是产生一个 WR 信号,启动 D/A。

五、实验电路

见图 2-54。

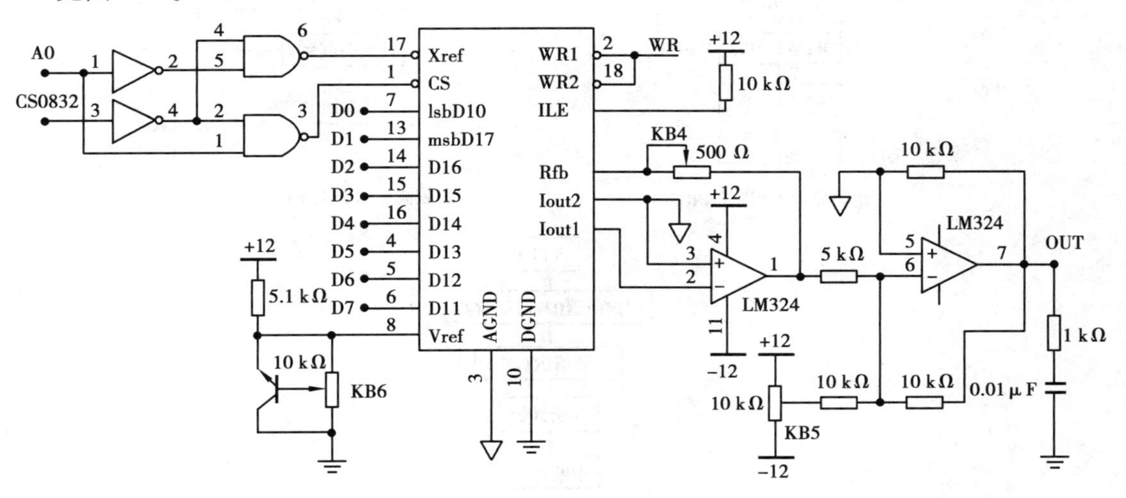

图 2-54　D/A 转换实验电路

六、实验步骤

(1)DAC0832 的片选 CS0832 接 CS0,输出端 OUT 接示波器探头。

(2)将短路端子 DS 的 1、2 端短路。

七、程序框图

见图 2-55。

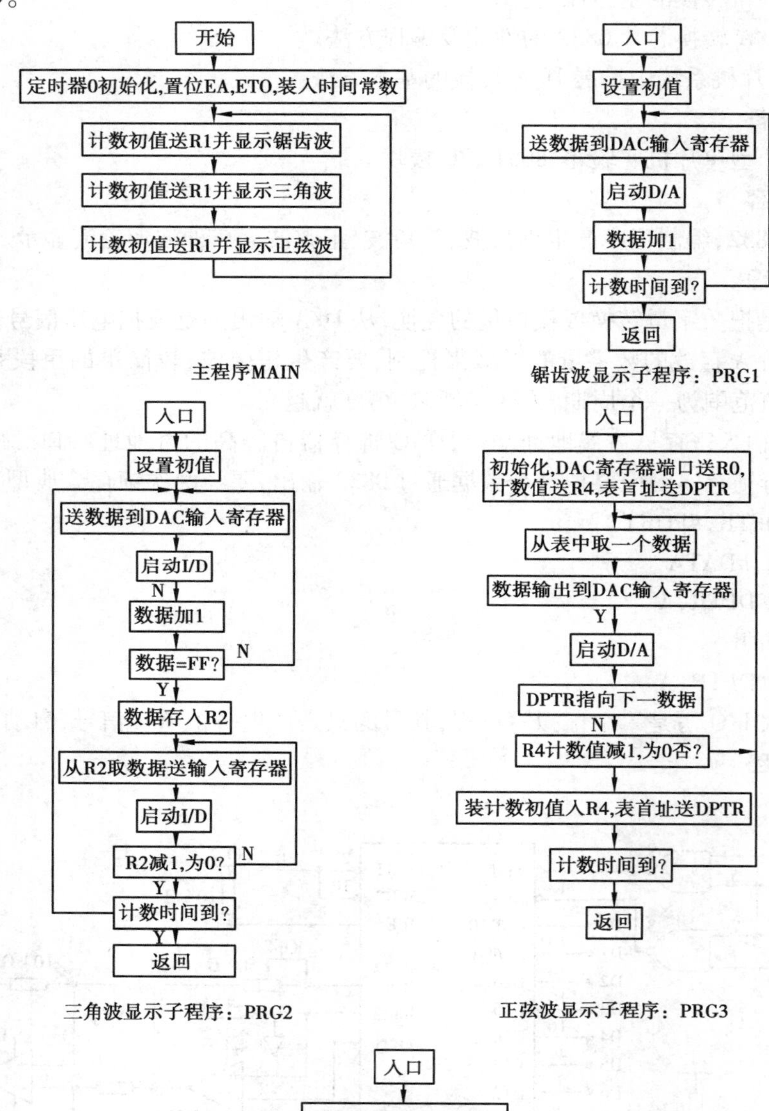

图 2-55　程序框图

八、参考程序

1)汇编语言参考程序:T15. ASM

```
        NAME T15                        ;0832 数模转换实验
        PORT EQU 0CFA0H
        CSEG AT 4000H
        LJMP START
        CSEG AT 4100H
START:  MOV R1,#02H                     ;置计数初值于 R1
        ACALL PRG1                      ;显示锯齿波
        MOV R1,#01H                     ;置计数初值于 R1
        ACALL PRG2                      ;显示三角波
        MOV R1,#01H                     ;置计数初值于 R1
        ACALL PRG3                      ;显示正弦波
        LJMP START                      ;转 START 循环显示
PRG1:   MOV DPTR,#PORT + 1              ;DAC 寄存器端口地址送 DPTR
        MOV A,#00H                      ;初值送 ACC
LOOP:   MOV B,#0FFH
LOOP1:  MOV DPTR,#PORT                  ;DAC 输入寄存器端口地址
        MOVX @ DPTR,A                   ;送出数据
        INC DPTR                        ;加 1,为 DAC 寄存器端口地址
        MOVX @ DPTR,A                   ;启动转换
        INC A                           ;数据加 1
        CJNE A,#0FFH,LOOP1
        MOV A,#00H
        DJNZ B,LOOP1
        DJNZ R1,LOOP                    计数值减到 40H 了吗? 没有则继续
        RET                             ;产生锯齿波

PRG2:   MOV DPTR,#PORT + 1
        MOV A,#00H
LP0:    MOV B,#0FFH
LP1:    MOV DPTR,#PORT                  ;LP1 循环产生三角波前半周期
        MOVX @ DPTR,A
        INC DPTR
        MOVX @ DPTR,A
        INC A
        CJNE A,#0FFH,LP1                ;数据等于 FFH 吗? 不等则转 LP1
        MOV R2,#0FEH
LP2:    MOV DPTR,#PORT                  ;LP2 循环产生三角波后半周期
```

```
        MOV A,R2
        MOVX @DPTR,A
        INC DPTR
        MOVX @DPTR,A
        DJNZ R2,LP2
        DJNZ B,LP1
        DJNZ R1,LP0                ;计数值到80H 则退出执行下一步
        RET

PRG3:   MOV B,#00H
LP3:    MOV DPTR,#DATA0
        MOV R4,#0FFH               ;FFH 为 DATA0 表中的数据个数
LP4:    MOVX A,@DPTR               ;从表中取数据
        MOV R3,DPH
        MOV R5,DPL
        MOV DPTR,#PORT
        MOVX @DPTR,A
        INC DPTR
        MOVX @DPTR,A
        MOV DPH,R3
        MOV DPL,R5
        INC DPTR                   ;地址下移
        DJNZ R4,LP4
        DJNZ B,LP3
        DJNZ R1,PRG3
        RET

DATA0:  DB 80H, 83H, 86H, 89H, 8DH, 90H, 93H, 96H
        DB 99H, 9CH, 9FH, 0A2H, 0A5H, 0A8H, 0ABH, 0AEH
        DB 0B1H, 0B4H, 0B7H, 0BAH, 0BCH, 0BFH, 0C2H, 0C5H
        DB 0C7H, 0CAH, 0CCH, 0CFH, 0D1H, 0D4H, 0D6H, 0D8H
        DB 0DAH, 0DDH, 0DFH, 0E1H, 0E3H, 0E5H, 0E7H, 0E9H
        DB 0EAH, 0ECH, 0EEH, 0EFH, 0F1H, 0F2H, 0F4H, 0F5H
        DB 0F6H, 0F7H, 0F8H, 0F9H, 0FAH, 0FBH, 0FCH, 0FDH
        DB 0FDH, 0FEH, 0FFH, 0FFH, 0FFH, 0FFH, 0FFH, 0FFH
        DB 0FFH, 0FFH, 0FFH, 0FFH, 0FFH, 0FFH, 0FEH, 0FDH
        DB 0FDH, 0FCH, 0FBH, 0FAH, 0F9H, 0F8H, 0F7H, 0F6H
        DB 0F5H, 0F4H, 0F2H, 0F1H, 0EFH, 0EEH, 0ECH, 0EAH
        DB 0E9H, 0E7H, 0E5H, 0E3H, 0E1H, 0DEH, 0DDH, 0DAH
```

```
        DB 0D8H, 0D6H, 0D4H, 0D1H, 0CFH, 0CCH, 0CAH, 0C7H
        DB 0C5H, 0C2H, 0BFH, 0BCH, 0BAH, 0B7H, 0B4H, 0B1H
        DB 0AEH, 0ABH, 0A8H, 0A5H, 0A2H, 9FH, 9CH, 99H
        DB 96H, 93H, 90H, 8DH, 89H, 86H, 83H, 80H
        DB 80H, 7CH, 79H, 76H, 72H, 6FH, 6CH, 69H
        DB 66H, 63H, 60H, 5DH, 5AH, 57H, 55H, 51H
        DB 4EH, 4CH, 48H, 45H, 43H, 40H, 3DH, 3AH
        DB 38H, 35H, 33H, 30H, 2EH, 2BH, 29H, 27H
        DB 25H, 22H, 20H, 1EH, 1CH, 1AH, 18H, 16H
        DB 15H, 13H, 11H, 10H, 0EH, 0DH, 0BH, 0AH
        DB 09H, 8H, 7H, 6H, 5H, 4H, 3H, 2H
        DB 02H, 1H, 0H, 0H, 0H, 0H, 0H, 0H
        DB 00H, 0H, 0H, 0H, 0H, 0H, 1H, 2H
        DB 02H, 3H, 4H, 5H, 6H, 7H, 8H, 9H
        DB 0AH, 0BH, 0DH, 0EH, 10H, 11H, 13H, 15H
        DB 16H, 18H, 1AH, 1CH, 1EH, 20H, 22H, 25H
        DB 27H, 29H, 2BH, 2EH, 30H, 33H, 35H, 38H
        DB 3AH, 3DH, 40H, 43H, 45H, 48H, 4CH, 4EH
        DB 51H, 51H, 55H, 57H, 5AH, 5DH, 60H, 63H
        DB 69H, 6CH, 6FH, 72H, 76H, 79H, 7CH, 80H
END
```

2)C 语言参考程序:T15. C

```
#include    <reg51.h>
#include    <absacc.h>
#include    <math.h>
#define   da_port   XBYTE[0xcfa0]
#define   buf_port   XBYTE[0xcfa1]
void   delay(unsigned   int   t)
{
for( ;t>0;t--);
}

void   da_conv(unsigned   char   dat)
{
da_port = dat;
buf_port = dat;
}

void   triangle(void)
```

```
{
unsigned  char  dat = 0, count = 0;
while(count < 50)
    {
    for(dat = 0; dat < 0xff; dat + + )
        {
        da7_conv(dat);
        delay(1);
        }
    for(dat = 0xff; dat > 0; dat - - )
        {
        da_conv(dat);
        delay(1);
        }
    count + + ;
    }
}

void  sawtooth(void)
{
unsigned  char  dat = 0, count = 0;
while(count < 100)
    {
    for(dat = 0; dat < 0xff; dat + + )
      {
      da_conv(dat);
      delay(1);
      }
    count + + ;
    }
}

void  sinwave(void)
{
unsigned  char  dat, num, count = 0;
while(count < 10)
    {
    for(num = 0; num < = 200; num + = 4)
      {
```

```
            dat = (unsigned char)((1 + sin(((float)(num)/100) * 3.14)) *
0x80);
            da_conv(dat);
            }
        count++;
        }
    }

void  square(void)
{
unsigned  char  count = 0;
while(count < 100)
    {
    da_conv(0xff);
    delay(200);
    da_conv(0);
    delay(200);
    count++;
    }
}

void  main(void)
{
while(1)
    {
    square();
    triangle();
    sawtooth();
    sinwave();
    }
}
```

2.3.16 A/D 转换实验

一、实验目的

(1)掌握 A/D 转换与单片机的接口方法。

(2)了解 A/D 芯片 ADC0809 转换性能及编程方法。

(3)通过实验了解单片机如何进行数据采集。

二、实验设备

EL-MUT-III 型单片机实验箱、8051CPU 模块。

三、实验内容

利用实验台上的 ADC0809 作 A/D 转换器,实验箱上的电位器提供模拟电压信号输入,编制程序,将模拟量转换成数字量,用数码管显示模拟量转换的结果。

四、实验原理

A/D 转换器大致有三类:一是双积分 A/D 转换器,优点是精度高,抗干扰性好,价格便宜,但速度慢;二是逐次逼近法 A/D 转换器,精度、速度、价格适中;三是并行 A/D 转换器,速度快,价格昂贵。

实验用的 ADC0809 属第二类,是 8 位 A/D 转换器。每采集一次需 100 μs。

ADC0809 START 端为 A/D 转换启动信号,ALE 端为通道选择地址的锁存信号。实验电路中将其相连,以便同时锁存通道地址并开始 A/D 采样转换,故启动 A/D 转换只需如下两条指令:

```
MOV    DPTR,#PORT
MOVX @ DPTR,A
```

A 中为何内容并不重要,这是一次虚拟写。

在中断方式下,A/D 转换结束后会自动产生 EOC 信号,将其与 8031CPU 板上的 INT0 相连接。在中断处理程序中,使用如下指令即可读取 A/D 转换的结果:

```
MOV    DPTR,#PORT
MOVX A,@ DPTR
```

五、实验电路

见图 2-56。

六、实验步骤

(1)0809 的片选信号 CS0809 接 CS0。

(2)电位器的输出信号 AN0 接 0809 的 ADIN0。

(3)EOC 接 CPU 板的 INT0。

七、程序框图

见图 2-57。

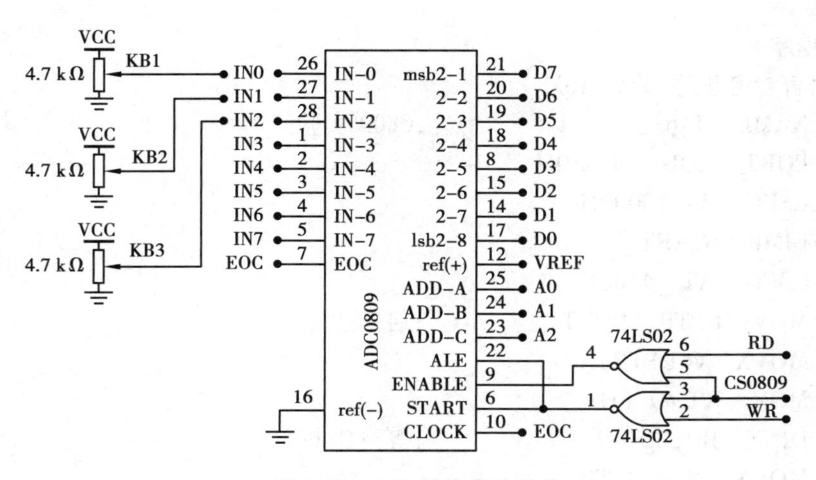

图 2-56　A/D 转换实验电路

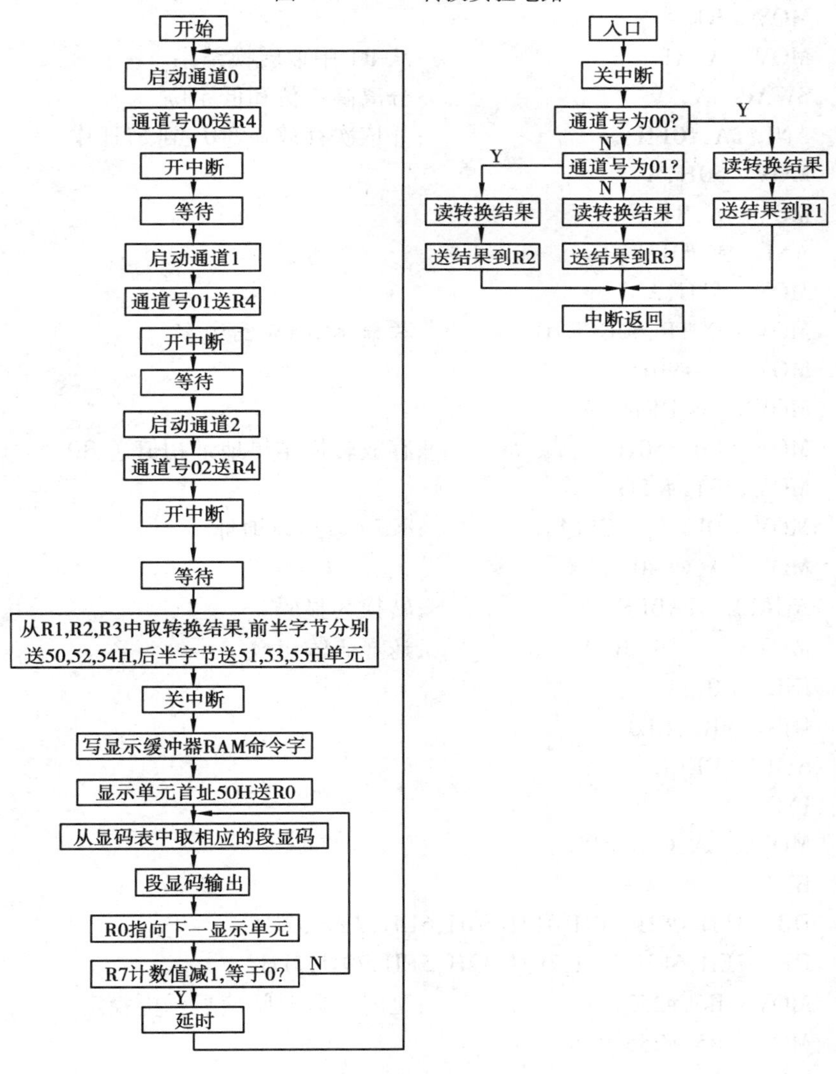

图 2-57　程序框图

八、参考程序

1)汇编语言参考程序:T16. ASM

```
        NAME   T16                          ;0809 实验
        PORT   EQU   0CFA0H
        CSEG   AT   0000H
        LJMP   START
        CSEG   AT   4100H
START:  MOV    DPTR,#PORT                   ;启动通道 0
        MOVX   @DPTR,A
        MOV    R0,#0FFH
LOOP1:  DJNZ   R0,LOOP1                     ;等待中断
        MOVX   A,@DPTR
        MOV    R1,A
DISP:   MOV    A,R1                         ;从 R1 中取转换结果
        SWAP   A                            ;分离高 4 位和低 4 位
        ANL    A,#0FH                       ;并依次存放在 50H 到 51H 中
        MOV    50H,A
        MOV    A,R1
        ANL    A,#0FH
        MOV    51H,A
LOOP:   MOV    DPTR,#0CFE9H                 ;写显示 RAM 命令字
        MOV    A,#90H
        MOVX   @DPTR,A
        MOV    R0,#50H                      ;存放转换结果地址初值送 R0
        MOV    R1,#02H
        MOV    DPTR,#0CFE8H                 ;8279 数据口地址
DL0:    MOV    A,@R0
        ACALL  TABLE                        ;转换为显码
        MOVX   @DPTR,A                      ;送显码输出
        INC    R0
        DJNZ   R1,DL0
        SJMP   DEL1
TABLE:  INC    A
        MOVC   A,@A+PC
        RET
        DB   3FH,06H,5BH,4FH,66H,6DH,7DH,07H
        DB   7FH,6FH,77H,7CH,39H,5EH,79H,71H
DEL1:   MOV    R6,#255                      ;延时一段时间使显示更稳定
DEL2:   MOV    R5,#255
DEL3:   DJNZ   R5,DEL3
```

```
        DJNZ   R6,DEL2
        LJMP   START                  ;循环
END
```

2)C 语言参考程序:T16.C

```
#include   <reg51.h>
#include   <absacc.h>
#define   Led_dat   XBYTE[0xcfe8]
#define   Led_ctl   XBYTE[0xcfe9]
#define   ad_port   XBYTE[0xcfa0]
void Display_byte(unsigned   char   loc,unsigned   char   dat)
{
unsigned   char   table[] = {0x3f,0x06,0x5b,0x4f,0x66,0x6d,0x7d,0x07,
                             0x7f,0x6f,0x77,0x7c,0x39,0x5e,0x79,0x71};
loc   &=0xf;
Led_ctl = loc|0x80;
Led_dat = table[dat>>4];     /*显示高 4 位*/
loc++;
Led_ctl = loc|0x80;
Led_dat = table[dat&0xf];    /*显示低 4 位*/
}

void   delay(unsigned   int   t)
{
for(;t>0;t--);
}

void   main(void)
{
Led_ctl = 0xd1;
while((Led_ctl&0x80)==0x80);
Led_ctl = 0x31;
while(1)
    {
    ad_port = 0;
    while(INT0);
    while(!INT0);
    Display_byte(0,ad_port);
    delay(10000);
    }
}
```

2.3.17 存储器扩展实验

一、实验目的

(1)掌握 PC 存储器扩展的方法。

(2)熟悉 62256 芯片的接口方法。

二、实验设备

EL-MUT-III 型单片机实验箱、8051CPU 模块。

三、实验内容

向外部存储器的 7000H 到 8000H 区间循环输入 00 ~ 0FFH 数据段。设置断点,打开外部数据存储器观察窗口,设置外部存储器的窗口地址为 7000H ~ 7FFFH。全速运行程序,当程序运行到断点处时,观察 7000H ~ 7FFFH 的内容是否正确。

四、实验原理

实验系统上的两片 6264 的地址范围分别为:3000H ~ 3FFFH,4000H ~ 7FFFH,既可作为实验程序区,也可作为实验数据区。62256 的所有信号均已连好。

五、程序框图

见图 2-58。

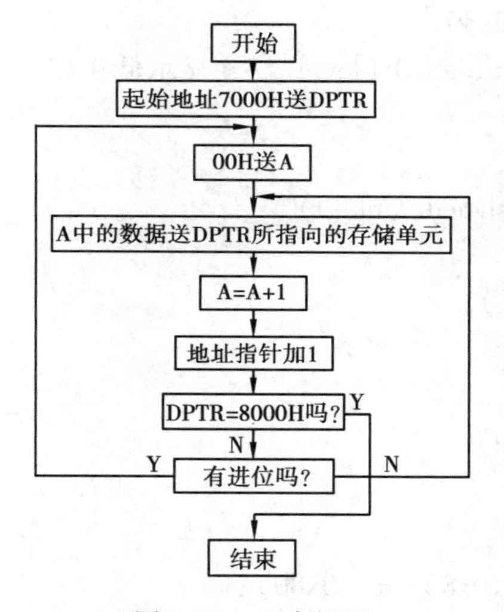

图 2-58 程序框图

六、参考程序

1)汇编语言参考程序:T17. ASM

```
        NAME    T17                 ;扩展 RAM 实验
        CSEG    AT   0000H
        LJMP    START
        CSEG    AT   4100H
START:  MOV     DPTR,#7000H         ;起始地址送 DPTR
LOOP1:  MOV     A,#00H              ;置数据初值
LOOP:   MOVX    @DPTR,A
```

```
        ADD    A,#01H                  ;数据加 1
        INC    DPTR                    ;地址加 1
        MOV    R0,DPH
        CJNE   R0,#80H,LOOP            ;数据是否写完,没写完则继续
        NOP                            ;在此处设置断点
        SJMP   START
END
```

2)C 语言参考程序:T17.C

```
#include    <reg51.h>
void   main(void)
{
unsigned   char   *sour, *den,tmp;
int   num;
sour = (unsigned   char   xdata *)(0x7000);
den = (unsigned   char   xdata *)(0x8000);
for(num =0;num <0x1000;num + +)
     { *(sour +num)  =  num&0xff;}
for(num =0;num <0x1000;num + +)
     { *(den +num)  =  *(sour +num);}
while(1);                        /* 此处设置断点观察内存 8000H ~8fff 的内容
                                 /* 是否与 7000 ~7fffHH 的内容一致 */
}
```

2.3.18 8253 定时器实验

一、实验目的

(1)学习 8253 扩展定时器的工作原理。

(2)学习 8253 扩展定时器的使用方法。

二、实验设备

EL-MUT-III 型单片机实验箱、8051CPU 模块。

三、实验内容

向 8253 定时控制器写入控制命令字,通过示波器观察输出波形。

四、实验接线

(1)8253 的片选 CS8253 与 CS0 相连;8253CLK0 与 CLK3 相连;OUT0 与 8253CLK1 相连。

(2)示波器的信号探头与 OUT0 相连;OUT1 与发光二极管的输入 L8 相连。

五、实验原理图

见图 2-59。

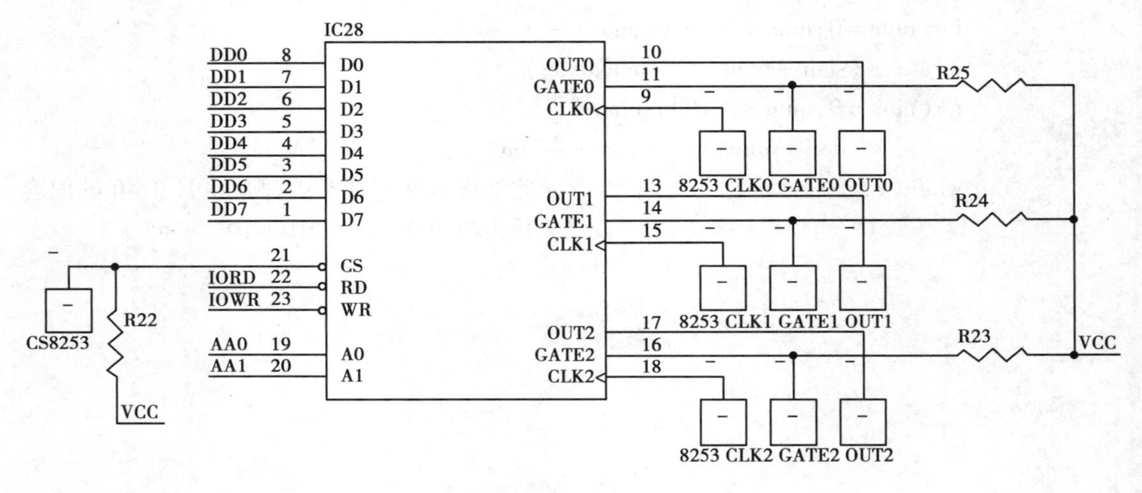

图 2-59 8253 定时器实验原理图

六、程序框图

见图 2-60。

七、实验提示

8253 是自动控制系统中经常使用的可编程定时器/计数器,其内部有 3 个相互独立的计数器,分别称为 T0,T1,T2。8253 有多种工作方式,其中方式 3 为方波方式。当计数器设好初值后,计数器递减计数,在计数值的前一半输出高电平,后一半输出低电平。实验中,T0 的时钟由 CLK3 提供,其频率为 750 kHz。程序中,T0 的初值设为 927CH(37500 十进制),则 OUT0 输出的方波周期为($37\ 500 \times 4/3 \times 10^{-6} = 0.05$ s)。T1 采用 OUT0 的输出为时钟,则在 T2 中设置初值为 n 时,则 OUT2 输出方波周期为 $n \times 0.05$ s。n 的最大值为 FFFFH,所以 OUT2 输出方波最大周期为 3 276.75 s(=54.6 min)。可见,采用计数器叠加使用后,输出周期范围可以大幅度提高,这在实际控制中是非常有用的。

八、参考程序

1)汇编语言参考程序:T18. ASM

```
         NAME   T18                    ;8253 实验
         CSEG   AT   4000H
         AJMP   START
         CSEG   AT   4030H
START:   MOV    DPTR,#0CFA3H
         MOV    A,#36H                 ;计数器 0 为模式 3
         MOVX   @DPTR,A
         MOV    DPTR,#0CFA0H
         MOV    A,#7CH                 ;计数值
         MOVX   @DPTR,A
         MOV    A,#92H
         MOVX   @DPTR,A
         MOV    DPTR,#0CFA3H           ;计数器 1 为模式 3
         MOV    A,#76H
         MOVX   @DPTR,A
         MOV    DPTR,#0CFA1H
         MOV    A,#5H                  ;计数值
         MOVX   @DPTR,A
         MOV    A,#05H
         MOVX   @DPTR,A
START1:  NOP
         SJMP   START1
END
```

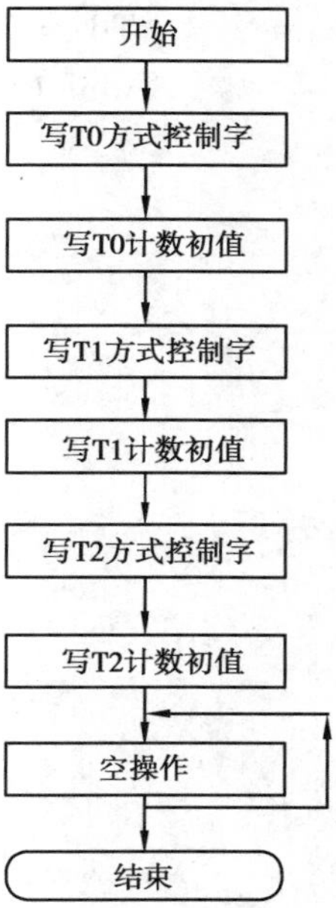

开始

写T0方式控制字

写T0计数初值

写T1方式控制字

写T1计数初值

写T2方式控制字

写T2计数初值

空操作

结束

图 2-60　程序框图

2)C 语言参考程序:T18. C

```
#include   <reg51.h>
#include   <absacc.h>
#define  TA   XBYTE[0xcfa0]
#define  TB   XBYTE[0xcfa1]
#define  TC   XBYTE[0xcfa2]
#define  TCTL   XBYTE[0xcfa3]
void main(void)
{
TCTL  = 0x36;
TA  = 0x7c;
TA  = 0x92;
TCTL  = 0x76;
TB  = 00;
```

```
    TB  = 200;
    while(1);
}
```

2.3.19　8259中断控制器实验

一、实验目的

(1)学习8259中断扩展控制器的工作原理。

(2)学习8259中断扩展控制器的使用方法。

二、实验设备

EL-MUT-III型单片机实验箱、8051CPU模块。

三、实验内容

向8259中断扩展控制器写入控制命令字,通过发光二极管观察中断情况。

四、实验原理图

见图2-61。

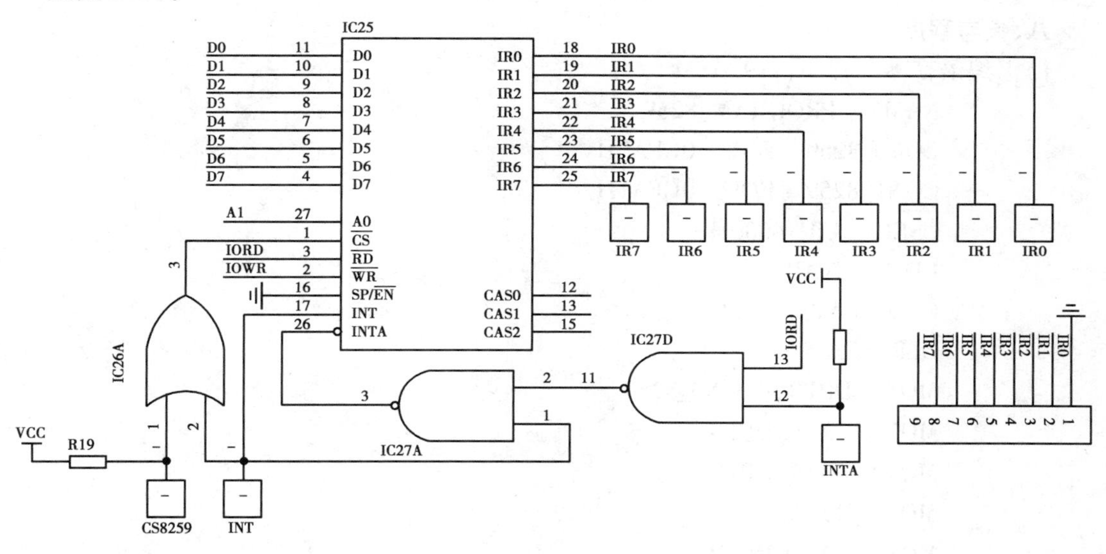

图2-61　8259中断控制器实验原理图

五、实验接线

(1)8259的片选CS8259与CS0相连;51INTX与INT0相连。

(2)P1.0~P1.7与发光二极管的输入LED1~LED8相连;P+逐次与IR0~IR7相连。

六、实验步骤

(1)编译、全速运行程序T18.ASM,应能观察到发光二极管点亮约2 s后熄灭。

(2)先将P+与IR0相连,按动PULSE按键,发光二极管LED1点亮,再按PULSE键,发光二极管LED1熄灭,依次将P+与IR1~IR7相连,重复按动PULSE键,相应的LED发光二极管有亮、灭的交替变化。

七、程序框图

见图2-62。

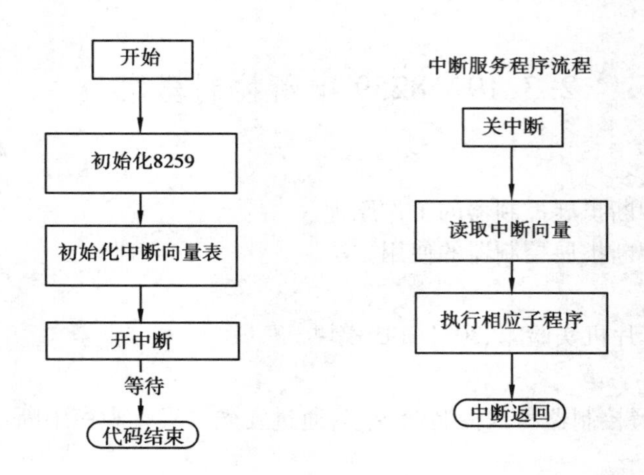

图 2-62 程序框图

八、参考程序

1)汇编语言参考程序:T19. ASM

```
        NAME   PROGRAM_8259
        CON0_8259   EQU   0CFA0H
        CON1_8259   EQU   0CFA1H
        CSEG   AT   4000H
        LJMP   START
        CSEG   AT   4003H
        CLR   EA
        MOV   DPTR,#CON0_8259
        MOVX   A,@DPTR
        MOVX   A,@DPTR
        MOV   R0,A
        MOVX   A,@DPTR
        MOV   DPH,A
        MOV   A,R0
        MOV   DPL,A
        CLR   A
        JMP   @A+DPTR
        CSEG   AT   4030H
START:  MOV   SP,#50H
        MOV   DPTR,#CON0_8259
        MOV   A,#96H                ;SET ICW1,一个中断向量(8259)
        MOVX   @DPTR,A
        MOV   DPTR,#CON1_8259
        MOV   A,#40H                ;SET ICW2(HIGHT WORD OF INT VECTOR)
        MOVX   @DPTR,A
```

```
        ;JMP    START
        ;MOV    A,#0FFH             ;SET ICW1
        ;MOVX   @DPTR,A
        ;MOV    DPTR,#CON0_8259
        ;MOV    A,#00H              ;SET OCW2
        ;MOVX   @DPTR,A
        ;MOV    DPTR,#CON1_8259
        ;MOV    A,#00H              ;SET OCW3
        ;MOVX   @DPTR,A
        MOV    P1,#00H
        LCALL  DELAY
        MOV    P1,#0FFH
        CLR    IT0
        SETB   EX0
        SETB   EA
WAIT:   AJMP   WAIT

        CSEG   AT   4080H
        AJMP   IR0
        CSEG   AT   4084H
        AJMP   IR1
        CSEG   AT   4088H
        AJMP   IR2
        CSEG   AT   408CH
        AJMP   IR3
        CSEG   AT   4090H
        AJMP   IR4
        CSEG   AT   4094H
        AJMP   IR5
        CSEG   AT   4098H
        AJMP   IR6
        CSEG   AT   409CH
        AJMP   IR7
IR0:    CPL    P1.0
        ACALL  DELAY
        AJMP   EOI
IR1:    CPL    P1.1
        ACALL  DELAY
        AJMP   EOI
```

```
IR2:    CPL   P1.2
        ACALL  DELAY
        AJMP  EOI
IR3:    CPL   P1.3
        ACALL  DELAY
        AJMP  EOI
IR4:    CPL   P1.4
        ACALL  DELAY
        AJMP  EOI
IR5:    CPL   P1.5
        ACALL  DELAY
        AJMP  EOI
IR6:    CPL   P1.6
        ACALL  DELAY
        AJMP  EOI
IR7:    CPL   P1.7
        ACALL  DELAY
EOI:    MOV   DPTR,#CON0_8259
        MOV   A,#20H
        MOVX  @DPTR,A
        SETB  EA
        RETI

DELAY:  MOV   R1,#4H
DELAY1:MOV    R2,0FFH
DELAY2:MOV    R3,#0FFH
DELAY3:NOP
        DJNZ  R3,DELAY3
        DJNZ  R2,DELAY2
        DJNZ  R1,DELAY1
        RET
END
```

2)C 语言参考程序:T19.C

```
#include  <reg51.h>
#include  <absacc.h>
#define  con0    XBYTE  [0xcfa0]
#define  con1  XBYTE  [0xcfa1]
unsigned int addr;
void ext0(void) interrupt 0
```

```
{
EA = 0;
addr = con0;
addr = (con0 - 0x80)/4;
if((P1 >> addr)&1)
    {P1 &= (~(1 << addr));}
    else {P1 |= (1 << addr);}
con0 = 0x20;
EA = 1;
}

void main(void)
{
con0 = 0x96;
con1 = 0x40;
P1 = 0xff;
IT0 = 0;
EX0 = 1;
EA = 1;
while(1);
}
```

2.3.20 CPLD 实验

一、实验目的

(1)学习 CPLD 芯片的工作原理。

(2)学习 MAXPLUS – II 的编程方法。

二、实验设备

EL-MUT-III 型单片机实验箱、8051CPU 模块。

三、实验内容

由 PC 机通过串口,与系统板的 JTAG 接口,下载编写的 CPLD 程序,通过实验加以验证。

四、实验原理图

见图 2-63。

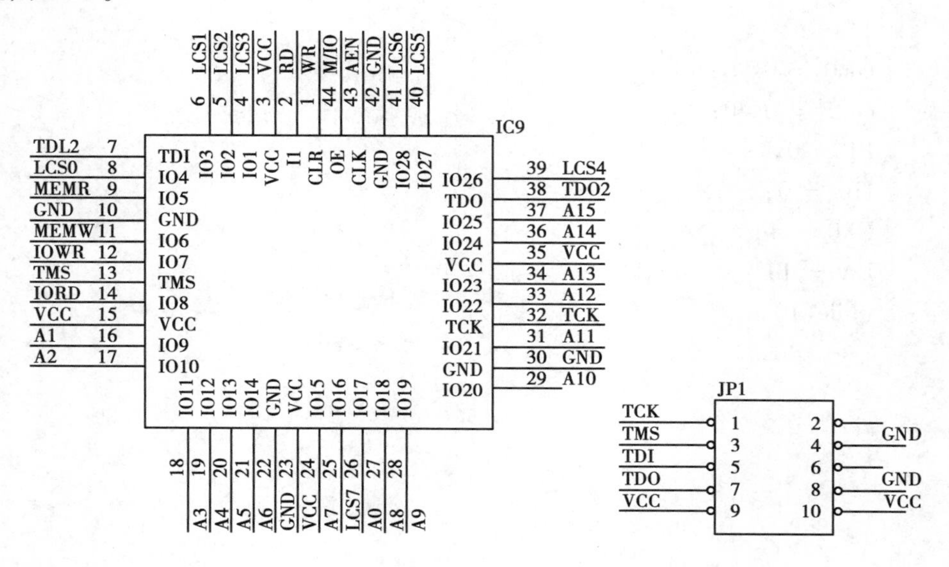

图 2-63 CPLD 实验原理图

五、实验接线

(1)8255 的片选 CS8255 与 LCS0 相连。

(2)PA.0 ~ PA.7 与发光二极管的输入 LED1 ~ LED8 相连。

(3)PB.0 ~ PB.7 与平推开关的输出 K1 ~ K8 相连。

六、实验步骤

(1)将附带的 CPLD 程序通过 JTAG 接口下载到 CPLD 芯片 EPM7064。

(2)编译、全速运行程序 T19. ASM,拨动平推开关,相应的发光二极管有亮、灭变化。

七、实验提示

可以在 8000H ~ CFBF、CF0H ~ FFFFF 任意选择 LCS 信号,用户可自行试验,要注意测试程序的片选信号要与 CPLD 的地址相一致。

八、CPLD 参考配置

见图 2-64。

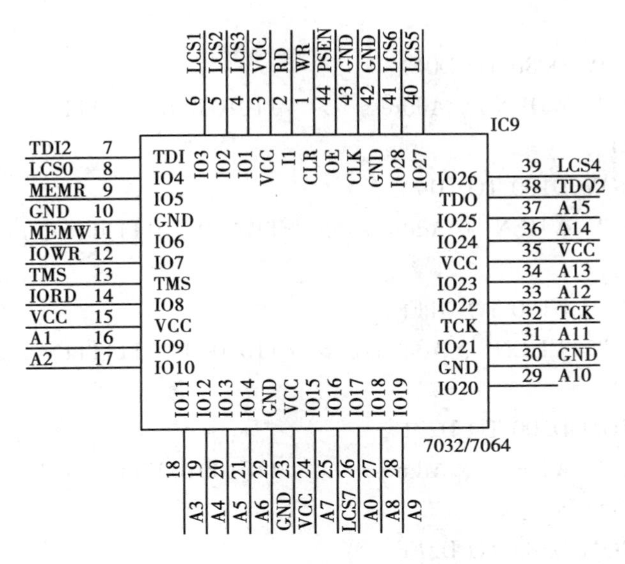

图2-64 CPLD参考配置

九、参考程序

1)CPLD参考程序(用VHDL语言写成,相当于地址译码器)

```
TITLE "8051_USER ADDRESS ENCODER";
library IEEE;
use IEEE. std_logic_1164. all;
use IEEE. std_logic_unsigned. all;
entity user_el_iii is
port (
        Address : IN STD_LOGIC_VECTOR(15 DOWNTO 0);
        RD,WR,MIO,AEN : IN STD_LOGIC;
        IOWR,IORD,MEMW,MEMR : IN STD_LOGIC;
        LCS : OUT STD_LOGIC_VECTOR(7 DOWNTO 0)
        );
end user_el_iii;
ARCHITECTURE archdel OF user_el_iii IS
BEGIN
      --MEMW <='Z';
      --MEMR <='Z';
      --IOWR <='Z';
      --IORD <='Z';
LCS <= "11111110" WHEN (Address > "1100111111111111") AND (Address <
"1101000010000000")
            --FROM D000 TO D07F
ELSE "11111101" WHEN (Address > "1101000001111111") AND (Address <
```

```
"1101000100000000")
            --FROM D080 TO D0FF
    ELSE "11111011" WHEN (Address > "1101000011111111") AND (Address <
"1101000110000000")
            --FROM D100 TO D17F
    ELSE "11110111" WHEN (Address > "1101000101111111") AND (Address <
"1101001000000000")
            --FROM D180 TO D1FF
    ELSE "11101111" WHEN (Address > "1101000111111111") AND (Address <
"1101001010000000")
            --FROM D200 TO D27F
    ELSE "11011111" WHEN (Address > "1101001001111111") AND (Address <
"1101001100000000")
            --FROM D280 TO D2FF
    ELSE "10111111" WHEN (Address > "1101001011111111") AND (Address <
"1101010000000000")
            --FROM D300 TO D3FF LARGE ADDRESS1 256 BYTES
    ELSE "01111111" WHEN (Address > "1101001111111111") AND (Address <
"1101011000000000")
            --FROM D400 TO D5FF LARGE ADDRESS2 512 BYTES
    ELSE "11111111";
    END archde1;
```

8255 汇编语言程序：

```
        ;THIS PROGRAM IS SUITABLE TO USER'S CPLD
        ;THE OPRATED IS 8255 AND SET PORT A AS OUT,PORT B AS IN
        A_ADR_8255   EQU  0D000H
        B_ADR_8255   EQU  0D001H
        C_ADR_8255   EQU  0D002H
        CON_8255   EQU  0D003H
        CSEG  AT  0000H
        LJMP  START
        CSEG  AT  4100H
START:  MOV  A,#82H
        MOV  DPTR,#CON_8255
        MOVX  @DPTR,A
LP0:    MOV  DPTR,#B_ADR_8255
        MOVX  A,@DPTR
        MOV  DPTR,#A_ADR_8255
        MOVX  @DPTR,A
```

```
        MOV    DPTR,#C_ADR_8255
        MOVX   @DPTR,A
        AJMP   LP0
END
```

2)C语言参考程序:T20.C

```
        #include   <reg51.h>
        #include   <absacc.h>
        #define   PA    XBYTE[0xcfa0]
        #define   PB    XBYTE[0xcfa1]
        #define   PC    XBYTE[0xcfa2]
        #define   PCTL   XBYTE[0xcfa3]
        #define   clr_req   0x70
        #define   set_req   0x71
        void   delay(void)
        {
        unsigned   char   time;
        for(time=100;time>0;time--);
        }

        void   writebyte(unsigned   char   dat)
        {
        while((PC&0x80)==0x80);
        PCTL = clr_req;
        PA = dat;
        PCTL = set_req;
        while((PC&0x80)!=0x80);
        PCTL = clr_req;
        delay();
        }

    void writechar(char column,char line,unsigned char dat1,unsigned char dat2)
        {
        writebyte(0xf0);
        writebyte(column);
        writebyte(line);
        writebyte(dat1);
        writebyte(dat2);
        }
```

```
void  main(void)
{
char  tmp;
unsigned  char  table1[] = {17,17,30,9,30,11,50,39,20,79,42,2};
unsigned  char  table2[] = {31,38,28,28,51,48,47,62,25,11,43,30};
PCTL = 0x88;
writebyte(0xf4);
for(tmp =0;tmp <6;tmp ++)
    {
    writechar(tmp +1,0,table1[tmp * 2],table1[tmp * 2 +1]);
    }
for(tmp =0;tmp <6;tmp ++)
    {
    writechar(tmp +1,1,table2[tmp * 2],table2[tmp * 2 +1]);
    }
    while(1);
    }
```

2.3.21　LCD 显示实验

一、实验目的

(1)学习液晶显示的编程方法,了解液晶显示模块的工作原理。

(2)掌握液晶显示模块与单片机的接口方法。

二、所需设备

EL-MUT-III 型单片机实验箱、8051CPU 模块。

三、实验内容

编程实现在液晶显示屏上显示中文汉字“北京理工达盛科技有限公司”。

四、实验原理图

见图 2-65。

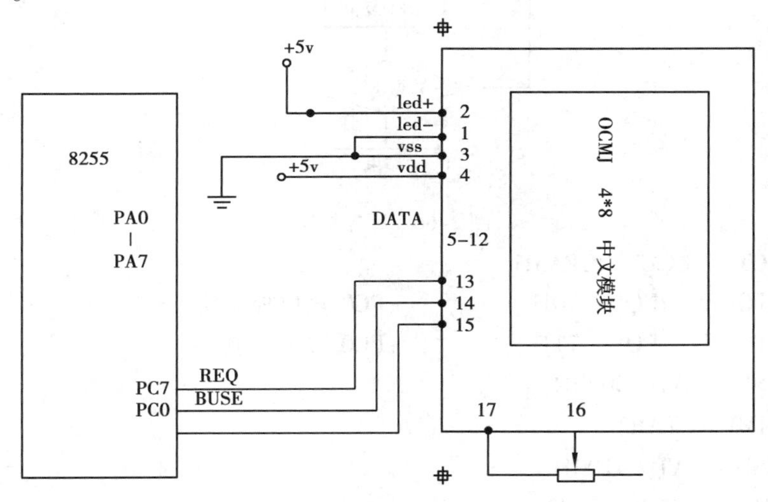

图 2-65　LCD 显示实验原理图

五、实验步骤

(1)实验连线:8255 的 PA0 ~ PA7 接 DB0 ~ DB7,PC7 接 BUSY,PC0 接 REQ,CS8255 接 CS0。

(2)运行实验程序 T21. ASM,观察液晶的显示状态。

六、程序框图

见图 2-66。

七、参考程序:T21. ASM

```
;****************接线方法*****************
;PA0 ~ PA7 接 DB0 ~ DB7,PC7 接 BUSY,PC0 接 REQ,CS8255 选择 CS0(0CFA0H)
;8255 扩展 OCMJ2X8 模块测试程序
        PA    EQU   0CFA0H
        PB    EQU   0CFA1H
        PCC   EQU   0CFA2H
```

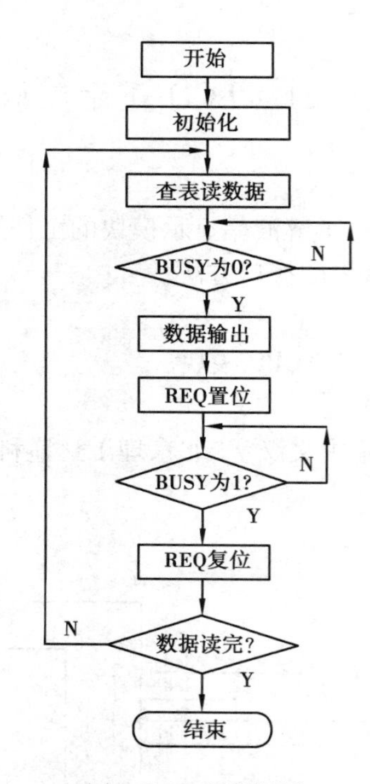

图 2-66 程序框图

```
         PCTL    EQU   0CFA3H
         STOBE0   EQU   70H          ;PC0 复位控制字
         STOBE1   EQU   71H          ;PC0 置位控制字
         CSEG   AT   0000H
         LJMP   START
         CSEG   AT   4100H
START:   MOV    DPTR,#PCTL
         MOV    A,#88H
         MOVX @DPTR,A                ;置 PA 口输出,PC 口高 4 位输入,低 4 位输出
         MOV    DPTR,#PCTL
         MOV    A,#STOBE0
         MOVX   @DPTR,A
         MOV    A,#0F4H
         ACALL  SUB2
         ACALL  DELAY                ;清屏
START1:  MOV    R0,#01H
         MOV    R1,#3CH
HE1:     MOV    DPTR,#PCC
         MOVX   A,@DPTR
         JB    ACC.7,HE1
         ACALL  SUB1
```

```
        ACALL   SUB2
        DJNZ    R1,HE1
        ACALL   DELAY
        ACALL   DELAY
        ACALL   DELAY
        LJMP    START1

DELAY:  MOV     R2,#23H
DEL0:   MOV     R4,#06FH
DEL1:   MOV     R6,#06FH
DEL2:   DJNZ    R6,DEL2
        DJNZ    R4,DEL1
        DJNZ    R2,DEL0
        RET

SUB2:   MOV     DPTR,#PA
        MOVX    @DPTR,A
        MOV     DPTR,#PCTL
        MOV     A,#STOBE1
        MOVX    @DPTR,A
        INC     R0
HE2:    MOV     DPTR,#PCC
        MOVX    A,@DPTR
        JNB     ACC.7,HE2
        MOV     DPTR,#PCTL
        MOV     A,#STOBE0
        MOVX    @DPTR,A
        RET
SUB1:   MOV     A,R0                    ;显示代码
        MOVC    A,@A+PC
        RET
        DB   0F0H,01D,00D,17D,17D,0F0H,02D,00D,30D,09D
        DB   0F0H,03D,00D,32D,77D,0F0H,04D,00D,25D,04D
        DB   0F0H,05D,00D,20D,79D,0F0H,06D,00D,42D,02D
        DB   0F0H,01D,01D,31D,38D,0F0H,02D,01D,28D,28D
        DB   0F0H,03D,01D,51D,48D,0F0H,04D,01D,47D,62D
        DB   0F0H,05D,01D,25D,11D,0F0H,06D,01D,43D,30D
END
```

第 3 章　单片机应用系统综合实例

单片机作为一门实践性、技术性很强的课程，在学好基础知识、基本技能的同时，最终在于掌握实际应用，目前各类院校很多专业已经普遍开设了单片机及其相关实训实践类课程，如课程设计、工程训练等，并作为入门应用各种微处理器、控制器的基础。本章将对单片机应用系统的软、硬件设计和调试等各个方面进行分析和探讨，并给出了具有典型和代表性的具体应用实例，简单易行，可操作性强，以便读者能更快速地掌握单片机应用系统的设计与开发。

3.1　单片机应用系统的开发过程

单片机应用系统的开发，通常有两种方法：一种方法是以单片机（或开发板、通用板）为基础，根据待生成系统需要完成的任务，配以合适的接口电路和外围设备，必要时还可以扩展存储器或其他处理器，设计应用程序并联调通过；另一种方法是根据待完成的任务，以单片机芯片（可单个、双个或多个）为基础，设计专用微处理器系统的硬件及为之设计系统软件并联调通过。前者难度较低，通用性强，可以不用专用的开发工具，工作量小，研制周期较短，适用于不需要大量推广的项目。后者批量成本低廉、专用性强，但难度稍大，单片机无自我开发能力，还必须使用开发工具，多用于计算机产品的研制及需要大量推广的项目。单片机应用系统的开发过程属于后一种方法。

单片机应用系统的开发过程如图 3-1 所示。从提出任务开始，以芯片为基础进行设计，到最后完成一个应用系统，大致可分为以下几个阶段（后述示例将遵循这个步骤进行介绍）。

一、确定系统的功能与性能技术指标

单片机应用系统的开发过程是以确定系统的功能和性能技术指标开始的。首先要有一个充分的调研、查资料阶段，对应用对象的工作过程进行深入的调查和分析，明确系统所要完成的任务和目标，必须达到的性能技术指标，期望的成本等。还必须了解工作现场的条件、特点，被测或被控对象的特点、参数，将来使用人员的素质等。从考虑系统的先进性、可靠性、可维持性以及成本、经济效益出发，拟订出合理可行的技术性能指标。

通常单片机应用系统功能主要有数据采集、处理、通信和输入输出控制等。一个系统功能又可细分为若干个子功能，比如数据采集可分为模拟信号采集与数字信号采集，模拟信号采集与数字信号采集在硬件支持与软件控制上是有明显差异的。数据处理可分为预处理、功能性处理、抗干扰等子功能，而功能性处理还可以继续划分为各种信号和算法处理等。数据通信可分为与上位机通信、单片机之间通信、与从机或外围设备通信等。输出控制按控制对象不同可分为各种控制功能，如开关控制、转换控制、显示控制、运动控制、过程控制、状态控制等。

系统性能技术指标主要由精度、速度、功耗、体积、重量、价格、可靠性、稳定性等技术指标来衡量。系统研制前，要根据任务和目标需求及调研结果给出上述各指标的定额，一旦这些指标被确定下来,整个系统将在这些指标限定下进行设计。同时系统的技术指标会左右系统软硬件功能的划分,软件和硬件之间既是相辅相成的又是相互制约的,在大部分单片机应用系统中,用硬件功能尽可能地代替软件功能,这样可提高系统的工作速度,降低软件的复杂度,减少软件的开发和运行周期,但系统的体积、重量、功耗、硬件成本都相应地增大,而且还增加了硬件所带来的不可靠因素,用软件功能尽可能地代替硬件功能,可使系统体积、重量、功耗、硬件成本降低,并可提高硬件系统的可靠性,但是较可能会降低系统的工作速度,因此,在进行系统功能的软硬件划分时,一定要依据系统技术性能指标综合考虑,合理搭配软硬件的分工。

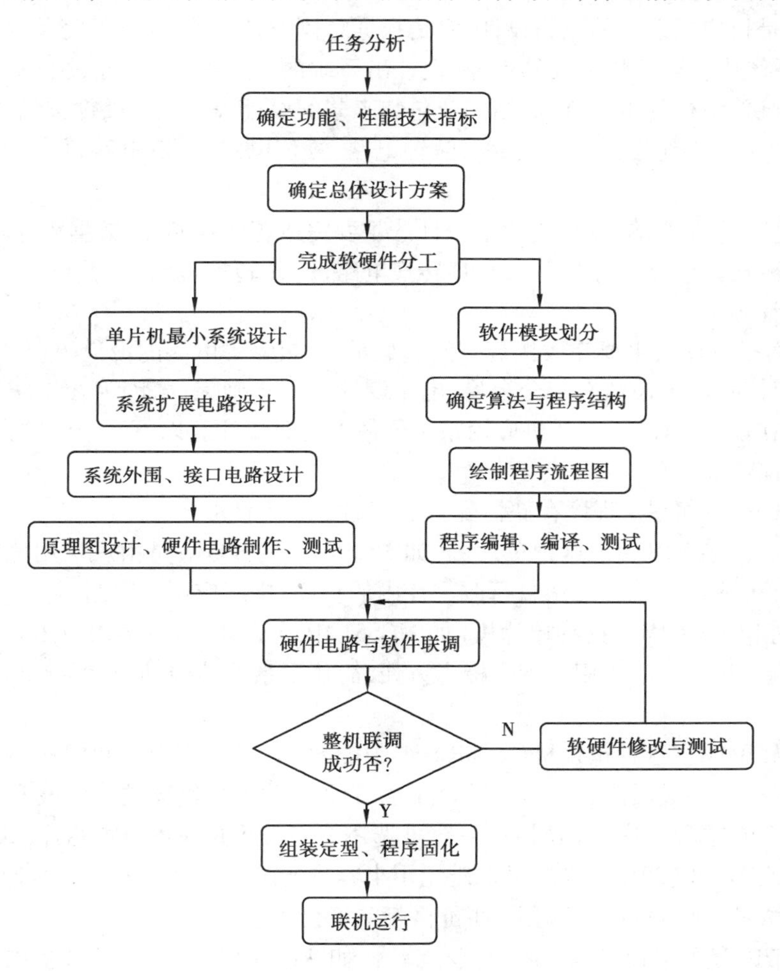

图3-1 单片机应用系统的开发过程

二、总体设计

在对应用系统进行总体设计时,应根据应用系统提出的各项性能技术指标,拟订出最佳的一套方案。首先,应依据任务和目标的繁杂程度和技术指标要求选择机型。尽管目前单片机品种繁多,但其中,国内目前应用最为广泛也最成熟的当属基于Intel公司的MCS-51系列单片机。选定机型后,再选择系统中要用到的其他元器件。例如,明确了以什么方式接收和发送数据,传送数据的波特率是多少后,就可以确定这个系统要配备哪种外围设备;明确了采样的频率和精度后,就可以确定采用哪种A/D转换器;明确了现场有些什么干扰后,就可以大致确定采用哪些抗干扰措施,等等。如果系统要用到传感器,传感器的选择则是一个尤为重要的问题,因为一个设计合理的检测系统往往可能因传感器的精度或使用条件等因素的限制而达不到应有的效果。在总体方案设计过程中,必须对软件和硬件综合考虑。原则上,能够由软件来完成的任务就尽可能用软件来实现,以降低硬件成本,简化硬件结构;同时,还要求大致规定各接口电路的地址、软件的结构和功能、程序的存储空间及工作缓冲区等。总体设计方案一旦确定,系统的基本框架就确定了。

三、硬件设计

硬件设计是指应用系统的电路设计,它是根据总体设计要求,在选择完单片机机型的基础上,具体确定系统中所要使用的元器件,并设计出系统的电路原理图,经过必要的实验后完成电路板制作、测试、整机的组装、产品结构及包装工艺的设计等。主要硬件包括:

(1)单片机最小系统设计。主要完成时钟电路、复位电路、共电电路、程序下载/烧写电路的设计等。

(2)外围扩展电路和输入/输出通道设计。主要完成程序存储器、数据存储器、I/O 接口电路、传感器电路、放大电路、多路开关、A/D 转换电路、D/A 转换电路、开关量接口电路、驱动及执行机构的设计等。

(3)控制面板设计。主要完成按键、开关、显示器、报警等电路的设计等。

在硬件设计时,应考虑留有充分余量,电路设计力求正确无误,因为在系统调试中不易修改硬件结构。在设计 MCS51 单片机应用系统硬件电路时要注意以下几个问题:

1. 程序存储器

在各系列的单片机中,程序存储器配置状态通常有 5 种形式:

(1)片内驻留掩膜 ROM。这种单片机(如 MCS51 中的 8051)是由厂家用掩膜技术把应用程序写入片内 ROM 中。用户无法自行改写片内的程序,推广应用受限制。

(2)片内驻留 EPROM。这种单片机(如 MCS51 中的 8751)可以由用户用开发工具把应用程序写入片内 EPROM 中,给用户带来极大方便,简化了系统结构,但不可反复擦写程序,只能一次性写入。

(3)片内无 ROM。这种单片机(如 MCS51 中的 8031)必须外接 EPROM 芯片作为程序存储器,其容量可视需要灵活配置,非常适合于能方便灵活地在现场进行修改和更新程序存储器的应用场合。在选择程序存储器时,一般可选用容量较大的 EPROM 芯片,如 2764(8KB)、27128(16KB)或 27256(32KB)等。尽量避免用小容量的芯片组合扩充成大容量的存储器。程序存储器容量大些,则编制程序宽裕,而价格相差不会太多。

(4)片内带闪存可编程可电擦除只读存储器(如 AT89C51)。这些单片机内采用可加密闪速存储器,因具有可以由用户用编程器把应用程序写入片内闪速存储器中,并且可以反复擦写,与工业标准的 MCS-51 指令集和输出管脚兼容,性能优良,性价比高等特性,所以相对于 8051 单片机,其综合性能有很大的提高,因此被大量使用。

(5)片内含 ISP(In-system programmable,在系统可编程)的可反复擦写有限次数的 Flash 只读程序存储器(如 AT89S51)。和 AT89C51 相比,因 AT89C51 不支持 ISP 功能(ISP 功能的优势在于擦写程序时,不需要把芯片从工作环境中剥离,是一个强大易用的功能),需把芯片从工作环境中剥离,用专门的编程器烧写,而 AT89S51 不但支持 ISP 功能,而且新增了很多其他功能,性能方面也有较大提升,诸如可以达到更高的工作频率、具有双工 UART 串行通道、内部集成看门狗计时器、双数据指示器、电源关闭标识、全新的加密算法、兼容性方面更强大等，但价格与 AT89C51 相比却基本一样，甚至更低。现在，AT89S51 已经成为了实际应用市场上新的宠儿，作为市场占有率第一的 Atmel 公司已经停产 AT89C51，并用 AT89S51 代替，它也是目前学校教学中使用最广泛的一种单片机。

2. 数据存储器和 I/O 接口

8031 内部只有 128 字节的 RAM，8031 外部扩展程序存储器之后用户可以自由使用的 I/O 口只有一个 P1 口，如果满足不了系统功能的要求，必须扩展外部 RAM 或 I/O 口。其中 RAM 芯片可选 6116(2KB)、6264(8KB)或 62256(32KB)，原则上应尽量减少芯片数量，使译码电路简单。I/O 接口芯片一般选用 8155(带有 256B 静态 RAM)或 8255。这类芯片具有口线多、硬件逻辑简单等特点。若口线要求很少，且仅需要简单的输入或输出功能，则可用不可编程的 TTL 电路或 COMS 电路。A/D 和 D/A 电路芯片主要根据精度、速度和价格等来选用，同时还要考虑与系统的连接是否方便。

3. 地址译码电路

通常采用全译码、部分译码或线选法，应考虑充分利用存储空间和简化硬件逻辑等方面的问题。一般来讲，在接口芯片少于 6 片时，可以采用线选法；接口芯片超过 6 片而又不很多时，可以采用部分译码法；当存储器和 I/O 芯片较多时，可选用专用译码器 74LS138 或 74LS139 实现全译码。MCS51 系列单片机有充分的存储空间，片外可扩展 64KB 程序存储器和 64KB 数据存储器，所以在一般的控制应用系统中，应主要考虑简化硬件逻辑。

4. 地址锁存器

由访问外部存储器的时序可知，在 ALE 下降沿 P0 口输出的地址是有效的。因此，在选用地址锁存器时，应注意 ALE 信号与锁存器选通信号的配合，即应选择高电平触发或下降沿触发的锁存器。例如，8D 锁存器 74LS373 为高电平触发，ALE 信号应直接加到其使能端 G。若用 74LS273 或 74LS377 作地址锁存器，由于它们是上升沿触发的，故 ALE 信号要经过一个反相器才能加到其时钟端 CLK。

5. 总线驱动能力

MCS51 系列单片机的外部扩展功能很强，但 4 个 8 位并行口的负载能力是有限的。P0 口能驱动 8 个 LSTTL 电路，P1 ~ P3 口只能驱动 3 个 LSTTL 电路。在实际应用中，这些端口的负载不应超过总负载能力的 70%，以保证留有一定的余量。如果满载，会降低系统的抗干扰能力。在外接负载较多的情况下，如果负载是 MOS 芯片，因负载消耗电流很小，影响不大。如果是驱动较多的 TTL 电路，则应采用总线驱动，以提高端口的驱动能力和系统的抗干扰能力。数据总线宜采用双向 8 路三态缓冲器 74LS245 作为总线驱动器；地址和控制总线可采用单向 8 路三态缓冲器 74LS244 作为单向总线驱动器。

6. 系统速度匹配

在访问外部程序存储器时，单片机的时钟一定，地址信号的输出时间以及采样 P0 口读取指令字节的时间也就一定了。CPU 总是在 PSEN 上跳前采样 P0 口，而不管外部程序存储器是否已经把访问单元中的指令字节送至 P0 口。所以选用的 EPROM 必须有足够高的工作速度才能与单片机连接。MCS51 系列单片机时钟频率通常可在 2 ~ 24 MHz 之间任选，在不影响系统技术性能的前提下，时钟频率选择低一些为好，这样可降低系统对 EPROM 工作速度的要求，从而提高系统的可靠性。

7. 抗干扰措施

根据干扰源引入的途径，抗干扰措施可以从以下两个方面考虑。

1）电源供电系统

为了克服电网以及来自本系统其他部件的干扰，可采用隔离变压器、交流稳压、线滤波器、稳压电路各级滤波等防干扰措施。

2）电路上的考虑

为了进一步提高系统的可靠性，在硬件电路设计时，应采取一系列防干扰措施：

①大规模 IC 芯片电源供电端 VCC 都应加高频滤波电容，根据负载电流的情况，在各级供电节点还应加足够容量的退耦电容。

②开关量 I/O 通道与外界的隔离可采用光电耦合器件，特别是与继电器、可控硅等小信号控制大信号连接的通道，一定要采取隔离措施。

③可采用 CMOS 器件来提高工作电压（如 +15V），这样干扰门限也会相应提高。

④传感器后级的变送器尽量采用电流型传输方式，因电流型比电压型抗干扰能力强。

⑤电路应有合理的布线及接地方法。

⑥数字地与模拟地尽量隔离。

⑦与环境干扰的隔离可采用屏蔽措施。

四、软件设计

软件是单片机应用系统的灵魂，程序的优劣直接影响系统的功能、性能技术指标。

整个单片机应用系统是一个整体，在进行应用系统总体设计时，软件设计和硬件设计应统一考虑，相结合进行。当系统的硬件电路确定后，软件的任务也就明确了，软件任务明确以后，就可以具体考虑，在软件中采用什么方法来完成这些任务，因为有时同一功能可采用不同的方案。例如对延时的控制，可以用软件延时，也可以用单片机内部定时器定时中断延时，采用定时器定时中断延时不仅可以获得准确的定时，而且 CPU 可以并行做其他工作。

软件的基本方案确定后，通常在编制程序前，先根据系统输入和输出变量建立起正确的数学模型，然后画出程序流程框图，一般均由粗框到细框逐步过渡，要求流程框图结构清晰、简捷、合理，画流程框图时还要对系统资源作具体的分配和说明。编制程序时通常采用“自上而下”的模块化程序设计技术，应尽可能采用模块化结构，划分模块时要明确规定各模块的功能，尽量使每个模块功能单一，各模块间的接口信息简单、完备，接口关系统一，尽可能使各模块之间的联系减少到最低限度。在各个程序模块分别进行设计、编制和调试后，最后再将各个程序模块连接成一个完整的程序进行整体调试。

整个程序的设计应主要考虑以下几个模块：

1. 主控程序

主控程序把单片机应用系统的功能进行模块分割并协调各个模块之间的关系，即确定执行模块和程序的顺序和转移情况。在设计时，主要是循环条件和分支条件的设计。

1）循环条件设计

循环条件在本质上是循环的软接口。循环条件又分计数循环和逻辑条件循环两类。

2）分支条件设计

主控程序中，往往需执行不同模块之间的转移，此时要考虑转移的分支条件。分支条件又分逻辑分支条件和运行数据分支条件两类。

分支条件设计和循环条件设计一样,也应充分考虑存放标志和数据寄存器或存储单元,同时还应确定判别方法和防止寄存器或存储单元内容在程序中被其他数据冲掉。

2. 初始化程序

在控制程序中,一开始必须进行初始化工作,其主要任务是数据配置。即是设定一些初始化数据,供程序开始运行时使用。例如,要对显示缓冲器送暗码,使显示器在开机时不显示内容,或者把显示码或初态显示码送显示缓冲器,以便开机时显示或初态标志。初始化数据还包括对有关寄存器或标志存储单元清零或送给定标志。在执行初始化程序时,应该先检测单片机应用系统的状态,判别它是否处于初态,或是否符合工作状态,以便确定是执行主程序还是处于等待,抑或自动使单片机应用系统返回初态。初始化的本质是为了使单片机应用系统能正常工作而设置初始工作条件和判别初始状态是否正确。在实际中要视不同的系统进行具体的设计。

3. 输入输出程序

输入输出程序是单片机应用系统的控制核心,是单片机检测被控部件的软接口。

1)输入程序

输入程序分为中断型输入和扫描型输入。中断型输入程序适用于结构复杂、运行速度和精度要求高的系统。程序按其中断优先级高低来处理不同的输入量,主机控制不同的输入量进入各自相应的中断程序。中断程序除了一般的数据运算和信号优化外,还可用于抗干扰和危险报警,如超限或低限,危险故障等;而扫描型输入程序则常用于精度要求不是很高的系统。由主机不断查询输入口的状态,确定是否有数据输入,如有则读入数据进行处理,否则按机器周期继续查询,直到有数据输入为止。对于不同的输入量数据类型,程序的设计也相应不同。

2)开关量的输入

开关量的输入程序较为简单,只需给出输入开关信号的相应标志即可。通常,开关信号为高电平时,在单片机内的寄存器或存储单元中建立标志“1”或“0FFH”;开关信号为低电平时,则建立标志“0”或“00H”。经过信号预处理程序后直接送入主机。

3)模拟信号的输入

这种输入程序中要涉及A/D数据的输入输出,取其转换结果并执行相应的运算和处理。例如,一个输入量是温度的系统,输入程序接收A/D的结果后,主机按程序进行分析、运算等一系列处理后,执行数字量和温度数之间的变换(即D/A转换),然后和设定的值进行比较,得余量后送主机进行处理,根据不同的结果主机发出不同的控制信号,驱动设备完成相应的操作。

4)输出程序

输出程序通常包括信号输出和驱动设备。主机发出“写”信号后,表示主机输出信号,输出通道接收信号,主机输出的数据全部是数字量,经总线进入驱动设备后,执行不同的功能。不同的驱动设备,要求的输入信号(控制信号)各不相同。如键盘扫描是个连续、反复的过程,要求主机输出数据是间隔一定周期,高、低电平轮流变化的信号做行列扫描。相同的设备以其硬件的接口方式不同,要求的信号方式也不同,如在有锁存器的并行接口中,直接送BCD码即可,而在串行接口中需移位输出。在程序设计中一定要注意这一点。还有一些系统的硬件为闭环结构,主程序的输出数据并不直接送给被控元件,而使其返回到输入端和给定信号比较,根据偏差计算出控制量送主机控制,再由主机将处理结果送被控对象。

5)功能模块程序

功能模块程序在整个应用系统程序中是独立的一部分,它们各自完成不同的功能,彼此独立,互不干涉。各个模块的设计大都包括两部分:一是和主机的软件接口,一是本身的功能设计。其中软件接口主要考虑以下几个方面:

子程序数据及参数所用的寄存器及存储单元;

子程序执行的时间和工作所占用的时间;

子程序入、出口的条件、数量及出口返回主程序的位置。

功能子程序的设计要求了解设备功能的本质和其所处的硬件环境,不同的设备完成各自相应的功能,相同的设备根据系统的要求设计其不同的工作方式,以达到“最优化”的目的。

五、系统调试

系统调试主要包括硬件调试和软件调试两项内容。硬件调试的任务是排除应用系统的硬件电路故障,包括设计性错误和工艺性故障。一般来说,硬件系统的样机制造好后,需单独调试好,再与用户软件联合调试。这样,在联合调试时若碰到问题,则一般均可以归结是软件的问题。

由于接口电路千变万化,尽管调试方法各不相同,但其调试方法的基本点与一般电路的调试是相同的,不同之处仅在于,有一部分输入输出信号可以由单板机或开发系统产生和检测。例如,对包含行程开关的输入电路的调试,当人为地通断行程开关时(可以用扭子开关模拟),输入电路的输入信号可以通过单板机进行检查。如果输入信号不对,则应逐级检查输入电路中的继电器和 RS 触发器。对包含灵敏继电器的输出电路的调试,可用单板机给对应的输出线送 0 和 1,灵敏继电器应该相应地通、断,指示灯相应地亮、暗。否则,检查原因。

软件的设计和硬件的开发与调试完成以后,就进入软件的调试阶段。这一阶段是软件研制中最花时间的阶段,并且是非规范化的阶段。在程序上机调试前应先进行手检查错,因为有一些错误是不需要借助于任何工具而可用手工方法发现的。首先比较流程图和实际程序清单,确保在流程图中出现的每一项内容都出现在实际程序中;其次检查每一个分支,要保证转移的条件和问题的定义相一致;再次检查每一个循环,着重检查循环次数初值、转移地址、第一次循环和最后一次循环以及循环次数为零的情况。上机调试程序可以在单板机上进行,也可以在系统机或开发系统上进行。其中单板机(或开发板、通用板)为我们提供了最简单的调试工具,使用单板机(或开发板、通用板)时可用存储器修改功能将待调试的程序写入单板机 RAM,然后用断点或单步方式加以调试。在调试程序时还要注意以下几个问题:

1)调试顺序

调试时一般可以先调试子程序和较小的目的明确的程序段和功能块,再调试较大的程序段和功能块,最后调试整个程序。在硬件系统未施工之前,就可以先将不涉及接口的子程序和程序段先调试好。涉及接口的子程序和功能块则要待接口电路调试好以后再调试。

2)模拟现场调试

调试程序时不要一开始就接上现场的输入量(如按钮、行程开关等)和被控对象(如电机)进行调试,可在远离现场的环境下进行模拟调试。例如,可用扭子开关模拟行程开关发信号,用发光二极管代替电机,然后观察整个系统的运转情况,并使整个程序在模拟信号作用下运转正常。

3)现场调试

模拟现场调试不可能做到和现场完全一致,因此,在模拟现场调试正常以后,到现场调试运行时仍然可能存在问题，所以，还应该通过现场的实地调试。现场调试通过以后，可以把程序固化于 EPROM 中，然后，再试运行几个月，观察有没有偶然的错误发生。若试运行正常，则系统开发完成。

3.2 单片机控制流水灯应用系统示例

一、系统的功能

对于单片机应用系统,最简单的功能就是控制输出电平的高低,这也是数字电路最基本的功能。此系统的功能即是简单控制单片机 I/O 管脚电平的高低变化,以控制 8 个 LED 灯循环亮灭实现流水灯操作。

二、总体设计

根据系统的功能要求,可知此系统功能模块较少,主要有时钟电路、复位电路、单片机构成的单片机最小系统、8 个 LED 灯、供电电源电路组成的外围电路。系统的基本方框图如图 3-2 所示。

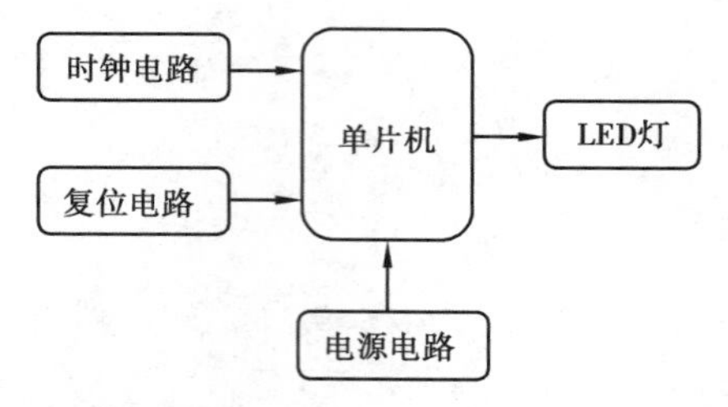

图 3-2 单片机控制流水灯应用系统基本方框图

三、硬件设计

1. 单片机最小系统

(1)单片机:本章所有例程都选择示例芯片 AT89S51,其在第 1 章有详细介绍。

(2)时钟电路:本章所有例程都选择广泛使用 11.0592 MHz 立式晶体振荡器,外加两个 22 pF 谐振电容组成晶振电路给单片机提供时钟周期。

(3)复位电路:本章所有例程采用较典型的上电和按键复位电路,复位电路由一个弹触式按键、一个 10 μF 的电容、一个 1 kΩ 的电阻及一个 10 kΩ 的电阻组成。

2. LED 灯

普通发光二极管在其管脚两端加上的正向导通电压差超过导通压降时开始工作,发光二极管的正向导通压降为 1.7 ~ 1.9 V。此外,发光二极管的工作电流还要达到一定大小,点亮电流为 5 ~ 10 mA。只有满足电压和电流的要求,发光二极管才会发光。注意电压和电流不宜过大也不宜过小,过大会烧毁发光二极管,过小则不满足要求,发光二极管不会发光。

单片机的 I/O 端口输出的电平信号电压大小要么是 5 V 要么是 0 V(默认单片机工作电压大小为 5 V),可以直接驱动发光二极管。为了减少功耗或者满足端口对最大电流的限制,同时满足发光二极管电流的要求,通常还要串联一个限流电阻,5 V 驱动时,多采用 470 Ω 限流电阻,本电路中采用 1 kΩ 限流电阻,电流为 5 mA 左右。如若想使发光二极管更亮,在允许范围内,可以减少限流电阻值。

此电路选用 8 个普通发光二极管,来营造流水灯效果,8 个发光二极管分别通过电源,串联限流电阻接在单片机 P1 口的 8 个 I/O 端口上。

3. 电源电路

此系统只需要提供一种电源电压——5 V,这里采用集成稳压芯片 CW7805,通过市网电压—变压(变压器)—整流(全波整流桥)—滤波(大电解电容、独石电容)—稳压(集成稳压芯片 CW7805)—滤波(小电解电容、独石电容)得到。

综上所述,可以设计出硬件原理图如图 3-3 所示的电路,从原理图可以看出,如果要让接在 P1.0 口的 LED1 点亮,那么只要置 P1.0 口的电平为低电平即可,相反,如果要让接在 P1.0 口的 LED1 熄灭,那么只要置 P1.0 口的电平为高电平即可。同理,接在 P1.1 ~ P1.7 口的其他 7 个 LED 的点亮和熄灭的方法类同于 LED1,因此,要实现简易流水灯效果,只要将发光二极管 LED1 ~ LED8 依次循环点亮、熄灭即可,8 个发光二极管便会一亮一暗地做流水灯了。

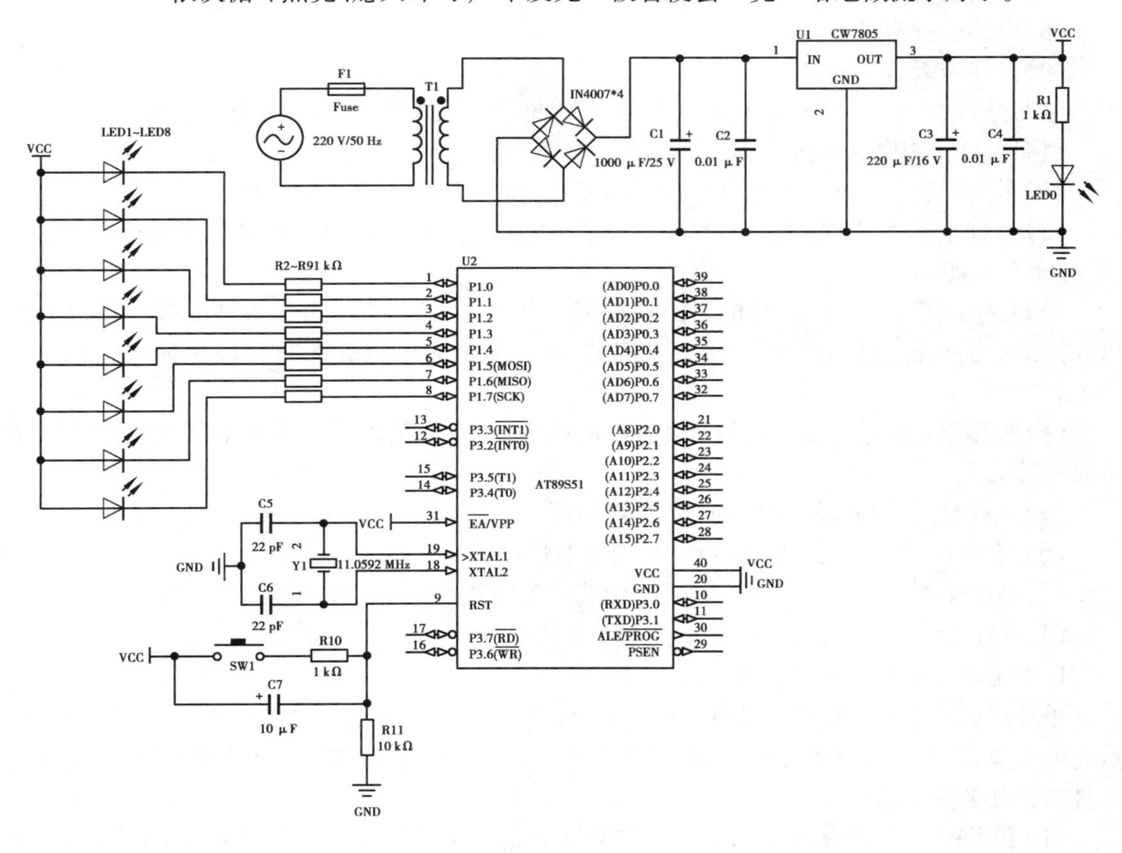

图 3-3 单片机控制流水灯应用系统硬件原理图

4. 硬件电路制作

完全的硬件原理图确定之后,接下来就可制作硬件电路了,制作硬件电路的方法较多:简单的电路可以用面包板搭接,也可以用万能板焊接,繁杂的电路可以用敷铜板热转印腐蚀制板或工业标准制板。面包板搭接和万能板焊接仅需烙铁、焊锡、尖嘴钳、斜嘴钳、镊子、吸焊枪、导线、松香、万用表、面包板、万能板等简单工具,全手工制作,电路不宜复杂,只适合于实验、初期设计阶段;工业标准制板已全自动化或半自动化,工艺精良、速度快,但工序复杂、设备昂贵,一般针对已定型成正式产品大规模批量生产阶段;敷铜板热转印腐蚀制板既适合实验、初期设计阶段又贴近于实际工业标准制板过程,适合初学者应用。

敷铜板热转印腐蚀制板所需仪器设备：

(1)满足印制电路板绘图软件(例如 PROTEL、PROTEUS，此前应先学会)配置要求的计算机1台；

(2)原装碳墨普通办公型打印机1台；

(3)热转印机1台；

(4)含有可对腐蚀液加温、通空气装置的玻璃纤维(或塑料)腐蚀箱1台；

(5)环保型铜腐蚀液或浓盐酸、双氧水、水1∶1∶3配置的腐蚀液；

(6)激光对焦钻孔机1台(包括各种型号的钻头)；

(7)电路板切割机1台；

(8)电路板打磨机1台；

(9)热转印纸若干张；

(10)烙铁、焊锡、尖嘴钳、斜嘴钳、镊子、吸焊枪、导线、松香、万用表等电工工具。

敷铜板热转印腐蚀制板步骤：

(1)利用印制电路板绘图软件绘制原理图并生成 PCB 图(印制电路图)；

(2)通过原装碳墨普通办公型打印机以1∶1的比例将 PCB 图打印在热转印纸较光滑的一面上(单色打印)；

(3)用电路板切割机、打磨机切割打磨好一块大小、形状适合的敷铜板，将热转印纸有 PCB 图的一面平整地紧贴在敷铜板上含铜的一面，通过热转印机将 PCB 图全部转印到敷铜板上；

(4)热转印好的敷铜板放进装有腐蚀液的腐蚀箱中，直至将没有被 PCB 图覆盖的铜层全部腐蚀掉为止；

(5)选择合适的钻头用激光对焦钻孔机对焊盘、过孔进行钻孔；

(6)将 PCB 图上的墨粉用砂纸擦掉，安装并焊接所有元器件；

(7)清洗干净后，涂上防氧化漆，经过包装加工即基本完成了硬件电路的制作。

四、软件设计

1. 确定软件功能任务及实现方法

单片机应用系统由硬件和软件组成，上述硬件电路制作完成上电之后，还不能看到流水灯点亮的现象，还需要告诉单片机怎么来进行工作，即要设计软件，首先要明确软件任务，此系统软件功能任务主要有：

(1)利用程序对 P1 的 8 个 I/O 端口的变量依此循环置 1 和置 0，通过控制 I/O 端口电平的低和高，来达到发光二极管的亮与灭并实现流水灯效果；

(2)在此应注意，由于人眼的视觉暂留效应以及单片机执行每条指令的时间很短，在控制发光二极管亮与灭之间要延时适当的时间(根据流水灯亮灭频率决定)，否则就看不到流水灯效果了，因此，还要编制程序实现发光二极管亮与灭之间的延时。

软件任务明确以后，接下来具体考虑在软件中采用什么方法来完成这些任务。

(1)实现流水灯控制可以采用“位控法”，这是一种比较不理智但又最易理解的方法，采用顺序程序结构，用位指令控制 P1 口的每一位输出高低电平，以此来控制相应的 LED 灯的亮灭。也可以应用“循环移位法”，采用循环程序结构，程序起始给 P1 口送一个数，这个数先置 P1.0 为低，其他位为高，然后延时适当时间，再让这个数由低位向高位移动，然后送给 P1 口，这样也可以实现流水效果。

(2)对发光二极管亮与灭之间的延时控制,可以用软件延时,也可以用单片机内部定时器定时中断延时。

2. 设计软件流程图和源程序

在这里“位控法”选用软件延时,画出详细软件流程图如图3-4所示。

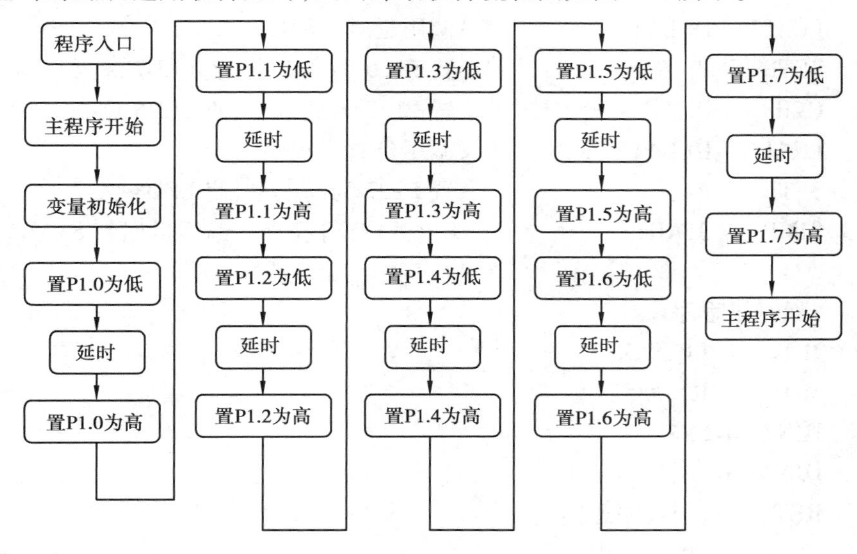

图3-4 “位控法”软件流程图

汇编程序如下:

```
        ORG     0000H           ;单片机上电后程序入口地址
        SJMP    START           ;跳转到主程序存放地址处
        ORG     0030H           ;设置主程序开始地址
START:  MOV     SP,#60H         ;设置堆栈起始地址为60H
        CLR     P1.0            ;置P1.0为低电平、使LED1点亮
        LCALL   DELAY           ;调用延时子程序
        SETB    P1.0            ;置P1.0为高电平、使LED1熄灭
        CLR     P1.1            ;置P1.1为低电平、使LED2点亮
        LCALL   DELAY           ;调用延时子程序
        SETB    P1.1            ;置P1.1为高电平、使LED2熄灭
        CLR     P1.2            ;置P1.2为低电平、使LED3点亮
        LCALL   DELAY           ;调用延时子程序
        SETB    P1.2            ;置P1.2为高电平、使LED3熄灭
        CLR     P1.3            ;置P1.3为低电平、使LED4点亮
        LCALL   DELAY           ;调用延时子程序
        SETB    P1.3            ;置P1.3为高电平、使LED4熄灭
        CLR     P1.4            ;置P1.4为低电平、使LED5点亮
        LCALL   DELAY           ;调用延时子程序
```

```
        SETB    P1.4            ;置 P1.4 为高电平、使 LED5 熄灭
        CLR     P1.5            ;置 P1.5 为低电平、使 LED6 点亮
        LCALL   DELAY           ;调用延时子程序
        SETB    P1.5            ;置 P1.5 为高电平、使 LED6 熄灭
        CLR     P1.6            ;置 P1.6 为低电平、使 LED7 点亮
        LCALL   DELAY           ;调用延时子程序
        SETB    P1.6            ;置 P1.6 为高电平、使 LED7 熄灭
        CLR     P1.7            ;置 P1.7 为低电平、使 LED8 点亮
        LCALL   DELAY           ;调用延时子程序
        SETB    P1.7            ;置 P1.7 为高电平、使 LED8 熄灭
        SJMP    START           ;8 个 LED 灯亮灭一遍后返回到 START 处再循环

        ;延时子程序
DELAY:  MOV     R0,#255
D1:     MOV     R1,#255
        DJNZ    R1, $
        DJNZ    R0,D1
        RET             ;子程序返回
END                     ;程序结束
```

C 语言程序：

```
/* 定义头文件和各个输出管脚以及变量声明 */
#include    <reg51.h>
#include    <absacc.h>
#define   uchar  unsigned   char
#define   uint   unsigned   int
sbit    P1_0 = P1^0;            //定义 P1.0 端口
sbit    P1_1 = P1^1;            //定义 P1.1 端口
sbit    P1_2 = P1^2;            //定义 P1.2 端口
sbit    P1_3 = P1^3;            //定义 P1.3 端口
sbit    P1_4 = P1^4;            //定义 P1.4 端口
sbit    P1_5 = P1^5;            //定义 P1.5 端口
sbit    P1_6 = P1^6;            //定义 P1.6 端口
sbit    P1_7 = P1^7;            //定义 P1.7 端口

/* 延时子程序 */
void    delay(void)
{uchar  i,j;
for(i=255;i>0;i--)
```

```
    for(j=255;j>0;j--);
}

/*主程序*/
void    main(void)
{ while(1)                      //死循环
    {
    P1_0=0;                     //置 P1.0 为低电平、使 LED1 点亮
    delay();                    //调用延时子程序
    P1_0=1;                     //置 P1.0 为高电平、使 LED1 熄灭
    P1_1=0;                     //置 P1.1 为低电平、使 LED2 点亮
    delay();                    //调用延时子程序
    P1_1=1;                     //置 P1.1 为高电平、使 LED2 熄灭
    P1_2=0;                     //置 P1.2 为低电平、使 LED3 点亮
    delay();                    //调用延时子程序
    P1_2=1;                     //置 P1.2 为高电平、使 LED3 熄灭
    P1_3=0;                     //置 P1.3 为低电平、使 LED4 点亮
    delay();                    //调用延时子程序
    P1_3=1;                     //置 P1.3 为高电平、使 LED4 熄灭
    P1_4=0;                     //置 P1.4 为低电平、使 LED5 点亮
    delay();                    //调用延时子程序
    P1_4=1;                     //置 P1.4 为高电平、使 LED5 熄灭
    P1_5=0;                     //置 P1.5 为低电平、使 LED6 点亮
    delay();                    //调用延时子程序
    P1_5=1;                     //置 P1.5 为高电平、使 LED6 熄灭
    P1_6=0;                     //置 P1.6 为低电平、使 LED7 点亮
    delay();                    //调用延时子程序
    P1_6=1;                     //置 P1.6 为高电平、使 LED7 熄灭
    P1_7=0;                     //置 P1.7 为低电平、使 LED8 点亮
    delay();                    //调用延时子程序
    P1_7=1;                     //置 P1.7 为高电平、使 LED8 熄灭
    }
}
```

“循环移位法”选用内部定时器定时中断延时，画出详细软件流程图如图 3-5 所示。

汇编程序：

```
    ORG     0000H       ;单片机上电后程序入口地址
    SJMP    START       ;跳转到主程序存放地址处
    ORG     000BH       ;定时器 T0 入口地址
    SJMP    T0SVR       ;跳转到定时器 T0 中断服务程序存放地址处
```

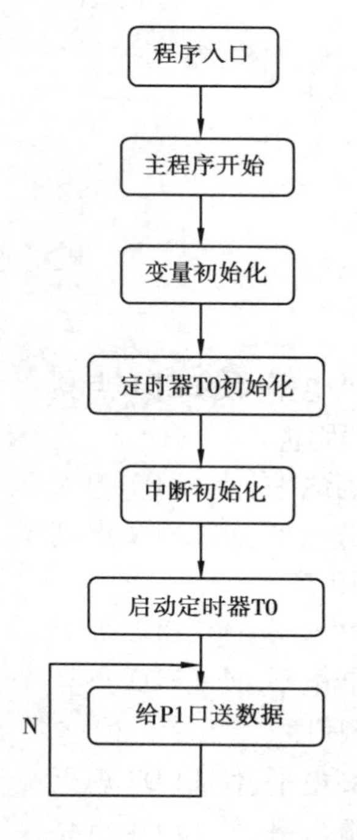

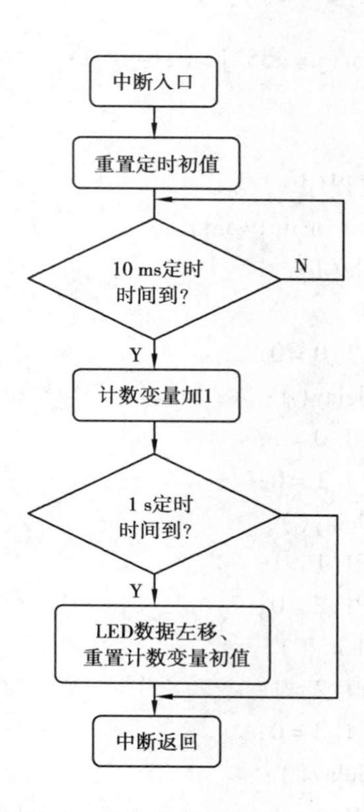

图 3-5 "循环移位法"软件流程图

```
        ORG     0030H           ;设置主程序开始地址
START:MOV       SP,#60H         ;设置堆栈起始地址为 60H
        MOV     P1,#0FFH        ;初始状态,所有 LED 熄灭
        MOV     A,#0FEH         ;ACC 中先装入 LED1 亮、LED2 ~ LED8 灭的数据
                                ;(二进制的 11111110)
        MOV     R0,#64H         ;计数 100 个 10 ms,即 1 s
        MOV     TMOD,#01H       ;设置 T0 工作方式 1
        MOV     TH0,#0ECH       ;设置 10 ms 计数初值
        MOV     TL0,#78H
        SETB    EA              ;开放总中断
        SETB    ET0             ;开放 T0 中断
        SETB    TR0             ;启动 T0
DISP:   MOV     P1,A            ;把 ACC 数据送 P1 口
        SJMP    DISP

        /* T0 中断服务子程序 */
T0SVR:MOV       TL0,#78H        ;重装初值
        MOV     TH0,#0ECH
        DJNZ    R0,LOOP         ;1 s 时间未到,继续计数
        MOV     R0,#64H         ;1 s 时间到,重置 R0 计数初值为 100
```

```
        RL      A                   ;将点亮的LED循环左移
LOOP: RETI                          ;子程序返回
END                                 ;程序结束
```

C语言程序:

```
/*定义头文件及变量初始化*/
#include    <reg51.h>
#include    <intrins.h>
#define     uchar    unsigned    char
#define     uint     unsigned    int
uchar   temp=0xFE;          //temp中先装入LED1亮、LED2~LED8灭的数据
                            //(二进制的11111110)
uchar   count=0x64;         //定义计数变量初值为100,计数100个10 ms,即1 s

/*T0中断服务子程序*/
void  timer0(void)  interrupt  1  using  1
{TH0=-5000/256;             //重装初值
TL0=-5000%256;
count--;                    //1 s时间未到,继续计数
if(count==0)
    {
    count=0x64;             //1 s时间到,重置count计数初值为100
    temp=_crol_(temp,1);    //将点亮的LED循环左移一位
    }
}

/*主程序*/
void    main(void)
{
P1=0xff;                    //初始状态,所有LED熄灭
TMOD=0x01;                  //设置T0工作方式1
TH0=-5000/256;              //设置10 ms计数初值
TL0=-5000%256;
EA=1;                       //开放总中断
ET0=1;                      //开放T0中断
TR0=1;                      //启动T0
while(1)                    //死循环
    {
    P1=temp;
```

```
    }                          //把 temp 数据送 P1 口
}
```

五、系统调试

使用 Keil　C51 编辑编译源程序并生成单片机可执行的目标程序代码，通过程序下载软件和下载/烧写电路（如编程器、ISP 下载电路）再将目标程序代码写到单片机中，上电观察结果。

3.3 单片机控制步进电机应用系统示例

一、系统的功能

单片机系统在机电控制中有着广泛的应用,例如控制电机运动,如角度、速度大小和方向的控制或测量,就是单片机系统在机电控制中的一个典型应用。

步进电机作为电机中的一种将电脉冲信号转换成相应的角位移或线位移的电磁机械装置,其步进角速度大小、方向、步距角分别与输入电脉冲的频率、时序、数量同步对应,具有快速启动和停止的能力,可以对步进角和转速进行高精度控制,是机电一体化的关键产品之一,广泛应用在各种自动化控制系统和精密机械等领域作为执行元件。

此示例利用单片机应用系统完成对四相六线制微型步进电动机的简单测试,控制步进电机循环往复正转、反转各一圈。

二、总体设计

采用单片机产生电脉冲信号,由于步机电机需要的驱动电压和工作电流相对较大,可增设驱动电路来提供步进电机的工作电流。系统由时钟电路、复位电路、单片机构成的单片机最小系统、驱动电路、步进电机、直流稳压电源电路组成的外围电路。系统的基本框架如图3-6所示。

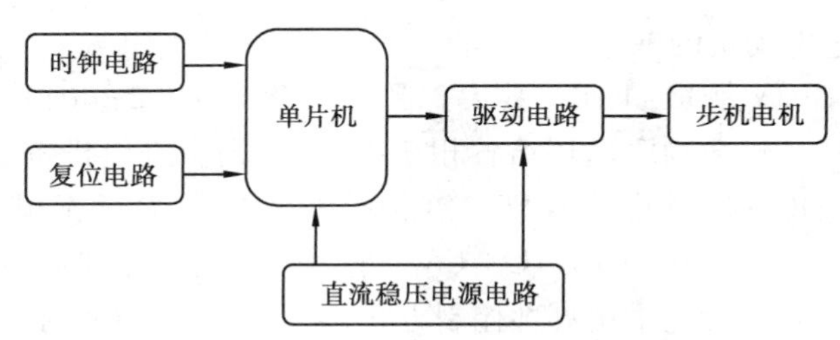

图3-6 单片机控制步进电机应用系统基本框架图

三、硬件设计

1. 单片机最小系统

参考3.2节示例。

2. 步进电机

1)步进电机的结构

以三相反应式步进电机为例,其典型结构如图3-7所示。

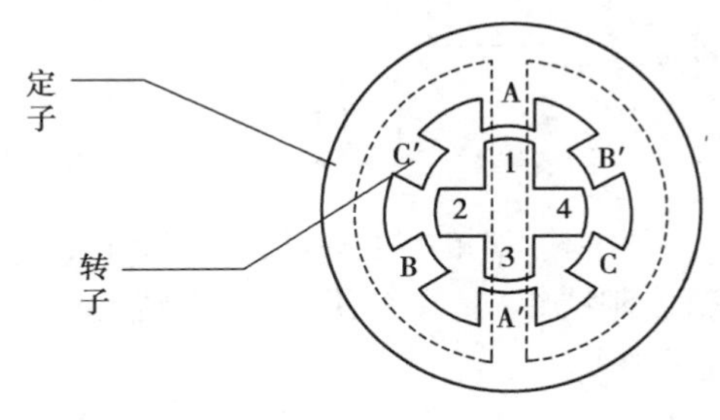

图3-7 三相反应式步进电机结构图

从图 3-7 中可以看出,它分成定子和转子两部分。定子上有 6 个磁极(大极),每两个相对的磁极(N、S 极)组成一对,共有 3 对。每对磁极都缠有同一绕组,也即形成一相,这样 3 对磁极有 3 个绕组,形成三相。可以得出四相步进电动机有 4 对磁极、4 相绕组;五相步进电动机有 5 对磁极、5 相绕组……依此类推。每个定子磁极的内表面都分布着多个小齿,它们大小相同,间距相同。

转子是由软磁材料制成的,其外表面也均匀分布着小磁,这些小齿与定子磁极上的小齿的齿距相同,形状相似。

由于小齿的齿距相同,所以不管是定子还是转子,它们的齿距角都可以由下式来计算:

$$\theta_z = 2\pi / Z$$

式中　Z——转子的齿数。

例如,如果转子的齿数为 40,则齿距角为 $\theta_z = 2\pi/40 = 9°$。

2)步进电机的步进原理

以三相反应式步进电机为例,当 A 相控制绕组接通脉冲电流时,在磁拉力作用下使 A 相的定、转子小齿对齐(对齿),相邻的 B 相和 C 相的定、转子小齿错开(错齿)。若换成 B 相通电,则磁拉力使 B 相定、转子小齿对齐,而与 B 相相邻的 C 相和 A 相的定、转子小齿又错开,则步进电机转过一个步距角。

步距角由下式来计算

$$\theta_N = 2\pi / NZ$$

式中　N——步进电动机的工作拍数。

例如,如果转子的齿数为 40,工作拍数为 3,则步距角为 $\theta_z = 2\pi/(40 \times 3) = 3°$。

若按 A→B→C→A…规律顺序循环给各相绕组通电,则步进电机按一定方向转动。若改变通电顺序为 A→C→B→A,则电机反转。这种控制方式称为三相单三拍($N = 3$)。若按 AB→BC→CA→AB或 A→AB→B→BC→C→CA→A 顺序通电则分别称为三相双三拍($N = 3$)或三相单、双六拍($N = 6$)。无论采用哪种控制方式,在一个通电循环内,步进电机的转角恒为一个齿距角。所以可以改变步进电机的通电循环时序来改变转向,通过改变通电频率来改变角频率。

3)四相六线制步进电机的控制方式

此系统选用齿数为 12 的四相六线制微型步进电动机为例,其原理图如图 3-8 所示,有四相绕组 A、B、C、D,与三相步进电机步进原理类似,四相步进电机也有三种控制方式如下:

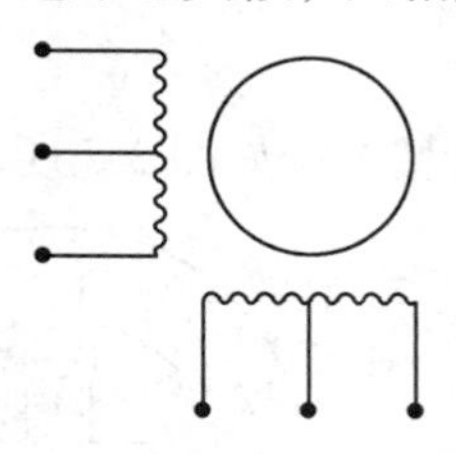

图 3-8　四相六线制步进电机原理图

单相四拍控制方式:控制控制绕组 A、B、C、D 相的正转通电顺序为 A→B→C→D→A;反转的通电顺序为:A→D→C→B→A。

双四拍控制方式:正转绕组通电顺序为 AB→BC→CD→DA;反转绕组通电顺序为 AD→

CD→BC→AB。

四相八拍控制方式：正转绕组的通电顺序为 A→AB→B→BC→C→CD→D→DA→A；反转绕组的通电顺序为 A→DA→D→DC→C→CB→B→BA→A。

在这里选用双四拍工作模式，则步距角为 $\theta_z = 2\pi/(12 \times 4) = 7.5°$，步进一圈 360°需要 48 个节拍即 48 个脉冲来完成。

所选步进电机有 6 根引线：两根红色为 COM 线（根据步进电机驱动输入方式接地或接电源），橙色为 A 相控制线，棕色为 B 相控制线，黄色为 C 相控制线，黑色为 D 相控制线。

3. 驱动电路

由于步机电机需要相对较大的驱动电压和工作电流，因此需要增设驱动电路，步机电机驱动电路形式有很多，本系统选用集成芯片 ULN2003 作为驱动电路，其原理图如图 3-9 所示。

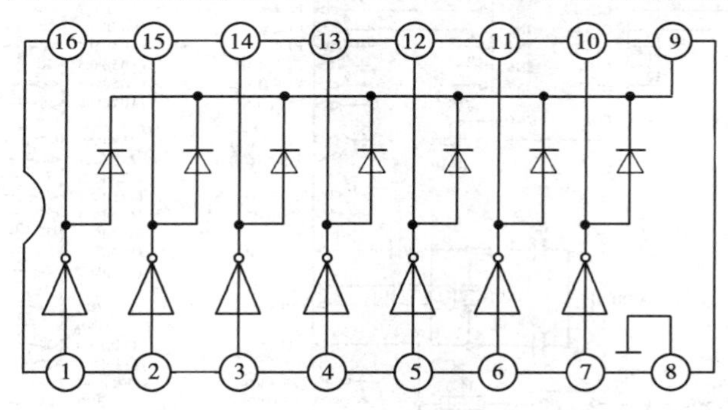

图 3-9　ULN2003 原理图

ULN2003 是高耐压、大电流达林顿阵列，由 7 个硅 NPN 达林顿管组成，ULN2003 的每一对达林顿都串联一个 2.7 kΩ 的基极电阻，在 5 V 的工作电压下它能与 TTL 和 CMOS 电路直接相连，可以直接处理原先需要标准逻辑缓冲器来处理的数据。ULN2003 工作电压高，工作电流大，灌电流可达 500 mA，并且能够在关态时承受 50 V 的电压，输出还可以在高负载电流并行运行，同时起到电路隔离作用，各输出端与 COM 间（9 脚）有起保护作用的反相二极管。常用于驱动继电器、步进电机、伺服电机、电磁阀、泵等各类要求驱动电压高且功率较大的器件。

4. 直流稳压电源电路

由于系统中包含弱电和强电两部分，需要提供两种电源电压，这里采用集成稳压芯片 CW7805 和输出电压可调的 LM317，通过市网电压—变压（变压器）—整流（全波整流桥）—滤波（大电解电容、独石电容）—稳压（集成稳压芯片 LM317 和 CW7805 串联，LM317 在前，CW7805 在后）—滤波（小电解电容、独石电容）得到 +5 V 和 +1.25 ~ 37 V 两路电源，其中一路给单片机最小系统供电，另一路给步进电机供电。

综上所述，可以设计出硬件原理图如图 3-10 所示，从原理图可以看出，本系统采用 AT89C51 单片机产生步进电机控制信号（具有时序的双相四拍电脉冲信号）。通过 P1 口的 P1.0、P1.1、P1.2、P1.3 四个 I/O 端口输出，分别连接 ULN2003 集成芯片的 IN1、IN2、IN3、IN4，提高输出电流后，通过 OUT1、OUT2、OUT3、OUT4 输出，分别供给步进电机的 A 相、B 相、C 相、D 相，作为步进电机的驱动信号。

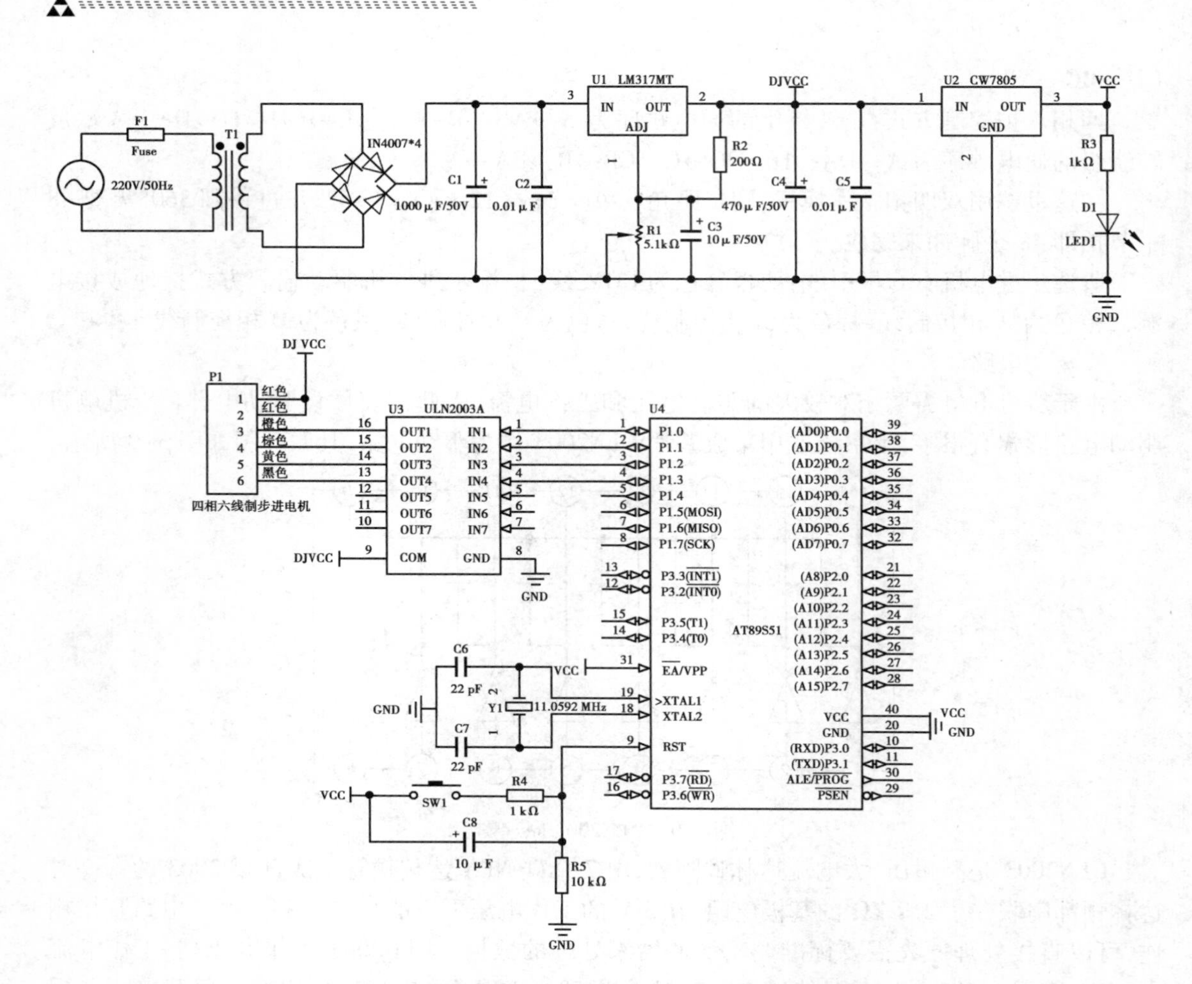

图 3-10 单片机控制步进电机应用系统硬件原理图

5. 硬件电路制作

参考 3.2 节示例。

四、软件设计

1. 确定软件功能任务及实现方法

在此控制步进电机的单片机应用系统中,单片机软件要实现以下 4 个基本任务:

(1)产生和分配双四拍电脉冲信号控制字。在程序中给定控制字,由 P1 口的 P1.0、P1.1、P1.2、P1.3 四个 I/O 端口输出,双四拍控制字表如表 3-1 所示。

表 3-1 双四拍控制字表

步序	P1 口输出状态	绕组	控制字
1	00000011	AB	03H
2	00000110	BC	06H
3	00001100	CD	0CH
4	00001001	DA	09H

控制字可以以表的形式预先存放在内部 RAM 单元中,以查表的程序结构逐个取出并由 P1 口输出,也可以采用顺序程序结构直接在程序中逐个输出的方法,这里采用查表的方式。

(2)通过调节输出电脉冲信号的频率,来控制步进电机的转速。可用两种办法实现:一种是软件延时,另一种是单片机内部定时器定时中断延时。这里采用软件延时方法,软件延时方法是在输出每步电脉冲信号控制字之后调用一个延时子程序,待延时结束后再次执行输出另一步电脉冲信号控制字,这样周而复始就可生成一定频率的信号周期。该方法简单,占用资源少,全部由软件实现,调用不同的子程序可以实现不同速度的运行,因此适合较简单的控制过程。

(3)通过改变输出电脉冲信号的时序来改变绕组通电的顺序,从而控制步进电机的转向。调换控制字的输出顺序即可。

(4)通过控制输出电脉冲的数量,即控制输出控制字的个数,来控制步距角(或步进圈数)的大小。

2. 设计软件流程图和源程序

根据软件设计思路和方法,确定软件流程图如图 3-11 所示。

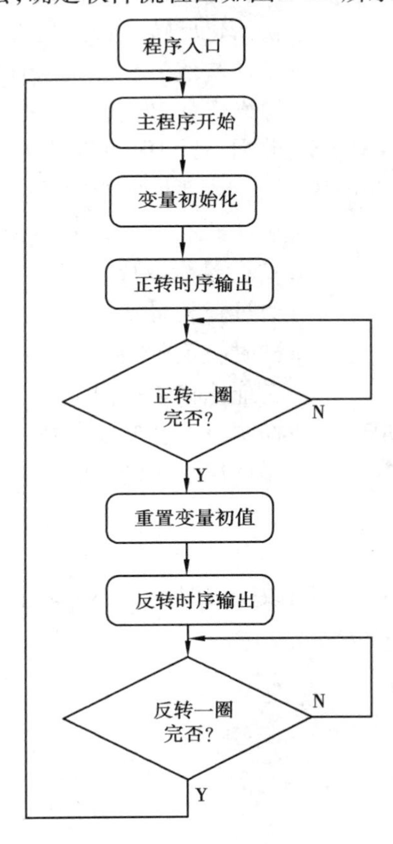

图 3-11　步进电机软件流程图

汇编程序:

```
        ORG     0000H           ;单片机上电后程序入口地址
        SJMP    START           ;跳转到主程序存放地址处
```

```
        ORG     0030H         ;设置主程序开始地址
START:  MOV     SP,#60H       ;设置堆栈起始地址为 60H
        MOV     R1,#48        ;初始化正转步进圈数为 1,步进一圈需要 48 个脉冲
LOOP:   MOV     R0,#00H       ;变址基值为 0,指向程序存储器数据表地址首地
                               址 TABLE
LOOP1:  MOV     A,R0          ;源操作数 R0 传送给变址偏移量 A(目的操作数)
        MOV     DPTR,#TABLE   ;数据指针 DPTR 指向基地址为表的首地址 TABLE
        MOVC    A,@A+DPTR     ;操作数地址所指向的时序脉冲数据传送给 A
        JZ      LOOP          ;对 A 进行判断,当 A=0 时则转到 LOOP
        CPL     A             ;对 A 进行取反
        MOV     P1,A          ;通过查表得到的时序脉冲数据通过 P1 输出
        CALL    DELAY         ;延时一定时间
        INC     R0            ;变址偏移量指向下一个时序数据
        DJNZ    R1,LOOP1      ;控制时序脉冲输出数
        MOV     R1,#48        ;初始化反转步进圈数为 1,步进一圈需要 48 个脉冲
LOOP2:  MOV     R0,#05        ;变址基值为 5,指向程序存储器数据表地址 TABLE+5
LOOP3:  MOV     A,R0          ;源操作数 R0 传送给变址偏移量 A(目的操作数)
        MOV     DPTR,#TABLE   ;数据指针 DPTR 指向基地址为表的首地址 TABLE
        MOVC    A,@A+DPTR     ;操作数地址所指向的时序脉冲数据传送给 A
        JZ      LOOP2         ;对 A 进行判断,当 A=0 时则转到 LOOP2
        CPL     A             ;对 A 进行取反
        MOV     P1,A          ;通过查表得到的时序脉冲数据通过 P1 输出
        CALL    DELAY         ;延时一定时间
        INC     R0            ;变址偏移量指向下一个时序数据
        DJNZ    R1,LOOP3      ;控制时序脉冲输出数
        JMP     START         ;循环往复正转一圈反转一圈

DELAY:  MOV     R5,#40        ;延时子程序
D1:     MOV     R6,#10        ;改变延时的大小可调节输出电脉冲信号的频率
D2:     MOV     R7,#18
        DJNZ    R7,$
        DJNZ    R6,D2
        DJNZ    R5,D1
        RET

        //将步进电机时序脉冲数据存入存储单元 TABLE
TABLE:  DB 03H,09H,0CH,06H    ;步进电机正转时序脉冲表
        DB 00                 ;输出双四拍电脉冲信号结束标志数据
        DB 06H,0CH,09H,03H    ;步进电机反转时序脉冲表
```

```
    DB 00                    ;输出四相电脉冲信号结束标志数据
END                          ;程序结束
```

C 语言程序:

```
/* 定义头文件及变量初始化 */
#include    <reg51.h>
#include    <absacc.h>
#define    uchar   unsigned    char
#define    uint    unsigned    int
/* 定义步进电机控制口 P1.0、P1.1、P1.2、P1.3 */
#define    STEPMOTORDATA   P1
/* 步进电机时序表 */
uchar stepMontorTable[ ] = {03H,09H,0CH,06H};

/* 延时子程序,改变 i 的大小可调节输出电脉冲信号的频率 */
void Delay(uint i)
{uint j;
uint k;
for(j=0;j<i;j++)
  for(k=0;k<100;k++);
}

/* 主程序 */
void main(void)
{uchar i=0;
while(1)                                          //死循环
    {while(i<250)                                 //正转三圈
        {
        STEPMOTORDATA = stepMontorTable[i&0x03];  //正转时序输出
        i++;
        Delay(100);
        }
    while(i>0)                                    //反转三圈
        {
        STEPMOTORDATA = stepMontorTable[i&0x03];  //反转时序输出
        i--;
        Delay(100);
        }
   }
}
```

五、系统调试

使用 Keil　C51 编辑编译源程序并生成单片机可执行的目标程序代码，通过程序下载软件和下载/烧写电路（如编程器、ISP 下载电路）再将目标程序代码写到单片机中，上电观察结果。

3.4　单片机应用系统设计过程

单片机应用系统的开发是一项系统工程，通常可以分为以下6个阶段：

一、需求分析

系统需求分析是确定设计任务和设计目标的依据，提炼出设计规格说明书，作为正式设计指导和验收的标准。系统的需求一般分功能性需求和非功能性需求两方面。功能性需求是系统的基本功能，如输入输出信号、操作方式等；非功能性需求包括系统性能、成本、功耗、体积、重量等因素。

二、确定任务

单片机应用系统的设计是以确定系统的功能和技术指标开始的。首先要细致分析、研究实际问题，明确各项任务和要求。从考虑系统的先进性、可靠性、可维护性以及成本、经济效益出发，拟订出合理可行的技术性能指标。

三、总体设计

在进行应用系统总体设计时，可根据应用系统提出的各项技术性能指标，拟订出性价比最高的方案。首先，应依据任务的繁杂程度和技术指标要求选择机型。目前，常用单片机有MCS-51系列、AVR单片机、PIC单片机、飞思卡尔单片机、MSP430、DSP 、ARM Cortex M3/M4等。选定机型后，再选择系统中要用到的其他元器件，如A/D、D/A转换器、I/O口、定时器/计数器、串行口等。在总体方案设计过程中，必须对软件和硬件综合考虑。原则上，能够由软件来完成的任务，就尽可能用软件来实现，以降低硬件成本，简化硬件结构。同时，还要求大致规定各接口电路的地址、软件的结构和功能、上下位机的通信协议、程序的驻留区域及工作缓冲区等。总体设计方案一旦确定，系统的大致规模及软件的基本框架就确定了。

四、硬件设计

硬件设计是指应用系统的电路设计，包括主机、控制电路、存储器、I/O口、A/D和D/A转换电路、驱动电路、执行机构、人机交换电路等。硬件设计时，应考虑留有充分余量，电路设计力求正确无误，因为在系统调试中不易修改硬件结构。下面介绍在设计MCS-51单片机应用系统硬件电路时应注意的几个问题。

1. 程序存储器

目前市场上大部分单片机具有足够容量的程序存储器，例如单片机AT89S52具有8 KB的FLASH存储器，如若切实需要外扩程序存储器，一般可选用容量较大的E^2ROM芯片，如2764(8 KB)、27128(16 KB)或27256(32KB)等。尽量避免用小容量的芯片组合成大容量的存储器。程序存储器容量大，编制程序宽裕，其价格相差不会太多。

2. 数据存储器和I/O口

根据系统功能的要求，如果需要扩展外部RAM或I/O口，那么RAM芯片可选用6264(8 KB)或62256(32 KB)，原则上也应尽量减少芯片数量，使译码电路简单。I/O口芯片一般选用8155(带有256 KB静态RAM)或8255，这类芯片具有接口线多、硬件逻辑简单等特点。若接口线要求很少，且仅需要简单的输入或输出功能，则可用不可编程的TTL电路或CMOS电路。A/D和D/A电路芯片主要根据精度、速度和价格等来选用，同时还要考虑与系统的连接是否方便。

3. 地址译码电路

通常采用全译码、部分译码或线选法,应考虑充分利用存储空间和简化硬件逻辑等方面的问题。当存储器和 I/O 芯片较多时,可选用专用译码器 74LS138 或 74LS139 等。

4. 总线驱动能力

MCS-51 系列单片机的外部扩展功能很强,但 4 个 8 位并行口的负载能力是有限的。P0 口能驱动 8 个 LSTTL 电路,P1 ~ P3 口只能驱动 3 个 LSTTL 电路。在实际应用中,这些端口的负载不应超过总负载能力的 70%,以保证留有一定的余量。如果满载,会降低系统的抗干扰能力。在外接负载较多的情况下,如果负载是 MOS 芯片,因负载消耗电流很小,影响不大。如果驱动较多的 TTL 电路,则应采用总线驱动电路,以提高端口的驱动能力和系统的抗干扰能力。数据总线宜采用双向 8 路三态缓冲器 74LS245 作为总线驱动器;地址和控制总线可采用单向 8 路三态缓冲器 74LS244 作为单向总线驱动器。

5. 系统速度匹配

MCS-51 系列单片机时钟频率可在 1.2 ~ 12 MHz 之间任选,在不影响系统技术性能的前提下,时钟频率选择低一些为好,这样可降低系统中对元器件工作速度的要求,从而提高系统的可靠性。

6. 抗干扰措施

单片机应用系统的工作环境往往都是具有多种干扰源的现场,为提高系统的可靠性,抗干扰措施在硬件电路设计中显得尤为重要。根据干扰源引入的途径,抗干扰措施可以从以下两个方面考虑。

(1) 电源供电系统。为了克服电网以及来自本系统其他部件的干扰,可采用隔离变压器、交流稳压、线滤波器、稳压电路各级滤波等防干扰措施。

(2) 电路上的考虑。为了进一步提高系统的可靠性,在设计硬件电路时,应采取以下防干扰措施:

①大规模 IC 芯片电源供电端 VCC 都应加高频滤波电容,根据负载电流的情况,在各级供电节点处还应加足够容量的去耦电容;

②开关量 I/O 通道与外界的隔离可采用光耦合器件,特别是与继电器、晶闸管等连接的通道,一定要采取隔离措施;

③可采用 CMOS 器件提高工作电压(如 +15V),这样干扰门限也相应提高;

④传感器后级的变送器尽量采用电流型传输方式,因为电流型比电压型抗干扰能力强;

⑤电路应有合理的布线及接地方法;

⑥与环境干扰的隔离可采用屏蔽措施。

五、软件设计

单片机应用系统的软件设计是研制过程中任务最繁重的一项工作,其难度也比较大。对于某些较复杂的应用系统,不仅要使用汇编语言来编程,有时还要使用高级语言。单片机应用系统的软件主要包括两大部分:用于管理单片微型计算机系统工作的监督管理程序和用于执行实际具体任务的功能程序。对于前者,尽可能利用现成微型计算机系统的监控程序(为适应各种应用的需要,现代的单片机开发系统的监控软件功能相当强,并附有丰富的实用子程序,可供用户直接调用),例如键盘管理程序、显示程序等,因此在设计系统硬件逻辑和确定应用系统的操作方法时,就应充分考虑这一点。这样可大大减轻软件设计的工作量,提高编程效率。后者要根据应用系统的功能要求来编写程序,例如,外部数据采集、控制算法的实现、外设驱动、故障处理及报警程序等。单片机应用系统的软件设计千差万别,不存在统一模式。开发一个软件的明智方法是尽可能采用模块化结构。根据系统软件的总体构思,按照先粗后细的办法,把整个系统软件划分成多个功能独立、大小适当的模块。划分模块时要明确规定各模块的功能,尽量使每个模块功能单一,各模块间的接口信息简单、完备,接口关系统一,尽可能使各模块之间的联系减少到最低限度。根据各模块的功能和接口关系,可以分别独立设计,某一模块的编程者可不必知道其他模块的内部结构和实现方法。在各个程序模块分别进行设计、编制和调试后,最后再将各个程序模块连接成一个完整的程序进行总调试。

六、系统调试

电路故障,包括设计性错误和工艺性故障。通常借助电气仪表进行故障检查。软件调试是利用开发工具进行在线仿真调试,在软件调试过程中也可以发现硬件故障。几乎所有的在线仿真器和简易的开发工具都为用户调试程序提供了以下几种基本方法:

①单步。一次只执行一条指令,在每步后,又返回监控调试程序。

②运行。可以从程序任何一条地址处启动,然后全速运行。

③断点运行。用户可以在程序任何处设置断点,当程序执行到断点时,控制返回到监控调试程序。

④检查和修改存储器单元的内容。

⑤检查和修改寄存器的内容。

⑥符号化调试。能按汇编语言程序中的符号进行调试。

程序调试可以一个模块一个模块地进行,一个子程序一个子程序地调试,最后连起来总调。利用开发工具提供的单步运行和设置断点运行方式,通过检查应用系统的 CPU 现场、RAM 的内容和 I/O 的状态,检查程序执行的结果是否正确,观察应用系统 I/O 设备的状态变化是否正常,从中可以发现程序中的死循环错误、机器码错误及转移地址的错误,也可以发现待测系统中软件算法错误及硬件设计错误。在调试过程中,不断地调整修改应用系统的硬件和软件,直到其正确为止。最后,试运行正常,将软件固化到 EPROM 中,系统研制完成。

3.5 基于单片机的数码管时钟系统设计

一、系统的功能

在本节设计的单片机数码管时钟系统,需具备以下的功能;

显示即时时间:能够准确地显示当前的即时时间,包括时、分、秒;

时间可调:可以通过键盘对时间进行调整;

供电:直流 5 V 电源或电池;

显示模式:数码管显示。

二、总体方案设计

该节介绍的基于单片机的数码管时钟系统设计由以下几个部分组成:单片机最小系统、电源模块、键盘模块、显示设备等。系统方框图如图 3-12 所示。

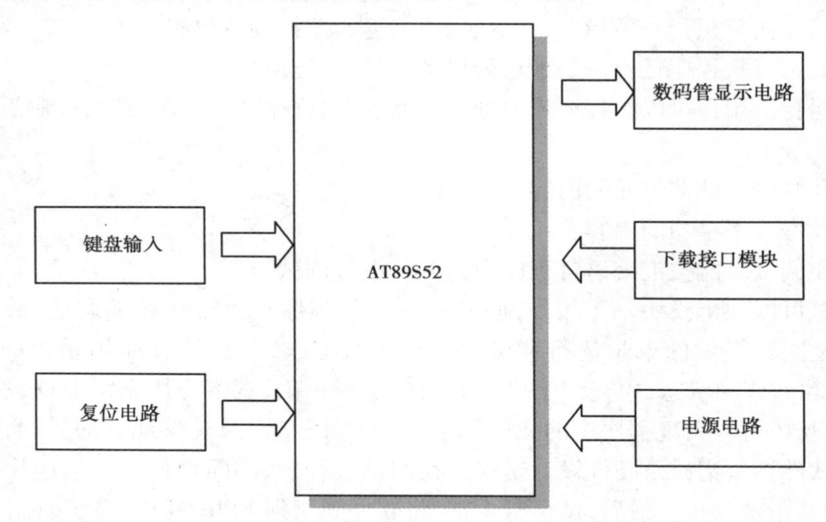

图 3-12　基于单片机的数码管时钟系统框图

三、硬件电路设计、软件编程及仿真

1. AT89S52 单片机最小系统电路

在系统中用 AT89S52 单片机作为核心控制器,因此在电路中首先需要设计的是 AT89S52 的最小系统。AT89S52 单片机的最小系统如图 3-13 所示。

AT89S52 单片机的最小系统电路包含以下几个部分:

单片机供电电路:AT89S52 需要具有可靠的 5 V 供电,在电路图中的 VCC 和 GND 为供电网络标识符。

振荡电路:AT89S52 需要一个稳定的振荡电路才能够正常工作,在该电路采用了 12 MHz 的外部晶体振荡电路作为 AT89S52 的时钟源。

复位电路:复位电路是单片机正常运行的一个必要部分,复位电路应该保证单片机在上电的瞬间进行一次有效的复位,在单片机正常工作时将 RST 引脚置低电平。此外通过一个按键进行手动复位,在单片机运行不正常时使用。

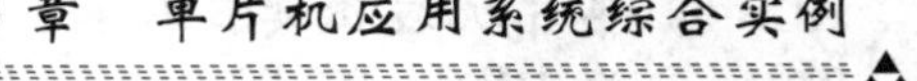

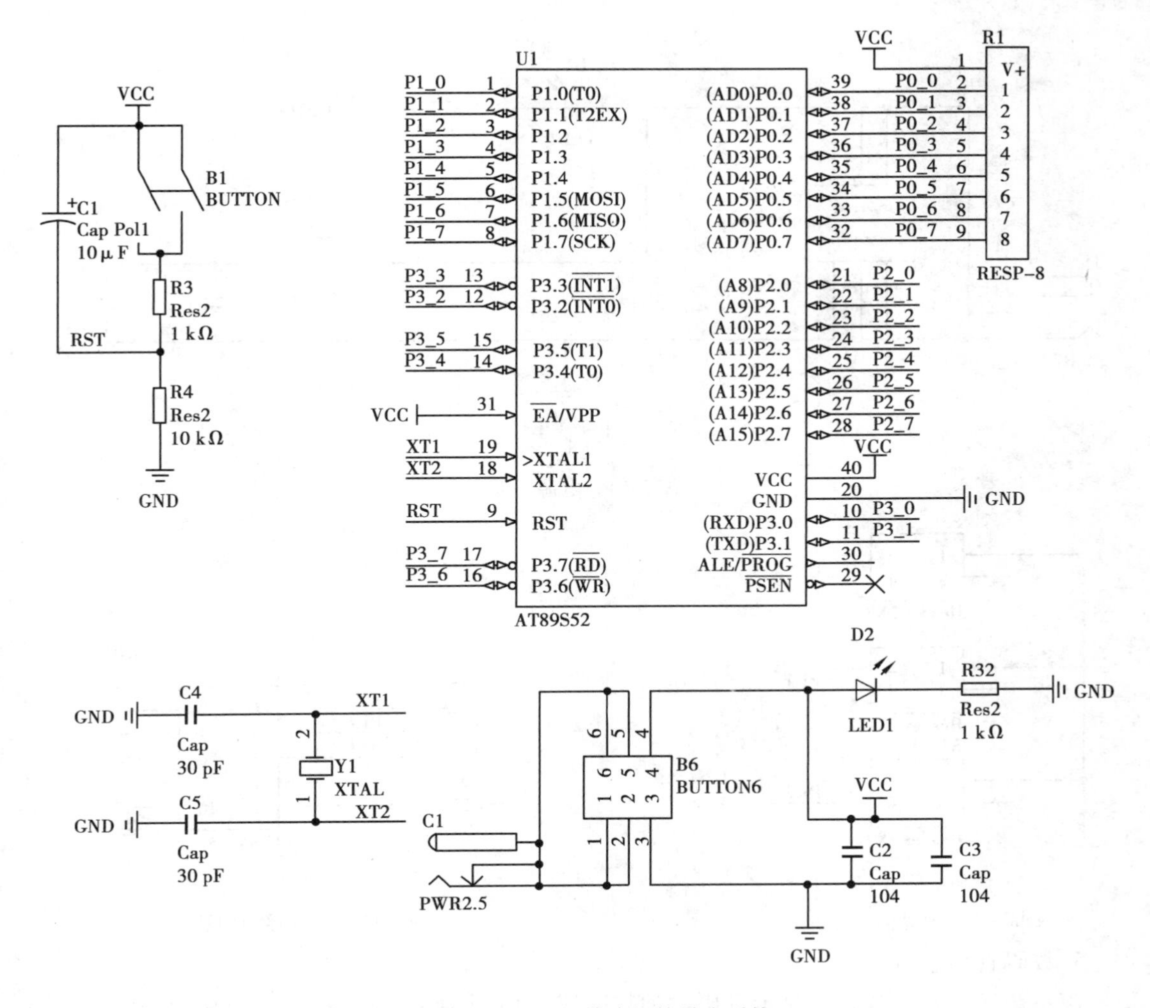

图 3-13　AT89S52 单片机的最小系统

2. 电源电路

本系统只需要提供一种电源电压 5 V，电路如图 3-14 所示，从 J1 接口引入，可外接电源适配器，也可采用集成稳压芯片 CW7805，通过市网电压—变压（变压器）—整流（全波整流桥）—滤波（大电解电容、独石电容）—稳压（集成稳压芯片 CW7805）—滤波（小电解电容、独石电容）得到。

3. 键盘输入电路

如图 3-15 键盘输入电路，这里采用了 P1.0、P1.1、P1.2 作为单片机的键盘输入口，输入信号低电平有效，通过键盘扫描原理识别是否有按键输入。

4. 程序下载接口电路

如图 3-16 所示 51 单片机的下载口通过 P1.5 与 P1.6 口。

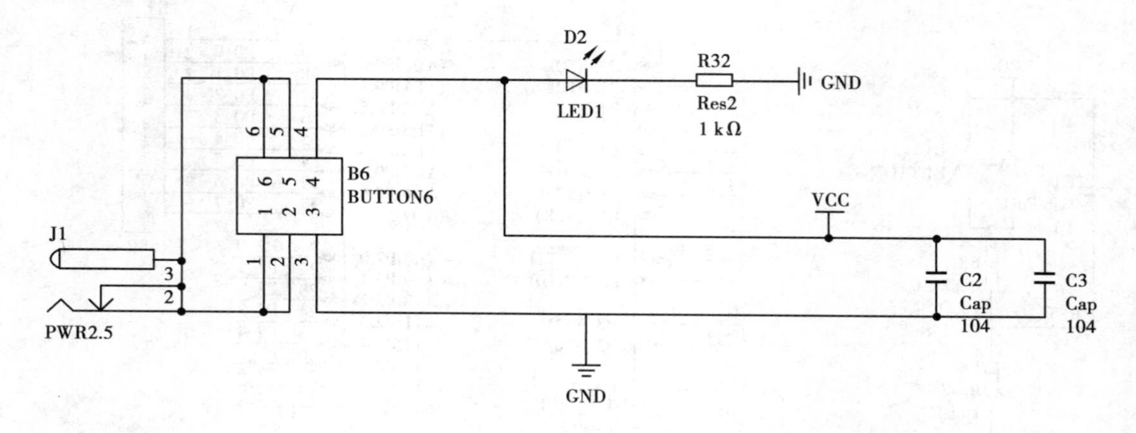

图 3-14　电源电路

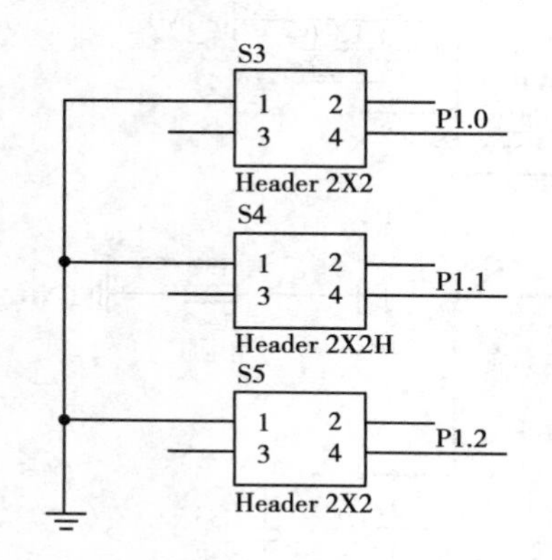

图 3-15　键盘输入电路

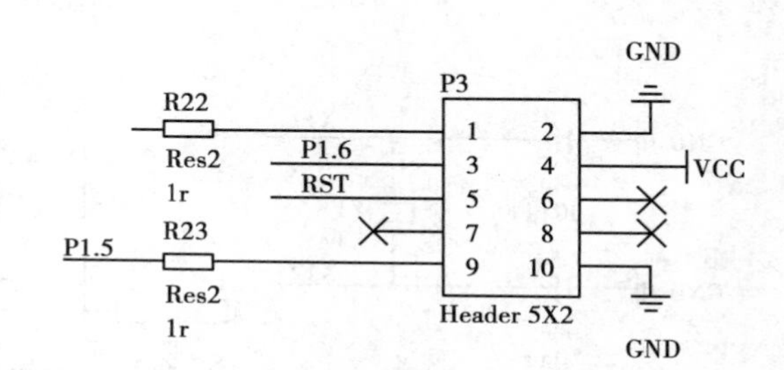

图 3-16　下载接口电路

5. 数码管显示电路

该系统通过 6 个数码管显示日历时钟数据，其中 2 个显示小时数据，2 个显示分钟数据，2 个显示秒数据，采用了对数码管逐个扫描的原理来实现，为了简化电路，在该系统的数码管显示电路中，采用了 CD4511 驱动数码管进行段选，并采用 74LS138 协助扫描数码管进行位选，这样设计不但大大简化了电路，节省了单片机 I/O 的使用，而且使得系统更加稳定可靠。

CD4511 是一个用于驱动共阴极数码管显示器的 BCD 码-7 段码译码器，具有 BCD 转换、消隐和锁存控制、7 段译码及驱动功能的 CMOS 电路能提供较大的拉电流，可直接驱动数码管显示器，CD4511 引脚图如图 3-17 所示。

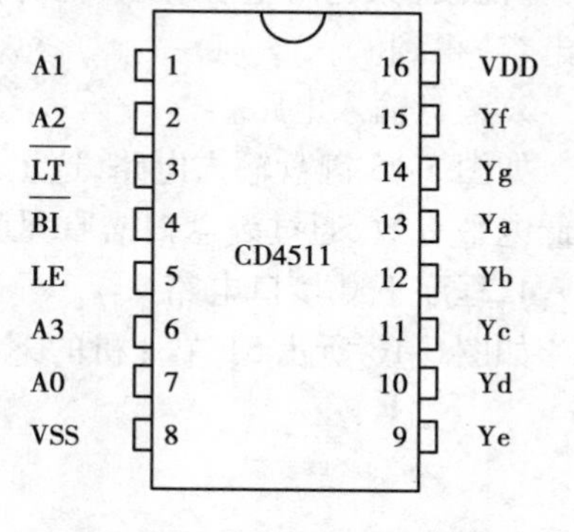

图 3-17　CD4511 引脚图

BI:4 脚是消隐输入控制端，当 BI = 0 时，不管其他输入端状态如何，7 段数码管均处于熄灭（消隐）状态，不显示数字，正常显示时置高电平。LT:3 脚是测试输入端，当 BI = 1，LT = 0 时，译码输出全为 1，不管输入 DCBA 状态如何，7 段均发亮，显示“8”，它主要用来检测数码管是否损坏，正常显示时置高电平。LE:锁定控制端，当 LE = 0 时，允许译码输出，LE = 1 时译码器是锁定保持状态，译码器输出被保持在 LE =0 时的数值。A1、A2、A3、A4 为 8421BCD 码输入端。a、b、c、d、e、f、g:为译码(7 段码)输出端,输出为高电平 1 有效。CD4511 的内部有上拉电阻,在输入端与数码管笔段端接上限流电阻就可工作。逻辑功能见表 3-2。

表 3-2　CD4511 输入输出逻辑表

输　入				输　出	
LE	BI	LT	D　C　B　A	a　b　c　d　e　f　g	显示数字
×	×	0	×　×　×　×	1　1　1　1　1　1　1	8
×	0	1	×　×　×　×	0　0　0　0　0　0　0	
0	1	1	0　0　0　0	1　1　1　1　1　1　0	0
0	1	1	0　0　0　1	0　1　1　0　0　0　0	1
0	1	1	0　0　1　0	1　1　0　1　1　0　1	2
0	1	1	0　0　1　1	1　1　1　1　0　1　1	3
0	1	1	0　1　0　0	0　1　1　0　0　1　1	4
0	1	1	0　1　0　1	1　0　1　1　0　1　1	5
0	1	1	0　1　1　0	0　0　1　1　1　1　1	6
0	1	1	0　1　1　1	1　1　1　0　0　0　0	7
0	1	1	1　0　0　0	1　1　1　1　1　1　1	8
0	1	1	1　0　0　1	1　1　1　0　0　1　1	9
0	1	1	1　0　1　0	0　0　0　0　0　0　0	熄灭
0	1	1	1　0　1　1	0　0　0　0　0　0　0	熄灭
0	1	1	1　1　0　0	0　0　0　0　0　0　0	熄灭
0	1	1	1　1　0　1	0　0　0　0　0　0　0	熄灭
0	1	1	1　1　1　0	0　0　0　0　0　0　0	熄灭
0	1	1	1　1　1　1	0　0　0　0　0　0　0	熄灭
0	1	1	×　×　×　×	×　×　×　×　×　×　×	×

8421BCD 码对应的显示见图 3-18。

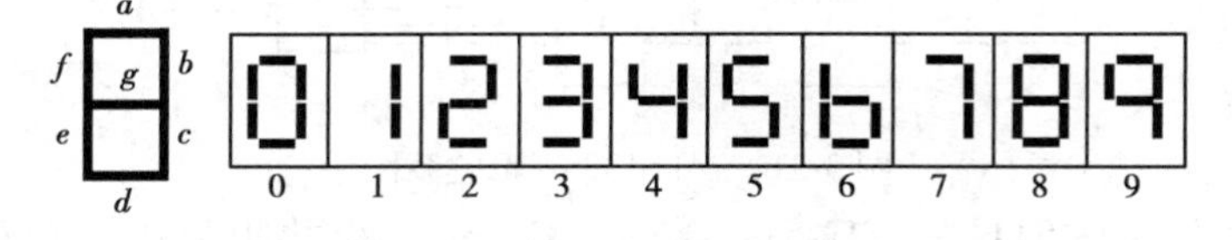

图 3-18　七段共阴数码管笔段图

数码管选用单个七段共阴数码管,其笔段图如图 3-18 所示。对于 CD4511,它与数码管的典型连接方式如图 3-19 所示。

74LS138 是最常用的三八译码器,其管脚图如图 3-20 所示,内部结构图如图 3-21 所示。

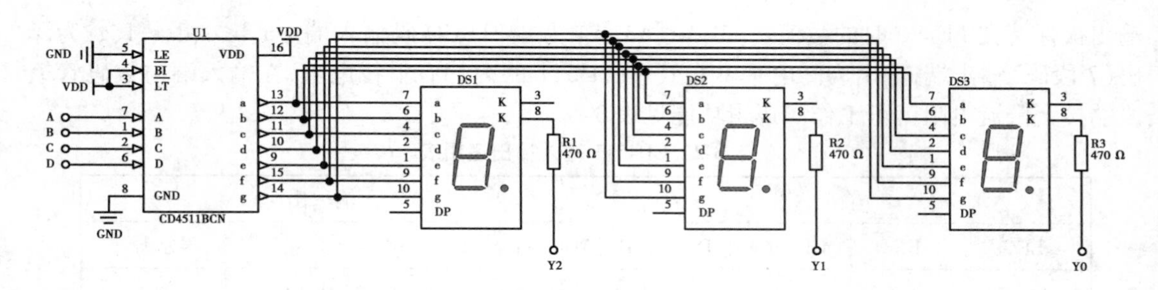

图 3-19　CD4511 与共阴数码管电路连接图

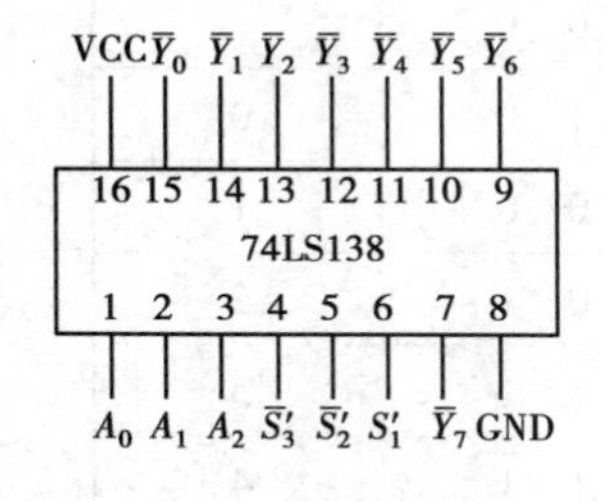

图 3-20　74LS138 管脚图

74LS138 基本功能：74LS138 为 3 线 ~ 8 线译码器，共有 54/74S138和 54/74LS138 两种线路结构形式，其 74LS138 工作原理如下：当一个选通端（S1）为高电平，另两个选通端（/S2 和/S3）为低电平时，可将地址端（A0、A1、A2）的二进制编码在一个对应的输出端以低电平译出。

3 线 ~8 线译码器 74LS138 的真值表如表 3-3 所示。

本系统通过 74LS138 对 6 位数码管进行位选，单片机通过 I/O

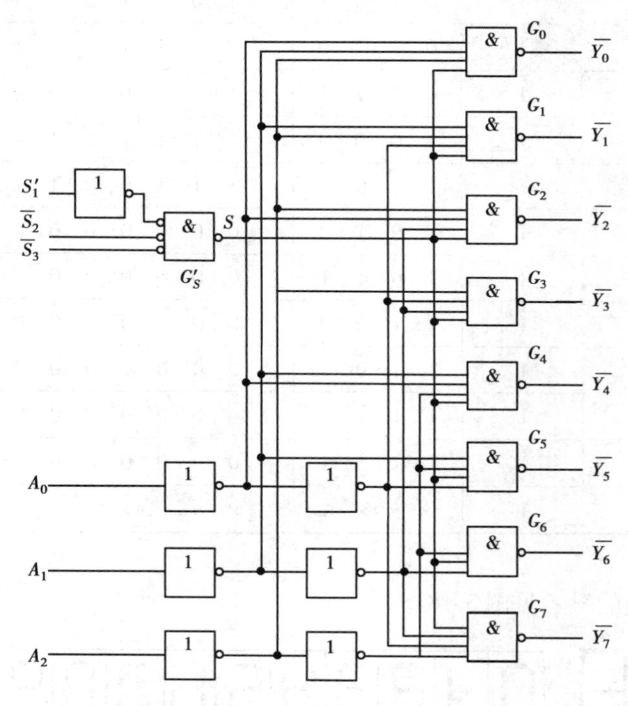

图 3-21　74LS138 逻辑关系图

口输出 BCD 码，送给 CD4511，经 CD4511 译成 7 段码，送给共阴数码管段码管脚，此时，与 74LS138 译码低电平输出端对应连接的数码管，数码管就会将 BCD 码对应的十进制数码显示出来，经过一定显示延时后（延时不可以太长，也不可太短，太长会出现闪烁显示现象，太短人眼感觉不出来），通过改变单片机 I/O 口送给 74LS138 的位选数据，顺序选通下一位数码管，同时同步通过单片机输出该位数码管所对应的显示数据，以此循环控制，只要控制好每位数码管的显示时间(即扫描时间),使人眼觉察不到多位扫描造成的闪烁现象,便可观察到6位数码管同时显示不同的数据,以显示出不同的内容。

表3-3 74LS138输入输出逻辑关系图表

输入						输出							
S_1	$\overline{S}_2+\overline{S}_3$	A_2	A_1	A_0	$\overline{Y}_0$	$\overline{Y}_1$	$\overline{Y}_2$	$\overline{Y}_3$	$\overline{Y}_4$	$\overline{Y}_5$	$\overline{Y}_6$	$\overline{Y}_7$
0	×	×	×	×	1	1	1	1	1	1	1	1
×	1	×	×	×	1	1	1	1	1	1	1	1
1	0	0	0	0	0	1	1	1	1	1	1	1
1	0	0	0	1	1	0	1	1	1	1	1	1
1	0	0	1	0	1	1	0	1	1	1	1	1
1	0	0	1	1	1	1	1	0	1	1	1	1
1	0	1	0	0	1	1	1	1	0	1	1	1
1	0	1	0	1	1	1	1	1	1	0	1	1
1	0	1	1	0	1	1	1	1	1	1	0	1
1	0	1	1	1	1	1	1	1	1	1	1	0

6.汇编语言程序代码

```
        ORG    0000H
        AJMP   MAIN
        ORG    000BH
        AJMP   TIME
        ORG    0030H
        SEC    EQU   2AH
        MIN    EQU   2BH
        HOUR   EQU   2CH
        SEC_L  EQU   30H
        SEC_H  EQU   31H
        MIN_L  EQU   32H
        MIN_H  EQU   33H
        HOUR_L EQU   34H
        HOUR_H EQU   35H

MAIN:
        MOV    HOUR,#12h            ;给时分秒寄存器赋初值0
        MOV    MIN,#00H
        MOV    SEC,#00H
        MOV    R4,#00H              ;R4为定时器1 s所需中断次数存储器
```

```
        MOV   IE,#82H
        MOV   TMOD,#01H              ;设定定时器工作方式 1
        MOV   TL0,#0B0H              ;设定时器初值,定时时间为 50 ms
        MOV   TH0,#3CH
        SETB  TR0                    ;启动定时器 T0
        MOV   SP,#40H                ;重设堆栈指针
NEXT:
        LCALL  DISP                  ;调用显示子程序
        LCALL  KEY                   ;调用按键检测及处理子程序
        SJMP  NEXT                   ;重新循环
        NOP
        NOP
        NOP

        ;定时中断处理程序:
TIME:
        PUSH   ACC                   ;保护现场
        PUSH   PSW
        MOV   TL0,#0B4H              ;赋定时初值
        MOV   TH0,#3CH
        INC   R4                     ; 每中断一次加 1
        MOV   A,R4
        CJNE   A,#20,RETI1           ;50 ms 循环 20 次,就是 1 s
        MOV   R4,#00H                ;1 s 钟时间到,对 R4 清零
        MOV   A,SEC
        ADD   A,#01H
        DA   A
        MOV   SEC,A
        CJNE   A,#60H,RETI1
        MOV   SEC,#00H               ;1 min 时间到,秒寄存器从零重新开始计数
        MOV   A,MIN
        ADD   A,#01H
        DA   A
        MOV   MIN,A
        CJNE   A,#60H,RETI1
        MOV   MIN,#00H               ;1 h 时间到,分寄存器从零重新开始计数
        MOV   A,HOUR
        ADD   A,#01H
        DA   A
```

```
        MOV   HOUR,A
        CJNE  A,#24H,RETI1
        MOV   HOUR,#00H              ;时间达到 24 h 时,寄存器从零重新开始计数
RETI1:
        POP   PSW   ;恢复现场
        POP   ACC
        RETI   ;中断返回
        NOP
        NOP

        ;显示子程序(显示寄存器处理)
DISP:
        MOV   A,SEC                  ;处理秒 SEC - - >SEC_H,SEC_L
        ANL   A,#0FH
        MOV   SEC_L,A
        MOV   A,  SEC
        ANL   A,#0F0H
        SWAP  A
        MOV   SEC_H,A

        MOV   A,MIN                  ;处理分钟 MIN - - >MIN_H,MIN_L
        ANL   A,#0FH
        MOV   MIN_L,A
        MOV   A,MIN
        ANL   A,#0F0H
        SWAP  A
        MOV   MIN_H,A
        MOV   A,HOUR                 ;处理小时 HOUR - - >HOUR_H,HOUR_L
        ANL   A,#0FH
        MOV   HOUR_L,A
        MOV   A,HOUR
        ANL   A,#0F0H
        SWAP  A
        MOV   HOUR_H,A

        ;显示寄存器输出子程序
DISP0:MOV   R0,#SEC_L
        MOV   R2,#00H                ;设置 R2 为 LED 扫描指针
DISP01:
```

```
        MOV   A,R2
        ;CALL    X2                  ;软跳线,因为实际当中是 P2.4 接 74LS138 的
                                       A2 端
                                     ;若 P2.4 接 74LS138 的 A0 端,则无需这一步
        SWAP  A
        ADD   A,@R0
        MOV   P2,A
        LCALL  DL1MS
        INC   R0
        INC   R2
        CJNE  R2,#06H,DISP01         ;6 位显示完毕?
        RET
DL1MS:  MOV   R7,#07H                ;延时 1 ms 程序
DL:   MOV   R5,#0FFH
DL1:  DJNZ  R5,DL1
        DJNZ  R7,DL
        RET
X2:MOV   C,ACC.0                     ;位码调整程序
        MOV   00H,C
        MOV   C,ACC.2
        MOV   ACC.0,C
        MOV   C,00H
        MOV   ACC.2,C
        RET

        ;按键判断程序
KEY:  MOV   P1,#0FFH   ;
        MOV   A,P1
        CPL   A
        ANL   A,#07H                 ;看 P1P1.0~P1.2 中是否有键按下
        JZ   RETX                    ;无键按下则返回
        LCALL  DL1MS                 ;延时一段时间
        MOV   A,P1
        CPL   A
        ANL   A,#07H
        JZ   RETX                    ;键盘去抖动
        MOV   R6,A                   ;将键值存入 R6
LOOP2:
        LCALL  DISP
```

```
        MOV    A,P1
        CPL    A
        ANL    A,#07H
        JNZ    LOOP2                    ;等待键释放
        LCALL    ANKEY
RETX:RET
        NOP
        NOP

        ;按键处理子程序
ANKEY:
        MOV    A,R6
        JB    ACC.0,SEC1                ;转秒按键处理程序
        JB    ACC.1,MIN1                ;转分按键处理程序
        JB    ACC.2,HOUR1               ;转小时按键处理程序
SEC1:MOV    A,SEC                       ;秒加1
        ADD    A,#01H
        DA    A
        MOV    SEC,A
        CJNE    A,#60H,    RETI2
        MOV    MIN,#00H
        RET
MIN1:    MOV    A,MIN                   ;分加1
        ADD    A,#01H
        DA    A
        MOV    MIN,A
        CJNE    A,#60H,    RETI2
        MOV    MIN,#00H
        RET                             ;返回
HOUR1:    MOV    A,HOUR                 ;时加1
        ADD    A,#01H
        DA    A
        MOV    HOUR,A
        CJNE    A,#24H,    RETI2
        MOV    HOUR,#00H                ;时间达到24 h清零
        RET;返回
RETI2:
        RET    ;返回
        NOP
```

```
    NOP
END
```

7. C 语言程序代码

```
#include   <reg51.h>
#define  uchar  unsigned  char
uchar  number[ ] = {0x00,0x10,0x20,0x30,0x40,0x50};
uchar  disp[ ] = {0x00,0x00,0x00,0x00,0x02,0x01};
uchar  numbercount = 0;
uchar  hour = 12;
uchar  min = 0;
uchar  sec = 0;
uchar  count = 250;
sbit  P1_0 = P1^0;
sbit  P1_1 = P1^1;
sbit  P1_2 = P1^2;
void  keydelay(void);
void  keyscan( );
void  dispscan( );
void  clock_add( );
void  clock_cf( );

/*按键延时消抖程序*/
void  keydelay(void)
{
unsigned  int  l;
unsigned  char  m;
for (l = 0;l < 20;l + +)
     for (m = 0;m < 250;m + +);
}

/*键盘扫描程序*/
void  keyscan( )
{if(P1_0 = =0)
     {keydelay( );
     if(P1_0 = =1)
          {
          if(sec < 60)  sec = sec + 1;
          else  sec = 0;
          }
```

```
        }
    else  if(P1_1 = =0)
          {keydelay();
          if(P1_1 = =1)
               {if(min<60)   min=min+1;
               else   min=0;
               }
          }
    else  if(P1_2 = =0)
          {keydelay();
          if(P1_2 = =1)
               {if(hour<24)   hour=hour+1;
               else   hour=0;
               }
          }
}

/*定时中断程序*/
void  t0()  interrupt  1  using  0
{TH0=(65536-4000)/256;
TL0=(65536-4000)%256;
count--;
if(count= =0)
     {
     clock_add();
     clock_cf();
     count=250;
     dispscan();
     }
else  dispscan();
}

/*显示程序*/
void  dispscan()
{
P2=disp[numbercount]|number[numbercount];
if(numbercount<5)   numbercount=numbercount+1;
else   numbercount=0;
}
```

```
/*时钟加1程序*/
void  clock_add()
{if(sec<60)   sec=sec+1;
else
      {sec=0;
      if(min<60)   min=min+1;
      else
            {min=0;
            if(hour<24)   hour=hour+1;
            else   hour=0;
            }
      }
}

/*时分秒十位、个位拆分程序*/
void  clock_cf()
{disp[0]=(int)sec%10;
disp[1]=(int)sec/10;
disp[2]=(int)min%10;
disp[3]=(int)min/10;
disp[4]=(int)hour%10;
disp[5]=(int)hour/10;
}

/*主程序:定时器初始化,中断初始化,键盘循环扫描*/
void  main()
{TMOD=0x01;
TH0=(65536-4000)/256;
TL0=(65536-4000)%256;
IE=0x82;
TR0=1;
while(1)   keyscan();
}
```

8. 系统功能实现

如图3-22所示,通过PROTEUS仿真,实现了基于51单片机的数码管时钟功能,对应硬件接口与给出程序代码相符。

9. 硬件电路制作

请参照3.2节的硬件电路制作中的内容。

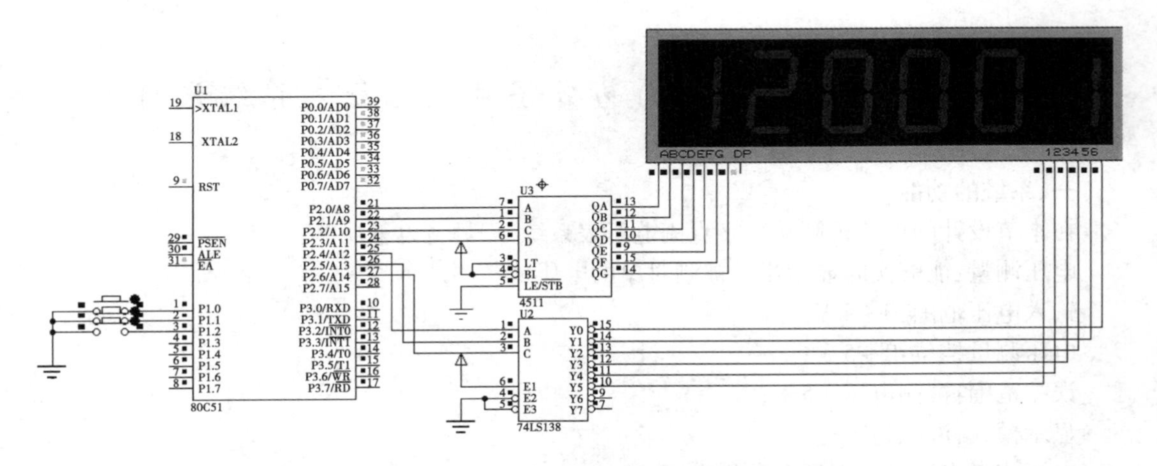

图 3-22　基于 AT89S52 的单片机数码管时钟系统仿真效果图

3.6 基于单片机的简易数字直流电压表系统设计

一、系统的功能

在本节设计的单片机简易数字直流电压表系统,需具备以下功能:

电压测量:能够实时显示当前被测对象的电压值;

输入电压范围:0 ~5 V;

电压测量挡位:0 ~5 V;

误差范围:被测电压 ±5% ;

显示模式:液晶显示;

电池或者直流稳压电源 5 V 供电。

二、总体方案设计

本节介绍的基于单片机的 8 路电压巡检电路设计具备 A/D 转换和时钟的功能,该系统由以下几个部分组成:单片机最小系统、A/D 转换、键盘输入、液晶显示设备等。系统方框图如图 3-23 所示。

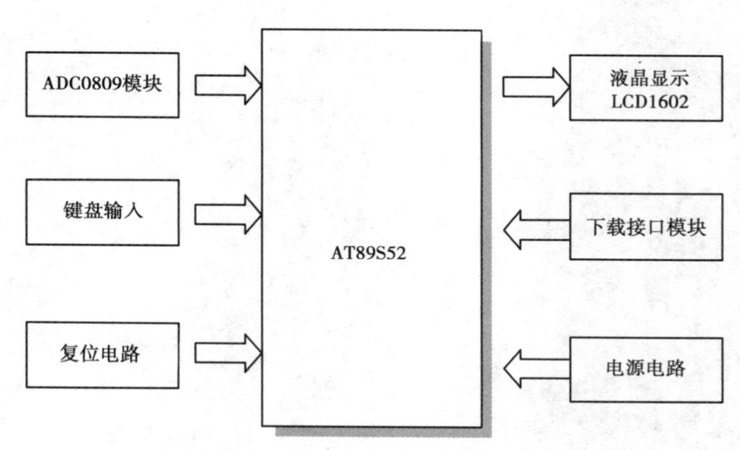

图 3-23　基于单片机的简易数字直流电压表系统方框图

三、硬件电路设计、软件编程及仿真

1. 最小系统、键盘电路、复位电路、电源电路、程序下载接口模块

键盘电路、复位电路、电源电路、程序下载接口模块设计,请参照 3.2 节中的内容。

2. 液晶显示 LCD1602

1)LCD1602 简介

1602 液晶也叫 1602 字符型液晶,它是一种专门用来显示字母、数字、符号等的点阵型液晶模块,它有若干个 5 ×7 或者 5 ×11 等点阵字符位组成,每个点阵字符位都可以显示一个字符。每位之间有一个点距的间隔,每行之间也有间隔,起到了字符间距和行间距的作用,正因为如此,它不能显示图形(用自定义 CGRAM,显示效果也不好),1602LCD 是指显示的内容为 16 ×2,即可以显示两行,每行 16 个字符液晶模块(显示字符和数字)。

液晶1602采用+5 V电压,对比度可调,内含复位电路,提供各种控制命令,如:清屏、字符闪烁、光标闪烁、显示移位等多种功能,有80字节显示数据存储器DDRAM,内部有160个5×7点阵的字型字符发生器CGROM,8个可由用户自定义的5×7的字符发生器CGRAM。实物如图3-24所示。

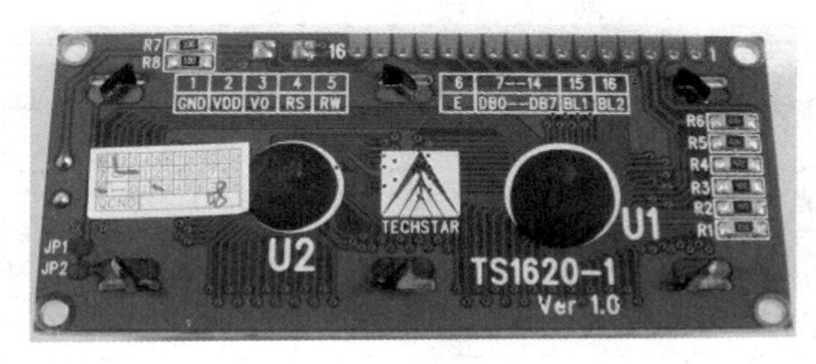

图3-24　LCD1602液晶模块实物图

2)LCD1602管脚功能

字符型LCD1602通常有14条引脚线或16条引脚线的LCD,多出来的2条线是背光电源线VCC(15脚)和地线GND(16脚),具体管脚介绍如表3-4所示。

表3-4　LCD1602各引脚功能

管脚编号	符号	引脚说明	管脚编号	符号	引脚说明
1	VSS	电源地	9	D2	数据
2	VDD	电源正极	10	D3	数据
3	VL	液晶显示偏压	11	D4	数据
4	RS	数据/命令选择	12	D5	数据
5	R/W	读/写选择	13	D6	数据
6	E	使能信号	14	D7	数据
7	D0	数据	15	BLA	背光源正极
8	D1	数据	16	BLK	背光源负极

表3-4引脚接口说明:

第1脚:VSS为地电源;

第2脚:VDD接5 V正电源;

第3脚:VL为液晶显示器对比度调整端,接正电源时对比度最弱,接地时对比度最高,对比度过高时会产生“鬼影”,使用时可以通过一个10 kΩ的电位器调整对比度;

第4脚:RS为寄存器选择,高电平时选择数据寄存器,低电平时选择指令寄存器;

第 5 脚：R/W 为读写信号线，高电平时进行读操作，低电平时进行写操作。当 RS 和 R/W 共同为低电平时可以写入指令或者显示地址，当 RS 为低电平 R/W 为高电平时可以读忙信号，当 RS 为高电平 R/W 为低电平时可以写入数据；

第 6 脚：E 端为使能端，当 E 端由高电平跳变成低电平时，液晶模块执行命令；

第 7 ~ 14 脚：D0 ~ D7 为 8 位双向数据线；

第 15 脚：背光源正极；

第 16 脚：背光源负极。

3) LCD1602 控制指令介绍

1602 液晶显示器内部共有 11 条控制指令，如表 3-5 所示。1602 液晶显示器的读写操作、屏幕和光标的操作等都是通过指令编程来实现的。

表 3-5　LCD1602 指令集

序号	指　令	RS	R/W	D7	D6	D5	D4	D3	D2	D1	D0
1	清显示	0	0	0	0	0	0	0	0	0	1
2	光标返回	0	0	0	0	0	0	0	0	1	*
3	置输入模式	0	0	0	0	0	0	0	1	I/D	S
4	显示开/关控制	0	0	0	0	0	0	1	D	C	B
5	光标或字符移位	0	0	0	0	0	1	S/C	R/L	*	*
6	置功能	0	0	0	0	1	DL	N	F	*	*
7	置字符发生存储器地址	0	0	0	1	字符发生存储器地址					
8	置数据存储器地址	0	0	1	显示数据存储器地址						
9	读忙标志或地址	0	1	BF	计数器地址						
10	写数到 CGRAM 或 DDRAM)	1	0	要写的数据内容							
11	从 CGRAM 或 DDRAM 读数	1	1	读出的数据内容							

序号 1 指令：清屏指令。

功能：①清除液晶显示器，即将 DDRAM 的内容全部填入“空白”的 ASCII 码 20H；

②光标归位，即将光标撤回液晶显示屏的左上方；

③将地址计数器(AC)的值设置为 0。

序号 2 指令：光标归位指令。

功能：①把光标撤回到液晶显示屏的左上方；

②把地址计数器(AC)的值设置为 0；

③保持 DDRAM 的内容不变。

序号 3 指令：进入模式设置指令。

功能：设定每次写入 1 位数据后光标的移位方向，并且设定每次写入的一个字符是否移动。参数设定的情况如表 3-6 所示。

序号 4 指令：显示开关控制指令。

功能：控制显示器开/关、光标显示/关闭以及光标是否闪烁。参数设定的情况如表 3-7 所示。

序号5指令:设定显示屏或光标移动方向指令。

功能:使光标移位或使整个显示屏内容移位。参数设定的情况如表3-8所示。

表3-6　LCD1602控制指令表1

位名	设　置
I/D	I/D为0时,写入新数据后光标左移
	I/D为1时,写入新数据后光标左移
S	S为1时,写入新数据后显示屏不移动
	S为0时,写入新数据后显示屏整体右移1个字

表3-7　LCD1602控制指令表2

位名	设　置
D	D为0时,显示功能关,D为1时,显示功能开
C	C为0时,无光标,C为1时,有光标
B	B为0时,光标闪烁,B为1时,光标不闪烁

表3-8　LCD1602控制指令表3

S/C	R/L	功　能
0	0	光标左移1格,且AC值减1
0	1	光标右移1格,且AC值加1
1	0	显示屏上字符全部左移1格,但光标不动
1	1	显示屏上字符全部右移1格,但光标不动

序号6指令:功能设定指令。

功能:设定数据总线位数、显示行数及字型。参数设定的情况如表3-9所示。

表3-9　LCD1602控制指令表4

位名	设　置
DL	DL为0时,数据总线为4位,当DL为1时,数据总线为8位
N	当N为0时,显示1行,N为1时,显示2行
F	当F为0时,显示为5×7点阵/每个字符,当F为1时,显示为5×7点阵/每个字符

序号7指令:CGRAM地址设置指令。

功能:设定下一个要存入数据的CGRAM的地址。

序号8指令:DDRAM地址设置指令。

功能:设定DDRAM地址。

序号9指令:读BF或AC值。

功能:读忙BF值或地址计数器AC的值。

序号 10 指令:数据写入 DDRAM 或 CGRAM 指令。

功能:① 将字符码写入 DDRAM 中,以使液晶显示屏显示出相对应的字符;

②将使用者自己设计的图形存入到 CGRAM 中。

序号 11 指令:从 CGRAM 或 DDRAM 中读出数据指令。

功能:读取 CGRAM 或 DDRAM 中的内容。

4)LCD1602 读写时序

LCD1602 的读写操作时序分别如图 3-25 和图 3-26 所示,根据这两个图归纳出的基本操作时序表,见表 3-10。

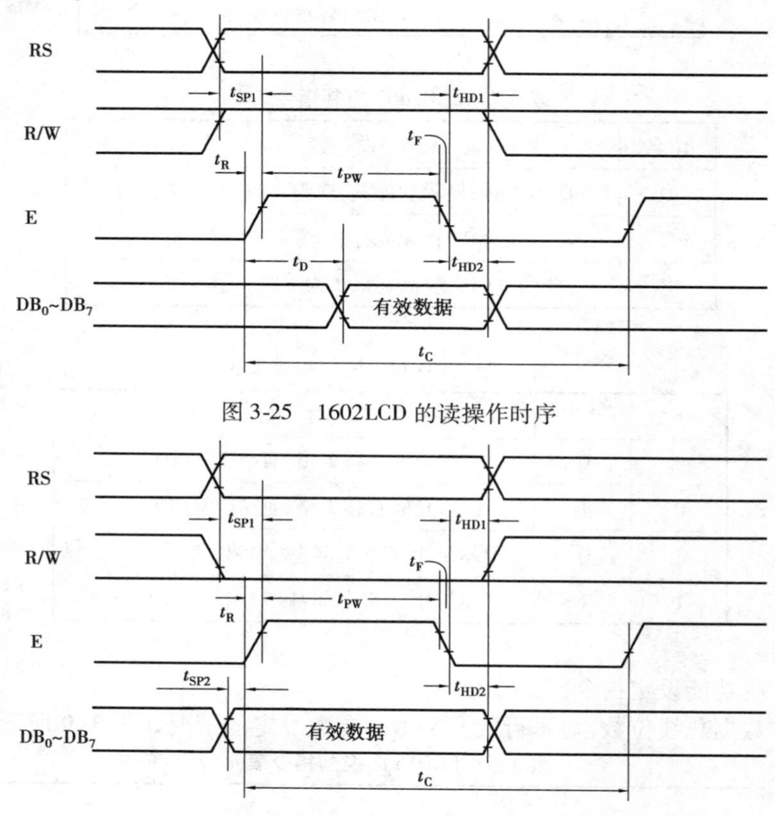

图 3-25 1602LCD 的读操作时序

图 3-26 1602LCD 的写操作时序

表 3-10 基本操作时序

读状态	输入	RS = L RW = H E = H	输出	DB0 ~ DB7 = 状态字
写指令	输入	RS = L RW = L E = 下降沿脉冲 DB0 ~ DB7 = 指令码	输出	无
读数据	输入	RS = H RW = H E = H	输出	DB0 ~ DB7 = 数据
写数据	输入	RS = H RW = L E = 下降沿脉冲 DB0 ~ DB7 = 数据	输出	无

液晶显示器是一个慢显示器件,所以在执行每条指令之前一定要确认显示器的忙标志(调用指令 9 检测 BF 位)是否为低电平,为低表示不忙,否则显示器处于忙状态,外部给定指令失效。显示字符时,要先输入显示字符地址,也就是告诉显示器在哪里显示字符,图 3-27 是

LCD1602 的内部显示地址。

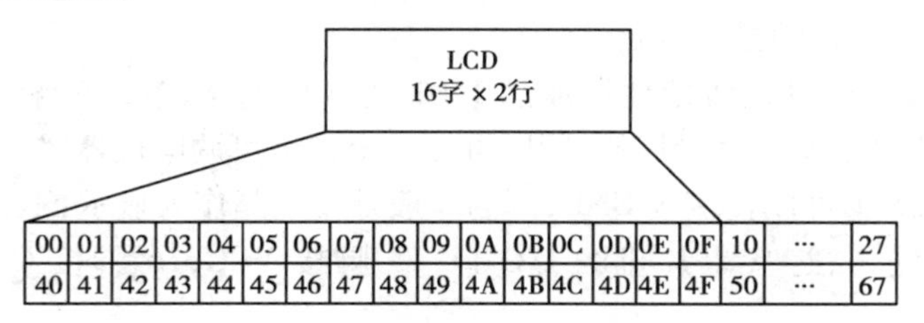

图 3-27 LCD1602 的内部显示地址

例如,第二行第一个字符的地址是 40H,因此写入显示地址时要求最高位 D7 恒定为高电平 1,所以实际写入的数据应该是 01000000B(40H)+10000000B(80H)=11000000B(C0H)。

在对液晶显示器的初始化中要先设置其显示模式,在液晶显示器显示字符时光标是自动右移的,无需人工干预。每次输入指令前都要判断液晶显示器是否处于忙的状态。1602 液晶显示器内部的字符发生存储器(CGROM)已经存储了 160 个不同的点阵字符图形,如表 3-11 所示。这些字符有阿拉伯数字、英文字母的大小写、常用的符号和日文假名等,每一个字符都有一个固定的代码,比如大写英文字母“A”的代码是 01000001B(41H),显示时模块把地址 41H 中的点阵字符图形显示出来,就能看到字母“A”。

表 3-11 CGROM 中字符码与字符字模关系对照表

高 4 位 / 低 4 位	MSB 0000	0010	0011	0100	0101	0110	0111	1010	1011	1100	1101	1110	1111
LSB xxxx0000	CG RAM (1)		0	@	P	、	p		一	タ	ミ	α	p
xxxx0001	(2)	!	1	A	Q	a	q	。	ア	チ	ム	ä	q
xxxx0010	(3)	“	2	B	R	b	r	┌	イ	ツ	メ	β	θ
xxxx0011	(4)	#	3	C	S	c	s	┘	ウ	テ	モ	ε	∞
xxxx0100	(5)	$	4	D	T	d	t	、	エ	ト	ヤ	μ	Ω
xxxx0101	(6)	%	5	E	U	e	u	·	オ	ナ	ユ	σ	ü
xxxx0110	(7)	&	6	F	V	f	v	ヲ	カ	ニ	ヨ	ρ	Σ
xxxx0111	(8)	’	7	G	W	g	w	ヌ	キ	ヌ	ラ	g	π
xxxx1000	(1)	(	8	H	X	h	x	ィ	ク	ネ	リ	√	$\bar{X}$
xxxx1001	(2)	)	9	I	Y	i	y	ゥ	ケ	ノ	ル	..	y
xxxx1010	(3)	*	:	J	Z	j	z	ェ	コ	ハ	レ	j	千
xxxx1011	(4)	+	;	K	[	k	{	ォ	サ	ヒ	ロ	`	万
xxxx1100	(5)	,	<	L	¥	l	|	ャ	シ	フ	ワ	Φ	円
xxxx1101	(6)	-	=	M	]	m	}	ュ	ス	ヘ	ン	ギ	÷
xxxx1110	(7)	.	>	N	^	n	→	ョ	セ	ホ	″	$\bar{n}$	
xxxx1111	(8)	/	?	O	_	o	←	ツ	ソ	マ	。	Ö	■

5)LCD1602 与单片机的接口电路

根据前面的介绍,可以很清楚地把液晶 1602 的接口电路连接好,液晶模块中的 1 脚接 GND,2 脚接 VCC,3 脚是调节背景灯的,所以可接一个精密可调电位器,4、6 脚控制信号,用单片机的 I/O 口控制,5 脚可以直接接 GND,因为一般是用液晶作为显示,不会去读取液晶内容,7～14 作为数据口输入,连接单片机的 I/O 口,15 脚接 VCC,16 脚接 GND,具体如图 3-28 所示。

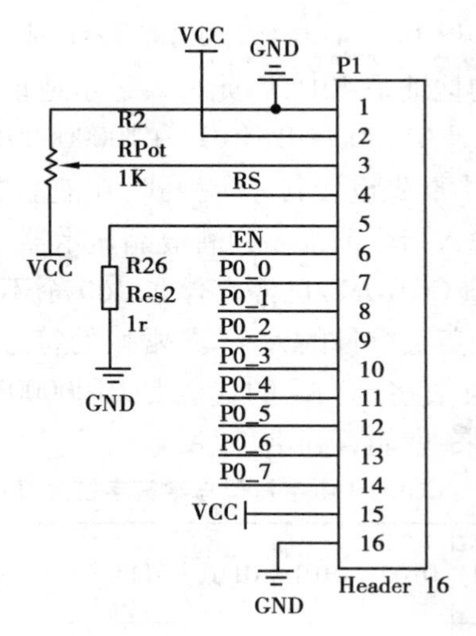

图 3-28　LCD1602 与单片机的接口电路

6)LCD1602 软件编程与仿真

现在要用 LCD1602 的第一行显示 LCD1602 TEST OK,第二行显示 www. ndkj. com. cn,仿真图如图 3-29 所示。

LCD1602 液晶显示模块 C 语言测试程序代码如下:

```
#include  <reg52.h>
#define  uchar  unsigned  char
#define  uint  unsigned  int
sbit  LCD_RS = P3^5;
sbit  LCD_RW = P3^6;
sbit  LCD_E = P3^7;
uchar  table1[ ] = "LCD1602  TEST  OK";
uchar  table2[ ] = "www.ndkj.com.cn";

void  delay_50us  (uint  t)
{
uchar  j;
for( ;t>0;t--)
    for  (j=19;j>0;j--);
```

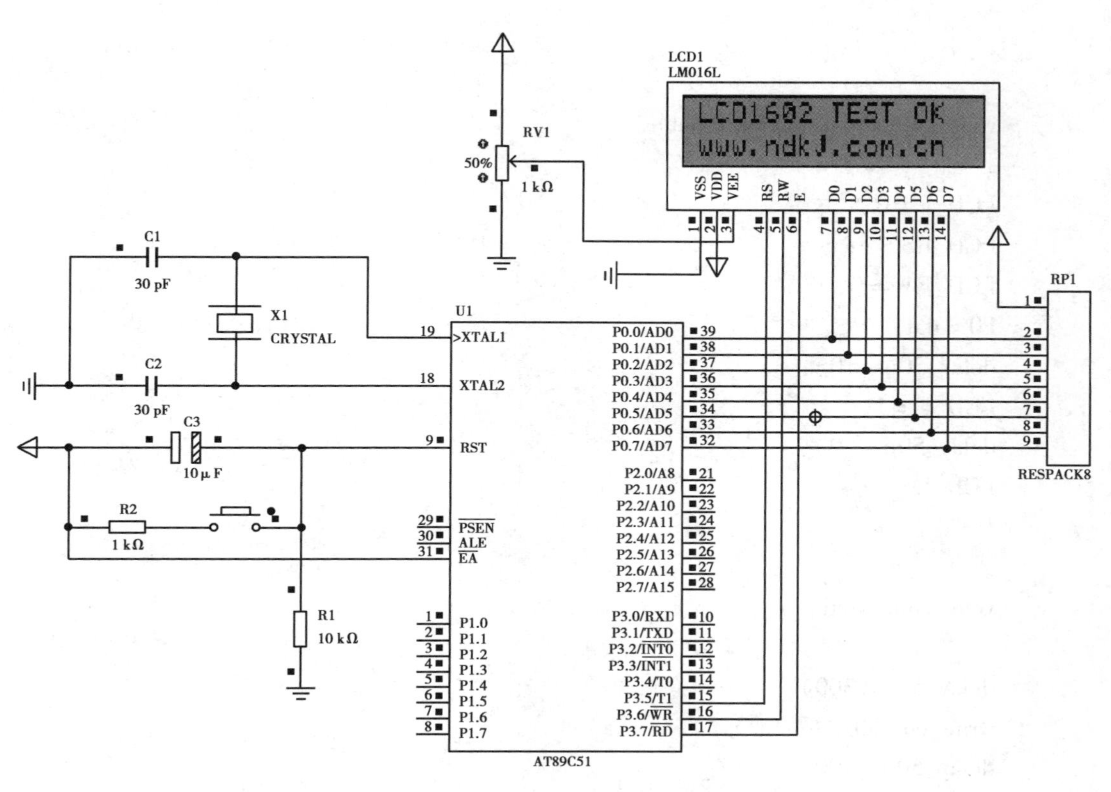

图3-29　LCD1602字符显示仿真

```
}

/* void    delay_50ms   (uint   t)
{
uchar   j;
for( ;t >0;t - - )
     for   (j =6245;j >0;j - - );
}    */

void   write_com(uchar   com)
{
LCD_E =0;
LCD_RS =0;
LCD_RW =0;
P0 = com;
delay_50us(10);
LCD_E =1;
delay_50us(20);
LCD_E =0;
```

```
}

void  write_data(uchar  dat)
{
LCD_E =0;
LCD_RS =1;
LCD_RW =0;
P0 =dat;
delay_50us(10);
LCD_E =1;
delay_50us(20);
LCD_E =0;
}

void  init(void)
{
delay_50us(300);
write_com(0x38);
delay_50us(100);
write_com(0x38);
delay_50us(100);
write_com(0x38);
write_com(0x38);
write_com(0x0c);
write_com(0x06);
write_com(0x01);
write_com(0x08);
}

void  main()
{
uchar  j;
init();
write_com(0x80);
for(j =0;j <16;j + +)
    {
    write_data(table1[j]);
    delay_50us(10);
    }
```

```
write_com(0x80 +0x40);
for(j =0;j <16;j + + )
    {
    write_data(table2[j]);
    delay_50us(10);
    }
while(1);
}
```

3. ADC0809 电路设计

1) ADC0809 概述

ADC0809 是采样分辨率为 8 位的、以逐次逼近原理进行模—数转换的器件。其内部有一个 8 通道多路开关,它可以根据地址码锁存译码后的信号,只选通 8 路模拟输入信号中的一个进行 A/D 转换。

2) ADC0809 主要特性

8 路输入通道,8 位 A/D 转换器,即分辨率为 8 位,具有转换起停控制端,转换时间为 100 μs(时钟为 640 kHz 时),130μs(时钟为 500 kHz 时),单个 +5 V 电源供电,模拟输入电压范围 0 ~ +5 V,不需零点和满刻度校准,工作温度范围为 -40 ~ +85℃,低功耗,约 15 mW。

3) ADC0809 内部结构

ADC0809 是 CMOS 单片型逐次逼近式 A/D 转换器,内部结构如图 3-30 所示,它由 8 路模拟开关、地址锁存与译码器、逐次逼近比较器、8 位开关树型 A/D 转换器、三态锁存缓冲器组成。

4) ADC0809 外部特性(引脚功能)

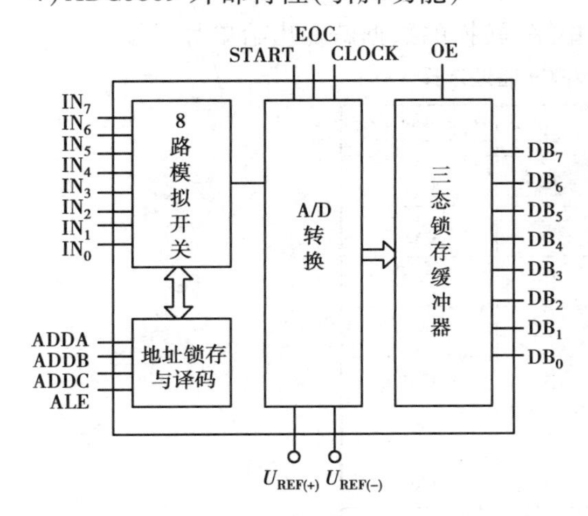

图 3-30　ADC0809 内部结构图

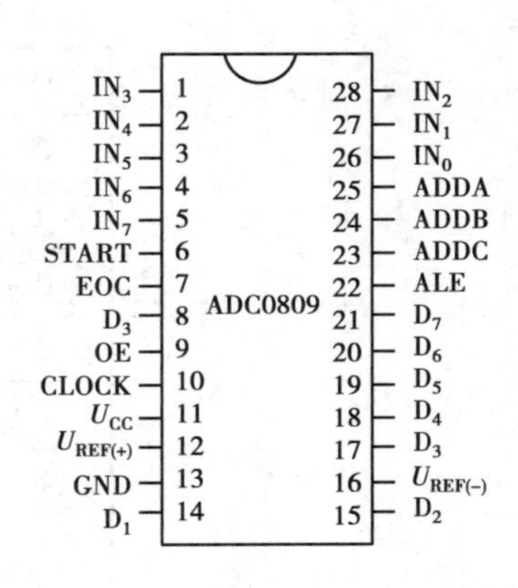

图 3-31　ADC0809 引脚图

ADC0809 芯片有 28 条引脚,采用双列直插式封装,如图 3-31 所示。下面说明各引脚功能:

IN0 ~ IN7:8 路模拟量输入端;

D0 ~ D7:8 位数字量输出端;

ADDA、ADDB、ADDC:3 位地址输入线,用于选通 8 路模拟输入中的一路;

ALE:地址锁存允许信号,输入,高电平有效;

START:A/D 转换启动脉冲输入端,输入一个正脉冲(至少 100 ns 宽)使其启动(脉冲上升沿使 0809 复位,下降沿启动 A/D 转换);

EOC:A/D 转换结束信号,输出,当 A/D 转换结束时,此端输出一个高电平(转换期间一直为低电平);

OE:数据输出允许信号,输入,高电平有效。当 A/D 转换结束时,此端输入一个高电平,才能打开输出三态门,输出数字量;

CLK:时钟脉冲输入端,要求时钟频率不高于 640 kHz;

REF(+)、REF(-):基准电压;

Vcc:电源,单一 +5 V;

GND:地。

5)ADC0809 的工作过程

ADC0809 是带有 8 位 A/D 转换器、8 路多路开关以及微处理机兼容的控制逻辑的 CMOS 组件。它是逐次逼近式 A/D 转换器,可以和单片机直接接口。A,B 和 C 为地址输入线,用于选通 IN0 ~ IN7 上的一路模拟量输入。通道选择如表 3-12 所示。

ADC0809 应用说明:

①ADC0809 内部带有输出锁存器,可以与 AT89S51 单片机直接相连。

②初始化时,使 ST 和 OE 信号全为低电平。

③送要转换的那一通道的地址到 A,B,C 端口上。

④在 ST 端给出一个至少有 100 ns 宽的正脉冲信号。

⑤是否转换完毕,根据 EOC 信号来判断。

⑥当 EOC 变为高电平时,这时给 OE 为高电平,转换的数据就输出给单片机了。

表 3-12　ADC0809 通道选择

C	B	A	通道选择
0	0	0	IN0
0	0	1	IN1
0	1	0	IN2
0	1	1	IN3
1	0	0	IN4
1	0	1	IN5
1	1	0	IN6
1	1	1	IN7

6)ADC0809 接口电路

根据前面的介绍,要让 ADC0809 正常地工作起来,它的控制信号有 OE、CLK、EOC、START、ALE、ADDA、ADDB、ADDC,分别与单片机 I/O 口连接,IN0 ~ IN7 与外部模拟信号连接,如果模拟信号比较弱的话,可以采用放大之后再与AD转换器连接,要是外部模拟信号变化较快,可以在输入前加保持电路,D0~D7为AD转换量输出,则与单片机的I/O口连接。具体连接如图3-32所示。

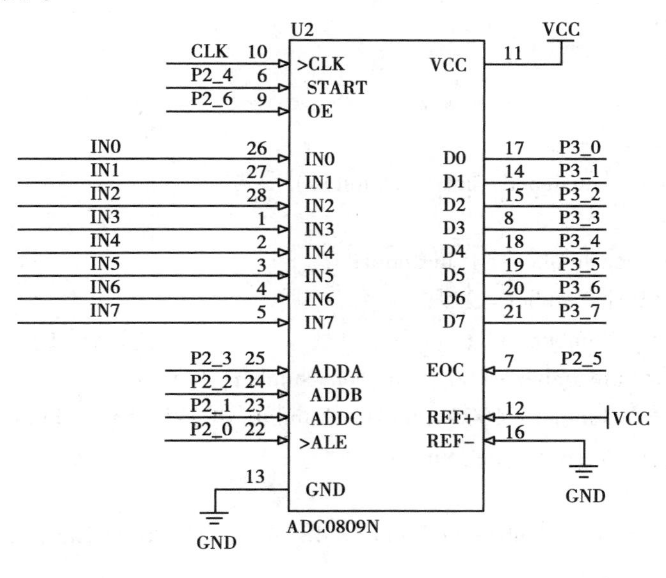

图3-32 ADC0809接口电路

4. C语言程序代码

```
#include   <reg51.h>
#define   TIME0H   0xff
#define   TIME0L   0xce
#define   vdInitialize()   vWriteCMD(0x01);vWriteCMD(0x38);vWriteCMD(0x0C);   //
初始化
sbit   LCDRS = P3^5   ;//寄存器选择信号:0——数据寄存器,1——指令寄存器
sbit   LCDRW = P3^6;   //读写信号:1——读LCD,0——写LCD
sbit   LCDE = P3^7;   //片选信号,当输入下降沿信号时,执行指令或传送数据
#define   LCDPORT   P0   //LCD数据接口
sbit   START = P3^4;        //sTART,ALE接口,0->1->0:启动AD转换
sbit   EOC = P3^3;          //转换完毕由0变1
#define   OUTPORT   P2;
unsigned   int   uc_Clock = 1000;   //定时器0中断计数
sbit   P3_2 = P3^2;
sbit   P1_3 = P1^3;
sbit   P1_4 = P1^4;
sbit   P1_5 = P1^5;
bit   b_DATransform = 0;
void   vDelay();                                   //延时函数
void   vWriteCMD(unsigned char ucCommand);         //把1个命令写入LCD
```

```
void  vWriteData(unsigned char ucData);              //把1个数据写入LCD
void  vShowOneChar(unsigned char ucChar);
void  vShowChar(unsigned char ucaChar[]);


/*************************把电压显示在LCD上********************/
void  vShowVoltage(unsigned  int  uiNumber)
{
unsigned  char  ucaNumber[3],ucCount;
if(uiNumber>999)uiNumber=999;
ucaNumber[0]=uiNumber/100;                           //把计算数字的每个位存入数组
ucaNumber[1]=(uiNumber-100*(int)ucaNumber[0])/10;
ucaNumber[2]=uiNumber-100*(int)ucaNumber[0]-10*ucaNumber[1];
for(ucCount=0;ucCount<3;ucCount++)
    {
    vShowOneChar(ucaNumber[ucCount]+48);             //从首位到末位逐一输出
    if(ucCount==0)
        vShowOneChar('.');
    }
}

/*************************把1个命令写入LCD********************/
void  vWriteCMD(unsigned  char  ucCommand)
{
vDelay();                                            //先延时
LCDE=1;                                              //然后把LCD改为写入命令状态
LCDRS=0;
LCDRW=0;
LCDPORT=ucCommand;                                   //再输出命令
LCDE=0;                                              //最后执行命令
}

/*************************把1个数据写入LCD********************/
void  vWriteData(unsigned  char  ucData)
{
vDelay();                                            //先延时
LCDE=1;                                              //然后把LCD改为写入数据状态
```

```
LCDRS = 1;
LCDRW = 0;
LCDPORT = ucData;                                    //再输出数据
LCDE = 0;                                            //最后显示数据
}

void  vShowOneChar(unsigned  char  ucChar)
{
switch(ucChar)
    {
    case  '  ':  vWriteData(0x20);break;
    case  '!':  vWriteData(0x21);break;
    case  '"':  vWriteData(0x22);break;
    case  '#':  vWriteData(0x23);break;
    case  '$':  vWriteData(0x24);break;
    case  '%':  vWriteData(0x25);break;
    case  '&':  vWriteData(0x26);break;
    case  '>':  vWriteData(0x27);break;
    case  '(':  vWriteData(0x28);break;
    case  ')':  vWriteData(0x29);break;
    case  '*':  vWriteData(0x20);break;
    case  '+':  vWriteData(0x2A);break;
    case  '-':  vWriteData(0x2D);break;
    case  '/':  vWriteData(0x2F);break;
    case  '=':  vWriteData(0x3D);break;
    case  '<':  vWriteData(0x3E);break;
    case  '?':  vWriteData(0x3F);break;
    case  '.':  vWriteData(0x2E);break;
    case  ':':  vWriteData(0x3A);break;
    case  '0':  vWriteData(0x30);break;
    case  '1':  vWriteData(0x31);break;
    case  '2':  vWriteData(0x32);break;
    case  '3':  vWriteData(0x33);break;
    case  '4':  vWriteData(0x34);break;
    case  '5':  vWriteData(0x35);break;
    case  '6':  vWriteData(0x36);break;
    case  '7':  vWriteData(0x37);break;
    case  '8':  vWriteData(0x38);break;
    case  '9':  vWriteData(0x39);break;
    case  'A':  vWriteData(0x41);break;
```

```
case  'B':  vWriteData(0x42);break;
case  'C':  vWriteData(0x43);break;
case  'D':  vWriteData(0x44);break;
case  'E':  vWriteData(0x45);break;
case  'F':  vWriteData(0x46);break;
case  'G':  vWriteData(0x47);break;
case  'H':  vWriteData(0x48);break;
case  'I':  vWriteData(0x49);break;
case  'J':  vWriteData(0x4A);break;
case  'K':  vWriteData(0x4B);break;
case  'L':  vWriteData(0x4C);break;
case  'M':  vWriteData(0x4D);break;
case  'N':  vWriteData(0x4E);break;
case  'O':  vWriteData(0x4F);break;
case  'P':  vWriteData(0x50);break;
case  'Q':  vWriteData(0x51);break;
case  'R':  vWriteData(0x52);break;
case  'S':  vWriteData(0x53);break;
case  'T':  vWriteData(0x54);break;
case  'U':  vWriteData(0x55);break;
case  'V':  vWriteData(0x56);break;
case  'W':  vWriteData(0x57);break;
case  'X':  vWriteData(0x58);break;
case  'Y':  vWriteData(0x59);break;
case  'Z':  vWriteData(0x5A);break;
case  'a':  vWriteData(0x61);break;
case  'b':  vWriteData(0x62);break;
case  'c':  vWriteData(0x63);break;
case  'd':  vWriteData(0x64);break;
case  'e':  vWriteData(0x65);break;
case  'f':  vWriteData(0x66);break;
case  'g':  vWriteData(0x67);break;
case  'h':  vWriteData(0x68);break;
case  'i':  vWriteData(0x69);break;
case  'j':  vWriteData(0x6A);break;
case  'k':  vWriteData(0x6B);break;
case  'l':  vWriteData(0x6C);break;
case  'm':  vWriteData(0x6D);break;
case  'n':  vWriteData(0x6E);break;
case  'o':  vWriteData(0x6F);break;
```

```
        case  'p':  vWriteData(0x70);break;
        case  'q':  vWriteData(0x71);break;
        case  'r':  vWriteData(0x72);break;
        case  's':  vWriteData(0x73);break;
        case  't':  vWriteData(0x74);break;
        case  'u':  vWriteData(0x75);break;
        case  'v':  vWriteData(0x76);break;
        case  'w':  vWriteData(0x77);break;
        case  'x':  vWriteData(0x78);break;
        case  'y':  vWriteData(0x79);break;
        case  'z':  vWriteData(0x7A);break;
        default:  break;
        }
    }
    void  vShowChar(unsigned  char  ucaChar[])
    {
    unsigned  char  ucCount;
    for(ucCount=0;;ucCount++)
        {
        vShowOneChar(ucaChar[ucCount]);
        if(ucaChar[ucCount+1]=='\0')
        break;
        }
    }

    /**********************延时函数*****************
*******/
    void  vDelay()
    {
    unsigned  int  uiCount;
    for(uiCount=0;uiCount<250;uiCount++);
    }

    /*****************AD转换函数****************
**********/
    //AD转换函数,返回转换结果
    //转换结果是3位数,小数点在百位与十位之间
    unsigned  int  uiADTransform()
    {
    unsigned  int  uiResult;
```

```
START = 1;                                              //启动 AD 转换
START = 0;
while( EOC = = 0);                                      //等待转换结束
uiResult = OUTPORT;                                     //出入转换结果
uiResult = (100 * uiResult)/51;                         //处理运算结果
return   uiResult;
}

/* * * * * * * * * * * * * * * * * * * * * * * * * 主函数 * * * * * * * * * * * * * *
* * * * * */
void   main( )
{  //设置定时器 0
TMOD = 0x01;                                            //定时器 0,模式 1
TH0 = TIME0H;
TL0 = TIME0L;
TR0 = 1;                                                //启动定时器
ET0 = 1;                                                //开定时器中断
EA = 1;                                                 //开总中断
P1_3 = 0;
P1_4 = 0;
P1_5 = 0;
vdInitialize( );
vWriteCMD(0x84);                                        //写入显示起始地址(第二行第一个
位置)
vShowChar( " Voltage:" );
vWriteCMD(0xC9);
vShowChar( "(V)" );
while(1)
    {
    if( b_DATransform = = 1)
        {
        b_DATransform = 0;
        vWriteCMD(0xC4);
        vShowVoltage( uiADTransform( ) );
        }
    }
}

/* * * * * * * * * * * * * * * * * * * * * * * * * 定时器 0 中断函数 * * * * * * * *
* * * * * * * * * * */
```

```
void   Time0( )   interrupt   1
{
if( uc_Clock = =0)
      {
      uc_Clock =1000;
      b_DATransform =1;
      }
else
      uc_Clock - - ;
P3_2 = ~P3_2;
TH0 =TIME0H;                                        //恢复定时器 0
TL0 =TIME0L;
}
```

5. 系统功能仿真

简易数字直流电压表仿真图如图 3-33 所示,ADC0809 进行 AD 转换时,通过 P1.0 ~ P1.2 连接按键选择转换通道号,采用查询 EOC 的标志信号来检查 AD 转换是否完毕,若完毕则把数据通过 P2 端口读入,经过数据处理之后在 LCD1602 上显示。

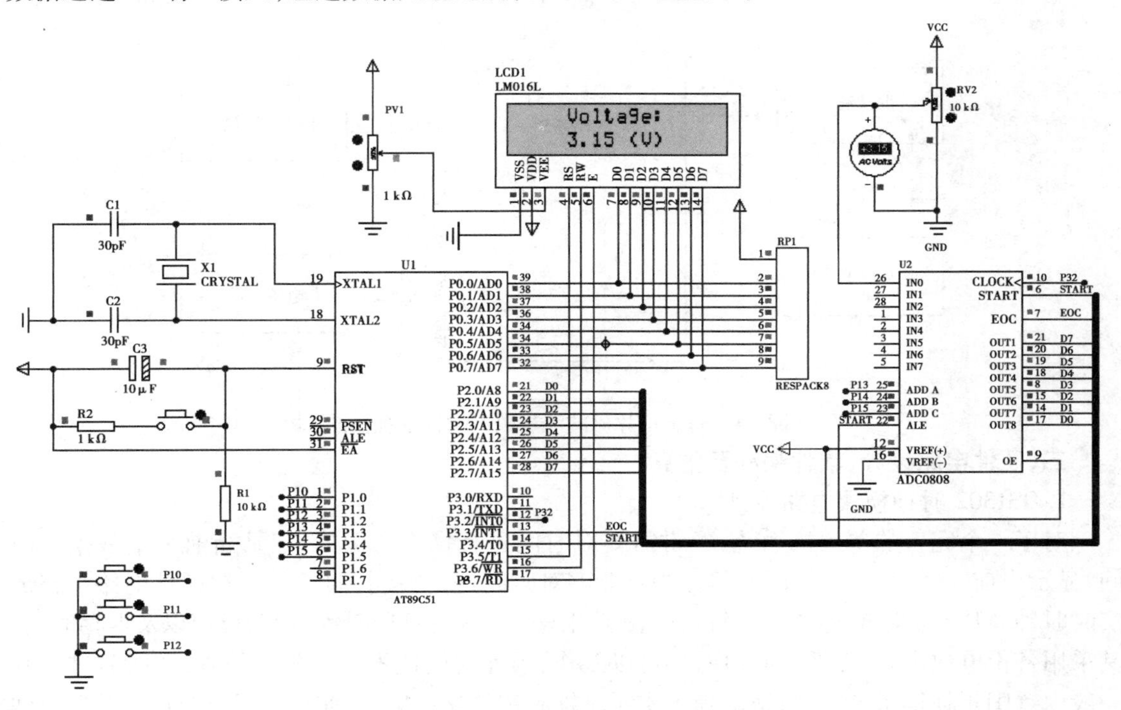

图 3-33　基于 AT89S52 单片机的数字直流电压表系统仿真效果图

6. 硬件电路制作

请参照 3.2 节硬件电路制作中的内容。

3.7　基于单片机的液显数字时钟系统设计

一、系统的功能

在本节设计的单片机液晶数字时钟系统,需具备以下的功能:

显示即时日历时间:能够准确地显示当前的即时日历时间,包括年、月、日、时、分、秒;

日历时间可调:可以通过键盘对日历时间进行调整;

电池供电:保证时间数据不丢失;

显示模式:液晶显示。

二、总体方案设计

该节介绍的基于单片机的数字时钟电路设计由以下几个部分组成:单片机最小系统、时钟模块、键盘模块、显示设备等。系统方框图如图 3-34 所示。

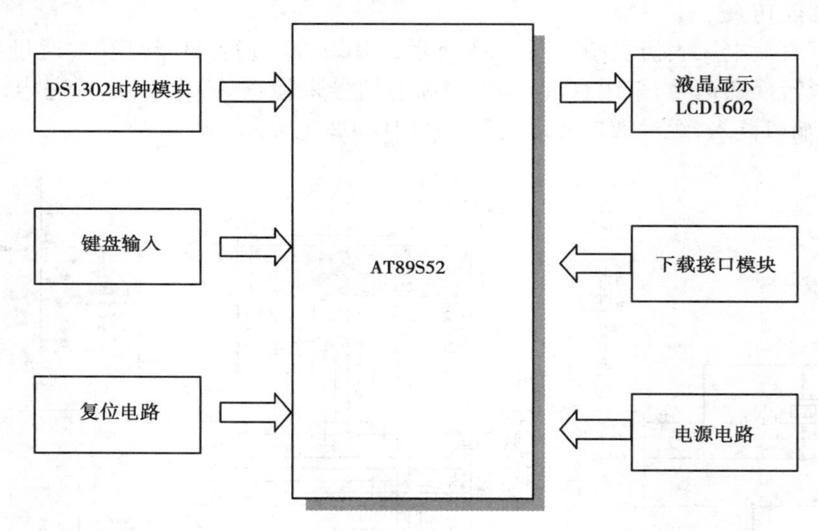

图 3-34　基于单片机的液显数字时钟系统框图

三、硬件电路设计、软件编程及仿真

1. DS1302 时钟模块电路设计

对于一个完善的单片机系统,经常需要对时间进行操作。例如,记录当前采集数据的时间、显示当前时间、设定关机时间等。为了能够对时间进行控制,通常需要在硬件电路中集成实时时钟芯片。实时时钟芯片一般均内置了可编程的实时日历时钟,用于设定以及保存时间。其采用备份电池供电,在系统断电时仍可以工作,因此时间值不会丢失。另外,实时时钟芯片一般内置闰年补偿系统,计时很准确。实时时钟芯片的这些优点,使得其广泛应用于需要时间显示的测控系统或者手持式设备中。本系统采用美国 DALLAS 公司推出实时时钟芯片 DS1302 产生时钟信号。

1)实时时钟芯片 DS1302 概述

现在流行的串行时钟电路很多,如 DS1302、DS1307、PCF8485 等。这些电路的接口简单、价格低廉、使用方便,被广泛地采用。本文介绍的实时时钟电路 DS1302 是 DALLAS 公司的一种具有涓细电流充电能力的电路，主要特点是采用串行数据传输，可为掉电保护电源提供可编程的充电功能，并且可以关闭充电功能，采用普通32.768 kHz晶振。

DS1302是美国DALLAS公司推出的一种高性能、低功耗、带RAM的实时时钟电路，它可以对年、月、日、周日、时、分、秒进行计时，具有闰年补偿功能，工作电压为2.5～5.5 V。采用三线接口与CPU进行同步通信，并可采用突发方式一次传送多个字节的时钟信号或RAM数据。DS1302内部有一个31×8的用于临时性存放数据的RAM寄存器。DS1302是DS1202的升级产品，与DS1202兼容，但增加了主电源/后背电源双电源引脚，同时提供了对后备电源进行涓细电流充电的能力。

2)引脚功能及结构

DS1302的引脚排列，其中VCC1为后备电源，VCC2为主电源。在主电源关闭的情况下，也能保持时钟的连续运行。DS1302由VCC1或VCC2两者中的较大者供电。当VCC2大于VCC1+0.2 V时，VCC2给DS1302供电。当VCC2小于VCC1时，DS1302由VCC1供电。X1和X2是振荡源，外接32.768 kHz晶振。RST是复位/片选线，通过把RST输入驱动置高电平来启动所有的数据传送。RST输入有两种功能：首先，RST接通控制逻辑，允许地址/命令序列送入移位寄存器；其次，RST提供终止单字节或多字节数据的传送手段。当RST为高电平时，所有的数据传送被初始化，允许对DS1302进行操作。如果在传送过程中RST置为低电平，则会终止此次数据传送，I/O引脚变为高阻态。上电运行时，在VCC>2.0 V之前，RST必须保持低电平。只有在SCLK为低电平时，才能将RST置为高电平。I/O为串行数据输入输出端(双向)，后面有详细说明。SCLK为时钟输入端。图3-35为DS1302的引脚功能图。

3)DS1302的控制字节

DS1302的控制字如图3-36所示。控制字节的最高有效位(位7)必须是逻辑1，如果它为0，则不能把数据写入DS1302中，位6如果为0，则表示存取日历时钟数据，为1表示存取RAM数据；位5至位1指示操作单元的地址；最低有效位(位0)如为0表示要进行写操作，为1表示进行读操作，控制字节总是从最低位开始输出。

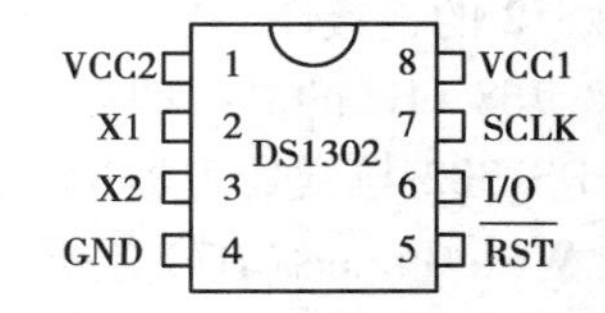

图3-35　DS1302的引脚功能图

7	6	5	4	3	2	1	0
1	RAM / $\overline{C}\,\overline{K}$	A4	A3	A2	A1	A0	RD / $\overline{W}\,\overline{R}$

图3-36　DS1302的控制字

4)数据输入输出(I/O)

在控制指令字输入后的下一个SCLK时钟的上升沿时，数据被写入DS1302，数据输入从低位即位0开始。同样，在紧跟8位的控制指令字后的下一个SCLK脉冲的下降沿读出DS1302的数据，读出数据时从低位0位到高位7。

5)DS1302的寄存器

DS1302有12个寄存器，其中有7个寄存器与日历、时钟相关，存放的数据位为BCD码形式，其日历、时间寄存器及其控制字见表3-13。此外，DS1302还有年份寄存器、控制寄存器、充电寄存器、时钟突发寄存器及与RAM相关的寄存器等。时钟突发寄存器可一次性顺序读写除充电寄存器外的所有寄存器内容。DS1302与RAM相关的寄存器分为两类：一类是单个

RAM 单元,共 31 个,每个单元组态为一个 8 位的字节,其命令控制字为 C0H ~ FDH,其中奇数为读操作,偶数为写操作;另一类为突发方式下的 RAM 寄存器,此方式下可一次性读写所有的 RAM 的 31 个字节,命令控制字为 FEH(写)、FFH(读)。

表 3-13　日历、时间寄存器及其控制字

读寄存器	写寄存器	BIT7	BIT6	BIT5	BIT4	BIT3	BT2	BIT1	BIT0	范围
81H	80H	CH	10 秒			秒				00 ~ 59
83H	82H		10 分			分				00 ~ 59
85H	84H	12/24	0	10 AM/PM	时	时				1 ~ 12/ 0 ~ 23
87H	86H	0	0	10 日		日				1 ~ 31
89H	88H	0	0	0	10 月	月				1 ~ 12
8BH	8AH	0	0	0	0	0	星期			1 ~ 7
8DH	8CH	10 年				年				00 ~ 99
8FH	8EH	WP	0	0	0	0	0	0	0	—

6)DS1302 实时显示时间的软硬件

DS1302 与 CPU 的连接需要 3 条线,即 SCLK(7)、I/O(6)、RST(5)。图 3-37 为 DS1302 与 AT89S52 的连接图,其中,时钟的显示用 LCD。实际上,在调试程序时可以不加电容器,只加一个 32.768 kHz 的晶振即可。只是选择晶振时,不同的晶振,误差也较大。

DS1302 与微处理器进行数据交换时,首先由微处理器向电路发送命令字节,命令字节最高位 Write Protect(D7)必须为逻辑 0,如果 D7 = 1,则禁止写 DS1302,即写保护;D6 = 0,指定时钟数据,D6 = 1,指定 RAM 数据;D5 ~ D1 指定输入或输出的特定寄存器;最低位 LSB(D0)为逻辑 0,指定写操作(输入),D0 = 1,指定读操作(输出)。

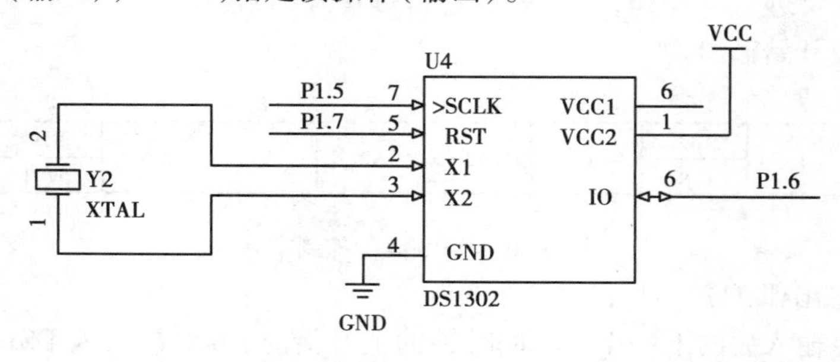

图 3-37　DS1302 与 AT89S52 的连接图

在 DS1302 的时钟日历或 RAM 进行数据传送时,DS1302 必须首先发送命令字节。若进行单字节传送,8 位命令字节传送结束之后,在下 2 个 SCLK 周期的上升沿输入数据字节,或在下 8 个 SCLK 周期的下降沿输出数据字节。DS1302 与 RAM 相关的寄存器分为两类:一类是单个 RAM 单元,共 31 个,每个单元组态为一个 8 位的字节,其命令控制字为 C0H ~ FDH。其中奇数为读操作,偶数为写操作;另一类为突发方式下的 RAM 寄存器,在此方式下可一次性读、写所有的 RAM 的 31 个字节。

2. 键盘电路、复位电路、电源电路、下载接口模块

键盘电路、复位电路、电源电路、下载接口模块电路设计,请参照3.2节中的内容。

3. C语言程序代码

```
#include <reg52.h>                  //包含单片机寄存器的头文件
#include <intrins.h>                //包含_nop_()函数定义的头文件
#define    uchar    unsigned    char
/********************************************************************
*******************************************************************
以下是DS1302芯片的操作程序
********************************************************************
*******************************************************************/
uchar    code    digit[10] = {"0123456789"};  //定义字符数组显示数字
sbit     RST = P1^3;                  //位定义1302芯片的接口,复位端口定义
sbit     DATA = P1^4;                 //位定义1302芯片的接口,数据输出端定义
sbit     SCLK = P1^5;                 //位定义1302芯片接口,时钟输出端口定义
char     k = 0,q = 0,w = 0,e = 0,r = 12,t = 11,y = 5,u = 10;

/***函数功能:延时程序******/
void    delaynus(uchar    n)
{unsigned    char    i;
for(i = 0;i < n;i ++)    ;
}

/****函数功能:向1302写一个字节数据****/
void    Write1302(uchar    dat)
{   uchar    i;
SCLK = 0;                            //拉低SCLK,为脉冲上升沿写入数据做好准备
delaynus(2);                         //稍微等待,使硬件做好准备
for(i = 0;i < 8;i ++)                //连续写8个二进制位数据
    {    DATA = dat&0x01;            //取出dat的第0位数据写入DS1302
    delaynus(2);                     //稍微等待,使硬件做好准备
    SCLK = 1;                        //上升沿写入数据
    delaynus(2);                     //稍微等待,使硬件做好准备
    SCLK = 0;                        //重新拉低SCLK,形成脉冲
    dat = dat >> 1;                  //将dat数据位右移1位,准备写下一个数据位
    }
}

/********************************************************************
```

```
 * * * * * * * * * * * * * * * *
函数功能:根据命令字,向 DS1302 写一个字节数据
入口参数:Cmd,储存命令字;dat
 * * * * * * * * * * * * * * * * * * * * * * * * * * * * * * * * * * * * * * * *
* * * * * * * * * * * * * */
void    WriteSet1302(uchar    Cmd,uchar    dat)
{   RST=0;                              //禁止数据传递
SCLK=0;                                 //确保写数据前 SCLK 被拉低
RST=1;                                  //启动数据传输
delaynus(2);                            //稍微等待,使硬件做好准备
Write1302(Cmd);                         //写入命令字
Write1302(dat);                         //写数据
SCLK=1;                                 //将时钟电平置于已知状态
RST=0;                                  //禁止数据传递
}

/ * * * * * * * * * * * * * * * * * * * * * * * * * * * * * * * * * * * * * * *
* * * * * * * * * * * * * * * *
函数功能:从 DS1302 读一个字节数据
 * * * * * * * * * * * * * * * * * * * * * * * * * * * * * * * * * * * * * * * *
* * * * * * * * * * * * * */
uchar    Read1302(void)
{   uchar    i,dat;
delaynus(2);                            //稍微等待,使硬件做好准备
for(i=0;i<8;i++)                        //连续读 8 个二进制位数据
      {     dat>>=1;                    //将 dat 数据位右移 1 位,应先读出字节最低位
      if(DATA==1)                       //如果读出的数据是 1
      dat|=0x80;                        //将 1 取出,写在 dat 的最高位
      SCLK=1;                           //将 SCLK 置于高电平,为下降沿读出
      delaynus(2);                      //稍微等待
      SCLK=0;                           //拉低 SCLK,形成脉冲下降沿
      delaynus(2);                      //稍微等待
      }
return    dat;                          //将读出的数据返回
}

/ * * * * * * * * * * * * * * * * * * * * * * * * * * * * * * * * * * * * * * *
* * * * * * * * * * * * * * * *
函数功能:根据命令字,从 DS1302 读取一个字节数据
```

```
入口参数:Cmd
****************************************************
**************/
uchar    ReadSet1302(uchar    Cmd)
{unsigned    char    dat;
RST =0;                              //拉低 RST
SCLK =0;                             //确保写数据前 SCLK 被拉低
RST =1;                              //启动数据传输
Write1302(Cmd);                      //写入命令字
dat = Read1302();                    //读出数据
SCLK =1;                             //将时钟电平置于已知状态
RST =0;                              //禁止数据传递
return    dat;                       //将读出的数据返回
}

/***************************************************
*****************
函数功能:    DS1302 进行初始化设置
****************************************************
**************/
void    Init_DS1302(void)
{WriteSet1302(0x8E,0x00);            //根据写状态寄存器命令字,写入不保护指令
WriteSet1302(0x80,((0/10)<<4|(0%10)));  //根据写秒寄存器命令字,写入秒的初始值
WriteSet1302(0x82,((0/10)<<4|(0%10)));  //根据写分寄存器命令字,写入分的初始值
WriteSet1302(0x84,((12/10)<<4|(12%10)));  //根据写小时寄存器命令字,写入小时的初始值
WriteSet1302(0x86,((1/10)<<4|(1%10)));  /根据写日寄存器命令字,写入日的初始值
WriteSet1302(0x88,((3/10)<<4|(3%10)));  //根据写月寄存器命令字,写入月的初始值
WriteSet1302(0x8a,((6/10)<<4|(6%10)));  //根据写星期寄存器命令字,写入星期的初始值
WriteSet1302(0x8c,((14/10)<<4|(14%10)));  //根据写年寄存器命令字,写入年的初始值
}

/***************************************************
```

```
* * * * * * * * * * * * * * * * * * * * * * * * * * * * * * * * * * * * * * * *
* *
  以下是对液晶模块 DS1602 的操作程序
  * * * * * * * * * * * * * * * * * * * * * * * * * * * * * * * * * * * * * * *
* * * * * * * * * * * * * * * * * * * * * * * * * * * * * * * * * * * * * * * *
* */
  sbit    E = P1^0;                    //使能信号位,将 E 位定义
  sbit    RW = P1^1;                   //读写选择位,将 RW 位定义
  sbit    RS = P1^2;                   //寄存器选择位,将 RS 位定义
  sbit    BF = P2^7;                   //忙碌标志位,,将 BF 位定义
  /* * * * * * * * * * * * * * * * * * * * * * * * * * * * * * * * * * * * * * *
* * * * * * * * * * * * * * * *
  函数功能:延时 1 ms
  (3j +2) * i = (3 ×33 +2) ×10 =1010(ns),可以认为是 1 ms
  * * * * * * * * * * * * * * * * * * * * * * * * * * * * * * * * * * * * * * *
* * * * * * * * * * * * * * */
  void    delay1ms()
  {
  unsigned    char  i,  j;
  for(i =0;i <10;i + +)
       for(j =0;j <33;j + +)
       ;
  }

  /* * * * * * * * * * * * * * * * * * * * * * * * * * * * * * * * * * * * * * *
* * * * * * * * * * * * * * * *
  函数功能:延时若干毫秒
  入口参数:n
  * * * * * * * * * * * * * * * * * * * * * * * * * * * * * * * * * * * * * * *
* * * * * * * * * * * * * * */
  void    delaynms(uchar    n)
  {
  unsigned    char    i;
  for(i =0;i <n;i + +)
       delay1ms();
  }

  /* * * * * * * * * * * * * * * * * * * * * * * * * * * * * * * * * * * * * * *
* * * * * * * * * * * * * * * *
```

```
函数功能:判断液晶模块的忙碌状态
返回值:result。result = 1,忙碌;result = 0,不忙
 * * * * * * * * * * * * * * * * * * * * * * * * * * * * * * * * * * * * * *
* * * * * * * * * * * * * */
bit    BusyTest(void)
{
bit    result;
RS = 0;                          /RS 为低电平,RW 为高电平时,可以读状态
RW = 1;
E = 1;                           //E = 1,才允许读写
_nop_();                         //空操作
_nop_();
_nop_();
_nop_();                         //空操作四个机器周期,给硬件反应时间
result = BF;                     //将忙碌标志电平赋给 result
E = 0;                           //将 E 恢复低电平
return    result;
}

/ * * * * * * * * * * * * * * * * * * * * * * * * * * * * * * * * * * * * * *
* * * * * * * * * * * * * * * *
函数功能:将模式设置指令或显示地址写入液晶模块
入口参数:dictate
 * * * * * * * * * * * * * * * * * * * * * * * * * * * * * * * * * * * * * *
* * * * * * * * * * * * * */
void    WriteInstruction    (uchar    dictate)
{while(BusyTest() = =1);         //如果忙就等待
RS = 0;                          //RS 和 R/W 同时为低电平时,可以写入指令
RW = 0;
E = 0;                           //E 置低电平(写指令时,E 为高脉冲)
                                 //就是让 E 从 0 到 1 发生正跳变,所以应先
                                   置"0"
_nop_();
_nop_();                         //空操作两个机器周期,给硬件反应时间
P2 = dictate;                    //将数据送入 P2 口,即写入指令或地址
_nop_();
_nop_();
_nop_();
_nop_();                         //空操作四个机器周期,给硬件反应时间
```

```
E = 1;                                  //E 置高电平
_nop_();
_nop_();
_nop_();
_nop_();                                //空操作四个机器周期,给硬件反应时间
E = 0;                                  //当 E 由高电平变成低电平时液晶开始执行命令
}

/*****************************************************
函数功能:指定字符显示的实际地址
*****************************************************/
void    WriteAddress(uchar    x)
{
WriteInstruction(x|0x80);               //显示位置的确定方法规定为"80H + 地址码x"
}

/*****************************************************
函数功能:将数据(字符的标准 ASCII 码)写入液晶模块
*****************************************************/
void    WriteData(uchar    y)
{   while(BusyTest() = =1);
RS = 1;                                 //RS 为高电平,RW 为低电平时,可以写入数据
RW = 0;
E = 0;                                  //E 置低电平(写指令时,E 为高脉冲)
                                        //就是让 E 从 0 到 1 发生正跳变,所以应先置"0"
P2 = y;                                 //将数据送入 P2 口,即将数据写入液晶模块
_nop_();
_nop_();
_nop_();
_nop_();                                //空操作四个机器周期,给硬件反应时间
E = 1;                                  //E 置高电平
_nop_();
```

```
_nop_();
_nop_();
_nop_();                              //空操作四个机器周期,给硬件反应时间
E=0;                                  //当E由高电平跳变成低电平时,液晶开始执
行命令
}

/*************************************************
*****************
函数功能:对LCD的显示模式进行初始化设置
*************************************************
***************/
void    LcdInitiate(void)
{delaynms(15);                        //延时15 ms,首次写指令时给LCD一段较长的
反应时间
WriteInstruction(0x38);               //显示模式设置:16×2显示,5×7点阵,8位数
据接口
delaynms(5);                          //延时5 ms,给硬件一点反应时间
WriteInstruction(0x38);
delaynms(5);                          //延时5 ms,给硬件一点反应时间
WriteInstruction(0x38);               //连续3次,确保初始化成功
delaynms(5);                          //延时5 ms,给硬件一点反应时间
WriteInstruction(0x0c);               //显示模式设置:显示开,无光标,光标不闪烁
delaynms(5);                          //延时5 ms,给硬件一点反应时间
WriteInstruction(0x06);               //显示模式设置:光标右移,字符不移
delaynms(5);                          //延时5 ms,给硬件一点反应时间
WriteInstruction(0x01);               //清屏幕指令,将以前的显示内容清除
delaynms(5);                          //延时5 ms,给硬件一点反应时间
}

/*************************************************
*************************
以下是DS1302数据的显示程序
*************************************************
*************************/
/*************************************************
*****************
函数功能:显示秒
*************************************************
```

```
* * * * * * * * * * * * * * */
void    DisplaySecond( uchar    x)
{  unsigned    char    i,    j;           //j,k,l 分别储存秒的百位、十位和个位
i = x/10;                                 //取十位
j = x% 10;                                //取个位
WriteAddress(0x49);                       //写显示地址,将在第 2 行第 7 列开始显示
WriteData( digit[i]);                     //将百位数字的字符常量写入 LCD
WriteData( digit[j]);                     //将十位数字的字符常量写入 LCD
delaynms(40);                             //延时 1 ms 给硬件一点反应时间
}

/* * * * * * * * * * * * * * * * * * * * * * * * * * * * * * * * * * * * * * * *
* * * * * * * * * * * * * * * *
函数功能:显示分钟
 * * * * * * * * * * * * * * * * * * * * * * * * * * * * * * * * * * * * * * * *
* * * * * * * * * * * * * * */
void    DisplayMinute( uchar    x)
{uchar    i,    j;                        //j,k,l 分别储存分钟的百位、十位和个位
i = x/10;                                 //取十位
j = x% 10;                                //取个位
WriteAddress(0x46);                       //写显示地址,将在第 2 行第 7 列开始显示
WriteData( digit[i]);                     //将百位数字的字符常量写入 LCD
WriteData( digit[j]);                     //将十位数字的字符常量写入 LCD
delaynms(40);                             //延时 1 ms 给硬件一点反应时间
}

/* * * * * * * * * * * * * * * * * * * * * * * * * * * * * * * * * * * * * * * *
* * * * * * * * * * * * * * * *
函数功能:显示小时
 * * * * * * * * * * * * * * * * * * * * * * * * * * * * * * * * * * * * * * * *
* * * * * * * * * * * * * * */
void    DisplayHour( uchar    x)
{ uchar    i,  j;                         //j,k,l 分别储存小时的百位、十位和个位
i = x/10;                                 //取十位
j = x% 10;                                //取个位
WriteAddress(0x43);                       //写显示地址,将在第 2 行第 7 列开始显示
WriteData( digit[i]);                     //将百位数字的字符常量写入 LCD
WriteData( digit[j]);                     //将十位数字的字符常量写入 LCD
delaynms(40);                             //延时 1 ms 给硬件一点反应时间
```

```
}

/*******************************************************
函数功能:显示日
*******************************************************/
void    DisplayDay(uchar    x)
{uchar    i,    j;                    //j,k,l分别储存日的百位、十位和个位
i=x/10;                               //取十位
j=x%10;                               //取个位
WriteAddress(0x0b);                   //写显示地址,将在第2行第7列开始显示
WriteData(digit[i]);                  //将百位数字的字符常量写入LCD
WriteData(digit[j]);                  //将十位数字的字符常量写入LCD
delaynms(40);                         //延时1 ms给硬件一点反应时间
}

/*******************************************************
函数功能:显示月
*******************************************************/
void    DisplayMonth(uchar    x)
{    uchar    i,    j;                //j,k,l分别储存月的百位、十位和个位
i=x/10;                               //取十位
j=x%10;                               //取个位
WriteAddress(0x08);                   //写显示地址,将在第2行第7列开始显示
WriteData(digit[i]);                  //将百位数字的字符常量写入LCD
WriteData(digit[j]);                  //将十位数字的字符常量写入LCD
delaynms(40);                         //延时1 ms给硬件一点反应时间
}

/*******************************************************
函数功能:显示星期
*******************************************************/
void    DisplayWeek(uchar    x)
{uchar    i,j;                        //j,k,l分别储存星期的百位、十位和个位
```

```
i = x/10;                              //取十位
j = x%10;                              //取个位
WriteAddress(0x0e);                    //写显示地址,将在第 2 行第 7 列开始显示
WriteData(digit[i]);                   //将百位数字的字符常量写入 LCD
WriteData(digit[j]);                   //将十位数字的字符常量写入 LCD
delaynms(40);                          //延时 1 ms 给硬件一点反应时间
}

/ * * * * * * * * * * * * * * * * * * * * * * * * * * * * * * * * * * * * * * * *
* * * * * * * * * * * * * * * *
函数功能:显示年
* * * * * * * * * * * * * * * * * * * * * * * * * * * * * * * * * * * * * * * * *
* * * * * * * * * * * * * * /
void    DisplayYear(uchar    x)
{uchar    i,j;                         //j,k,l 分别储存年的百位、十位和个位
i = x/10;                              //取十位
j = x%10;                              //取个位
WriteAddress(0x05);                    //写显示地址,将在第 2 行第 7 列开始显示
WriteData(digit[i]);                   //将百位数字的字符常量写入 LCD
WriteData(digit[j]);                   //将十位数字的字符常量写入 LCD
delaynms(40);                          //延时 1 ms 给硬件一点反应时间
}

/ * * * * * * * * * * * * * * * * * * * * * * * * * * * * * * * * * * * * * * * *
* *
以下是对按键设置操作程序
* * * * * * * * * * * * * * * * * * * * * * * * * * * * * * * * * * * * * * * * *
* * * * *   /
/ * * * * * * * * * * * * * * * * * * * * * * * * * * * * * * * * * * * * * * * *
* * * * * * * * *
函数功能:显示工作模式
* * * * * * * * * * * * * * * * * * * * * * * * * * * * * * * * * * * * * * * * *
* * * * * * * * * * * * * * /
void    DisplayMode()
{if(k = =0)
    {WriteAddress(0x4c);               //写显示地址,将在第 2 行第 7 列开始显示
    WriteData('    ');                 //将百位数字的字符常量写入 LCD
    WriteAddress(0x4d);
    WriteData('    ');                 //将十位数字的字符常量写入 LCD
```

```
        WriteAddress(0x4e);
        WriteData('    ');
        WriteAddress(0x4f);
        WriteData('    ');
        delaynms(50);}                  //延时1 ms给硬件一点反应时间
if(k==1)
        {WriteAddress(0x4c);            //写显示地址,将在第2行第7列开始显示
        WriteData('S');                 //将百位数字的字符常量写入LCD
        WriteAddress(0x4d);
        WriteData('e');                 //将十位数字的字符常量写入LCD
        WriteAddress(0x4e);
        WriteData('c');
        WriteAddress(0x4f);
        WriteData('    ');
        delaynms(50);}                  //延时1 ms给硬件一点反应时间
if(k==2)
        {WriteAddress(0x4c);            //写显示地址,将在第2行第7列开始显示
        WriteData('M');                 //将百位数字的字符常量写入LCD
        WriteAddress(0x4d);
        WriteData('i');                 //将十位数字的字符常量写入LCD
        WriteAddress(0x4e);
        WriteData('n');
        WriteAddress(0x4f);
        WriteData('    ');
        delaynms(50);}                  //延时1 ms给硬件一点反应时间
if(k==3)
        {WriteAddress(0x4c);            //写显示地址,将在第2行第7列开始显示
        WriteData('H');                 //将百位数字的字符常量写入LCD
        WriteAddress(0x4d);
        WriteData('o');                 //将十位数字的字符常量写入LCD
        WriteAddress(0x4e);
        WriteData('u');
        WriteAddress(0x4f);
        WriteData('r');
        delaynms(50);}                  //延时1 ms给硬件一点反应时间
if(k==4)
        {WriteAddress(0x4c);            //写显示地址,将在第2行第7列开始显示
        WriteData('D');                 //将百位数字的字符常量写入LCD
        WriteAddress(0x4d);
```

```
        WriteData('a');                //将十位数字的字符常量写入 LCD
        WriteAddress(0x4e);
        WriteData('y');
        WriteAddress(0x4f);
        WriteData('    ');
        delaynms(50);}                 //延时 1 ms 给硬件一点反应时间
    if(k = =5)
        {WriteAddress(0x4c);           //写显示地址,将在第 2 行第 7 列开始显示
        WriteData('M');                //将百位数字的字符常量写入 LCD
        WriteAddress(0x4d);
        WriteData('o');                //将十位数字的字符常量写入 LCD
        WriteAddress(0x4e);
        WriteData('n');
        WriteAddress(0x4f);
        WriteData('    ');
        delaynms(50);}                 //延时 1 ms 给硬件一点反应时间
    if(k = =6)
        {WriteAddress(0x4c);           //写显示地址,将在第 2 行第 7 列开始显示
        WriteData('W');                //将百位数字的字符常量写入 LCD
        WriteAddress(0x4d);
        WriteData('e');                //将十位数字的字符常量写入 LCD
        WriteAddress(0x4e);
        WriteData('e');
        WriteAddress(0x4f);
        WriteData('k');
        delaynms(50);}                 //延时 1 ms 给硬件一点反应时间
    if(k = =7)
        {WriteAddress(0x4c);           //写显示地址,将在第 2 行第 7 列开始显示
        WriteData('Y');                //将百位数字的字符常量写入 LCD
        WriteAddress(0x4d);
        WriteData('e');                //将十位数字的字符常量写入 LCD
        WriteAddress(0x4e);
        WriteData('a');
        WriteAddress(0x4f);
        WriteData('r');
        delaynms(50);     //延时 1 ms 给硬件一点反应时间
        }
  }
```

```
/* * * * * * * * * * *时间设置函数* * * * * * * * * * *
 * * * * * * * * * * * * * * * * * * * * * * * * * * * * * * * * * * * * *
* */
void     Timeset1()
{if(q = =60)
q =0;
if(q = = -1)
q =59;
WriteSet1302(0x80,((q/10) < <4|(q%10)));
}

void     Timeset2()
{
if(w = =60)
w =0;
if(w = = -1)
w =59;
WriteSet1302(0x82,((w/10) < <4|(w%10)));
}

void     Timeset3()
{
if(e = =24)
e =0;
if(e = = -1)
e =23;
WriteSet1302(0x84,((e/10) < <4|(e%10)));
}

void     Timeset4()
{
if(r = =32)
r =0;
if(r = =0)
r =31;
WriteSet1302(0x86,((r/10) < <4|(r%10)));
}

void     Timeset5()
```

```
{
if(t = =13)
t =1;
if(t = =0)
t =12;
WriteSet1302(0x88,((t/10) < <4|(t%10)));
}

void    Timeset6()
{
if(y = =8)
y =1;
if(y = =0)
y =7;
WriteSet1302(0x8a,((y/10) < <4|(y%10)));
}

void    Timeset7()
{
if(u = =70)
u =0;
if(u = = -1)
u =69;
WriteSet1302(0x8c,((u/10) < <4|(u%10)));
}

/* * * * * * * * * * * * * * * * * * * * * * * * * * * * * * * * * * * * * * *
* * *
按键选择功能
 * * * * * * * * * * * * * * * * * * * * * * * * * * * * * * * * * * * * * * *
* * */
sbit    TAB = P3^2;
sbit    ADD = P3^3;
sbit    DEC = P3^4;
void    ButtonSelect()
{
if(TAB = =0)
        {
        k + +;
```

```
        if(k = =8)
        k =0;
        }
if(ADD = =0&&k = =1)
        {
        q + +;
        Timeset1();
        }
if(DEC = =0&&k = =1)
        {
        q - -;
        Timeset1();
        }
if(ADD = =0&&k = =2)
        {
        w + +;
        Timeset2();
        }
if(DEC = =0&&k = =2)
        {
        w - -;
        Timeset2();
        }
if(ADD = =0&&k = =3)
        {
        e + +;
        Timeset3();
        }
if(DEC = =0&&k = =3)
        {
        e - -;
        Timeset3();
        }
if(ADD = =0&&k = =4)
        {
        r + +;
        Timeset4();
        }
if(DEC = =0&&k = =4)
```

```
        {
        r--;
        Timeset4();
        }
    if(ADD==0&&k==5)
        {
        t++;
        Timeset5();
        }
    if(DEC==0&&k==5)
        {
        t--;
        Timeset5();
        }
    if(ADD==0&&k==6)
        {
        y++;
        Timeset6();
        }
    if(DEC==0&&k==6)
        {
        y--;
        Timeset6();
        }
    if(ADD==0&&k==7)
        {
        u++;
        Timeset7();
        }
    if(DEC==0&&k==7)
        {
        u--;
        Timeset7();
        }
    }

/****************************************************
函数功能:主函数
```

```
    ****************************************
**************/
    void    main(void)
    {
    uchar   second,minute,hour,day,month,week,year;  //分别储存秒、分、小时、日、月、年
    uchar   ReadValue;                     //储存从 DS1302 读取的数据
    LcdInitiate();                         //将液晶初始化
    WriteAddress(0x00);                    //写 Date 显示地址,在第 1 行 2 列开始显示
    WriteData('D');                        //将字符常量写入 LCD
    WriteAddress(0x01);                    //写 Date 的显示地址
    WriteData('T');                        //将字符常量写入 LCD
    WriteAddress(0x03);                    //写年月分隔符的显示地址
    WriteData('2');                        //将字符常量写入 LCD
    WriteAddress(0x04);                    //写 Date 的显示地址
    WriteData('0');                        //将字符常量写入 LCD
    WriteAddress(0x07);                    //写年月分隔符的显示地址,显示在第 1 行 9 列
    WriteData('-');                        //将字符常量写入 LCD
    WriteAddress(0x0a);                    //写月日分隔符的显示地址,显示在第 1 行
                                           //12 列
    WriteData('-');                        //将字符常量写入 LCD
    WriteAddress(0x40);                    //写月日分隔符的显示地址
    WriteData('T');                        //将字符常量写入 LCD
    WriteAddress(0x41);                    //写月日分隔符的显示地址
    WriteData('M');                        //将字符常量写入 LCD
    WriteAddress(0x45);                    //写小时与分钟分隔符显示地址,显示在第 2
                                           //行 6 列
    WriteData(':');                        //将字符常量写入 LCD
    WriteAddress(0x48);                    //写分钟与秒分隔符显示地址,显示在第 2 行
                                           //9 列
    WriteData(':');                        //将字符常量写入 LCD
    Init_DS1302();                         //将 DS1302 初始化
    while(1)
        {
        ReadValue  =  ReadSet1302(0x81);  //从秒寄存器读数据
        second = ((ReadValue&0x70)>>4)*10 + (ReadValue&0x0F);  //将读出数据
转化
        DisplaySecond(second);             //显示秒
        ReadValue  =  ReadSet1302(0x83);  //从分寄存器读数据
        minute = ((ReadValue&0x70)>>4)*10 + (ReadValue&0x0F);  //将读出数据
```

转化

```
    DisplayMinute(minute);                //显示分
    ReadValue = ReadSet1302(0x85); //从小时寄存器读数据
    hour=((ReadValue&0x70)>>4)*10+(ReadValue&0x0F); //将读出数据转化
    DisplayHour(hour);                    //显示小时
    ReadValue = ReadSet1302(0x87); //从日寄存器读数据
    day=((ReadValue&0x70)>>4)*10+(ReadValue&0x0F); //将读出数据转化
    DisplayDay(day);                      //显示日
    ReadValue = ReadSet1302(0x89); //从月寄存器读数据
    month=((ReadValue&0x70)>>4)*10+(ReadValue&0x0F); //将读出数据转化
    DisplayMonth(month);                  //显示月
    ReadValue = ReadSet1302(0x8b); //从星期寄存器读数据
    week=((ReadValue&0x70)>>4)*10+(ReadValue&0x0F); //将读出数据转化
    DisplayWeek(week);                    //显示星期
    ReadValue = ReadSet1302(0x8d); //从年寄存器读数据
    year=((ReadValue&0x70)>>4)*10+(ReadValue&0x0F); //将读出数据转化
    DisplayYear(year);                    //显示年
    DisplayMode()  ;
    ButtonSelect();
    }
}
```

4. 系统功能仿真

如图 3-38,通过 Proteus 的仿真实现了系统的功能。要特别说明的是 DS1302 使用备用电源,可以用电池或者超级电容器(0.1 F 以上)。虽然 DS1302 在主电源掉电后的耗电很小,但是,如果要长时间保证时钟正常,最好选用小型充电电池。可以用老式电脑主板上的 3.6 V 充电电池。如果断电时间较短(几小时或几天)时,就可以用漏电较小的普通电解电容器代替。100 μF 就可以保证 1 h 的正常走时。DS1302 在第一次加电后,必须进行初始化操作。初始化后就可以按正常方法调整时间。

5. 硬件电路制作

请参照 3.2 节硬件电路制作中的内容。

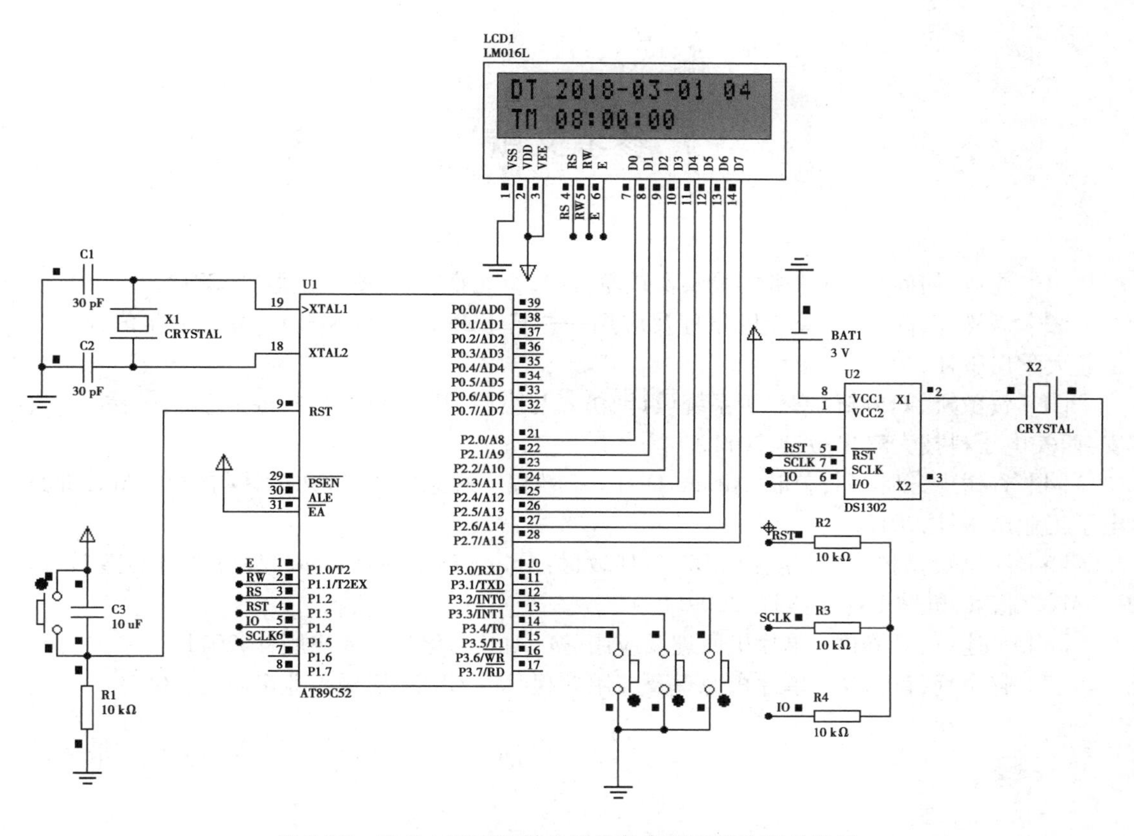

图 3-38　基于 AT89S52 单片机的数字钟系统仿真效果图

参考文献

[1] 沈放,何尚平.单片机实验及实践教程[M].北京:人民邮电出版社,2014.

[2] 孟祥莲,高洪志.单片机原理及应用——基于 Proteus 与 Keil C[M].哈尔滨:哈尔滨工业大学出版社,2010.

[3] 贺敬凯,刘德新.单片机系统设计、仿真与应用:基于 Keil 和 Proteus 仿真平台[M].西安:西安电子科技大学出版社,2011.

[4] 谷树忠,刘文洲,姜航.Altium Designer 教程——原理图、PCB 设计与仿真[M].北京:电子工业出版社,2012.

[5] 江思敏,胡烨.高等院校 EDA 系列教材:Altium Designer(Protel)原理图与 PCB 设计教程[M].北京:机械工业出版社,2009.

[6] 王连英,吴静进.单片机原理及应用[M].北京:化学工业出版社,2011.

[7] 赵全利,肖兴达.单片机原理及应用教程[M].北京:机械工业出版社,2007.